Johann Friedrich Heynatz,

ehemaligen Professors zu Frankfurt an der Oder und Rektors der Oberschule daselbst,

ausführliches

Rechenbuch,

vorzüglich

zum Selbstunterricht.

Vierte Auflage.

Berlin, 1819.

In der Sanderschen Buchhandlung.

Auszug aus der Vorrede zur zweiten Auflage.

Da das von mir in der Vorrede zu der ersten Auflage meines bekannten Handbuchs nur so halb und halb versprochne Rechenbuch sowohl bey dem Verleger als auch bey mir verschiednemal verlangt war, so mußte ich mich zur Ausarbeitung desselben entschliessen. Es erschien in der Michaelismesse 1776, und ward unter einem doppelten Titel verkauft, einmal als der zweite Theil des vorher erwähnten Handbuchs; und daneben auch als ein besondres Werk, welche Einrichtung jetzt bey der zweiten Auflage wieder beybehalten ist.

Wer mehrere Rechenbücher kennt, wird leicht bemerken, daß ich weder in der gesammten Einrichtung, noch auch in den Worten, worin die Re-

 geln

geln abgefaßt sind, andere ausgeschrieben, sondern alles aus eignem Nachdenken vorgetragen habe. Die Deutlichkeit ist mein Hauptzweck gewesen, und ich bin derselben zu Liebe hin und wieder etwas weitläuftig geworden. Besonders gilt dies von den vier oder fünf Specien, auf deren gute Erlernung doch zuletzt alles ankömmt. Wo sich die Gründe haben ohne Weitläuftigkeit hinzufügen lassen, ist es geschehen; im Ganzen aber habe ich die Einmischung dessen, was bloß einem künftigen Mathematiker nützen kann, für unnöthig gehalten. Wer indessen künftig einmal die Arithmetik als eine mathematische Wissenschaft lernen soll, wird es nicht bereuen, sich vorher mit meinem Rechenbuche bekannt gemacht zu haben.

Auf diejenigen, welche das Rechnen ohne Lehrmeister lernen wollen, habe ich bei dem Vortrage zunächst Rücksicht genommen. Wer es haben kann, wird wohl thun, wenn er bey Dingen, die er nicht begreifen kann, sich von einem geschickten Manne mündlichen Rath ausbittet. So wie allenthalben, so hat auch im Rechnen der mündliche Unterricht große Vorzüge; aber nicht ein jeder kann ihn in allen Stücken haben; doch nur selten wird jemand so unglücklich seyn, daß ihm nicht ein Kluger ein paar Fragen erlauben sollte.

Oft

Oft hat jemand rechnen lernen, und es fehlt ihm nur an der Fähigkeit, das Gelernte in Regeln zusammenzufassen, und so andern mitzutheilen. Auch diesem habe ich zu dienen gesucht und in dieser Absicht verschiedene für einen Lehrer der Rechenkunst gehörige Anmerkungen beygebracht. Wer meiner Ordnung folgt, wird schon sehen, daß sie gut ist. Freilich aber muß dabey auf den Kopf des Lehrlings Rücksicht genommen werden. Je unfähiger ein junger Mensch ist, mit desto weniger Sachen muß man ihn bey der ersten Durchgehung des Buchs überhäufen. Zweimal durchgehen muß es auch der fähigste; denn wie in allen andern Künsten und Wissenschaften, so auch im Rechnen, erhält manches Frühere erst aus dem Spätern seine vollkommene Erläuterung. Wer nicht etwas vom Dividiren weiß, numerirt nicht vollkommen gut; die Lehre von den Brüchen ist schon in der Multiplication und Division ganzer Zahlen nützlich; in der Lehre von den Brüchen erhält manches erst aus der Regel de tri sein vollkommnes Licht u. s. w. Die mit Sternen bezeichneten Paragraphen und Absätze muß man das erstemal nothwendig weglassen; was man sonst etwa das erste oder zweitemal noch übergehen muß, das müssen, wie gesagt, die Umstände und der Kopf des Lehrlings entscheiden.

Auf gute und zahlreiche Beispiele kömmt in einem Rechenbuche sehr viel an. Ich habe dafür gesorgt, in diesem Stücke einen Vorzug vor vielen andern zu haben. Die meisten Beispiele habe ich ganz neu aufgesetzt und ausgerechnet. Ich würde vielleicht alle aus andern Rechenbüchern entlehnt haben, wenn ich sie nur immer nach meinem Sinne gefunden hätte. Wo ich sie aber so gefunden habe, da habe ich sie auch in mein Buch übergetragen, und um desto weniger einen Diebstahl dadurch begangen, weil das Nachrechnen derselben oft mehr Zeit gekostet hat, als wenn ich selbst der Erfinder der Aufgaben gewesen wäre. Des verstorbenen Inspectors vom Hallischen Waisenhause Crusius Rechenbuch hat mir unter allen die meisten Beispiele hergegeben, besonders in der Regel de tri mit Brüchen.

In das Hauptstück vom Addiren benannter Zahlen habe ich die Anwendung der verschiedenen Eintheilungen des Geldes, des Maßes, des Gewichts ꝛc. sehr reichlich zusammengebracht; in den übrigen Theilen des Buchs hingegen bin ich in Ansehung des Geldes mehrentheils bei Thalern, Groschen und Pfennigen, in Ansehung des Gewichts bei Centnern, Pfunden und Lothen, und in Ansehung des Getreidemaßes bei Wispeln, Scheffeln und

und Metzen stehen geblieben, um nicht meine Regeln auf zu viele Dinge anzuwenden, auf die sie ein jeder, der diese Dinge einmal kennt, ohne Mühe selbst anwenden kann. Wer in einem Lande lebt, wo andre Eintheilungen gelten, muß ein Provinzialrechenbuch, worin die daselbst üblichen Benennungen der Sorten nebst ihren Eintheilungen zu Beispielen gebraucht sind, zu Hülfe nehmen, wofern er sich nicht etwa die Mühe geben will, meine Beispiele in seine Landessorten zu reduciren.

Daß ich die weitläuftige und kurze Art mit einander vermischt, und die letzte immer so früh als möglich gelehrt habe, wird Verständigen nicht mißfallen. Beispiele, die nach der sogenannten welschen Practik können abgekürzt werden, kommen jedermann und täglich vor; hingegen die meisten großen Beispiele, worin keine Abkürzung statt findet, sind bloß für eigentliche Rechenmeister. Je einfacher und kürzer man das Rechnen, selbst für die Jugend, machen kann, desto besser ist es, und wer ein kleines Beispiel aus dem Kopf ausrechnet, muß uns werther seyn als wer dies nicht, aber dagegen ein großes nie vorkommendes Beispiel mit dem Griffel herauszubringen im Stande ist.

Auch sonst habe ich es nicht unerinnert gelassen, wenn eine Verfahrungsart leichter ist, als die andre. Dies gilt besonders bei dem Dividiren, wo ich die Art mit dem Herunterziehen für die sicherste und leichteste, auch für schwache Köpfe für die einzige brauchbare erklären muß. Ich bin überzeugt, daß die meisten Menschen darum nicht ordentlich rechnen lernen, weil ihnen die Thurmmethode des Dividirens zu viel Schwierigkeiten macht. Mit Einer, zwei oder drei Zahlen dividiren sie auf diese Art; wenn sie aber mit acht, neun oder mehr Zahlen dividiren sollen, so schützen sie entweder die Unmöglichkeit vor, oder sie rechnen unrecht. Dessenungeachtet sind die Vertheidiger der Thurmmethode oft so unvernünftig, daß sie lieber unter funfzigen nur Einen guten Schüler ziehen, als ihre einmal angenommene Methode vertauschen wollen. Ich verlange indessen gar nicht, wenn jemand die Art mit Ausstreichen gelernt hat, (nur muß er sie so gelernt haben, daß er nicht fehle), daß man ihn das Herunterziehen soll lernen lassen. Er kann bey der einmal angenommenen Art ohne sonderlichen Nachtheil bleiben.

Geschrieben, Frankfurt an der Oder, den 1sten März 1780.

Vor-

Vorbericht zur dritten Auflage.

Zwischen der zweiten und dritten Auflage dieses Rechenbuchs sind nicht weniger, als achtzehn Jahre, verflossen. Die Schuld daran liegt aber nicht an dem Mangel von Käufern, sondern vielmehr daran, daß der nunmehr verstorbene Verleger bloß immer neue Abdrücke der zweiten Auflage mit der Jahrzahl 1780 besorgen ließ, die denn freilich keine dritte Auflage heißen konnten, aber natürlich auch der ächten zweiten Auflage nicht völlig gleich waren, sondern hin und wieder ansehnliche Fehler einschleichen ließen. Ich will einige Kennzeichen der ächten zweiten Ausgabe hersetzen, damit jedermann urtheilen könne, ob er dieselbe besitze.

Die Seitenzahl 337 hat eine etwas zu hoch stehende und gegen die andern Zahlen einigermaßen unförmliche 7.

Statt der Seitenzahl 447 findet man 474.

S. 131 bey §. 5. steht am Rande das Wort Zerfällung etwas zu hoch. Eben dies ist S. 253 bey §. 1. der Fall mit Welche, und S. 277. §. 1. mit den beiden Worten Weitläuftige Art.

S. 306 in der letzten Reihe am Rande liegt in dem Worte Sorten der Anfangsbuchstabe S, anstatt aufrecht zu stehen.

Diese unbedeutenden Fehler und Versehen wird man in keinem spätern Abdrucke der zweiten Auflage wiederholt finden.

Daß man die allermeisten erheblichern Versehen des ersten Abdrucks in den spätern wieder finde, ist nach den gemachten Anstalten natürlich. So steht z. B. Seite 35, Z. 3. Dies und das, statt Dies und dazu. S. 143 in der Mitte fehlt hinter dem Zeichen ⋈ die Zahl 25. S. 145 ganz oben fehlt die Bezeichnung §. 6. S. 154. Z. 7. von unten steht: 26 oder 4 mal 4; da es doch heißen muß 16. S. 180. §. 5, Z. 6. Brauwesens statt Bauwesens. S. 270, Z. 5. von unten — 3 statt + 3. S. 307, Z. 7. $\frac{11}{116}$ statt $\frac{11}{110}$. S. 315. Z. 6. v. u. $\frac{5}{42}$ statt $\frac{5}{24}$. S. 339. Z. 10: 511 statt

statt 512. S. 358, Z. 11. $\frac{79791}{74088}$ statt $\frac{30797}{74088}$. S. 393 steht 2555 Rthl. statt 2555 Tage; und gleich darauf 73 Rthl. statt 73 Tage.

Von den neu hinzugekommenen Fehlern der spätern Abdrücke kann ich folgende aus dem allerneuesten anführen. Wer sie in seinem Exemplar findet, kann versichert seyn, daß er nicht die rechte zweite Ausgabe besitze.

S. 17, Z. 6. von unten 7735843 statt 7635843. Gleich darauf 32000 statt 321000. S. 19, Z. 3 v. u.: 854 tausend statt 754 tausend. S. 20, Z. 1. 7 statt 5. S. 34, Z. 6. v. u. 968770869 statt 968779869. S. 35, Z. 6. nicht 8347694825693, sondern statt der 2 eine 0. S. 63, Z. 13. jemandem, und S. 95, Z. 6. v. u. niemandem statt jemand, niemand. S. 73, Z. 3. v. u. 63 und 3. ist 66. S. 84, Z. 10. viereckigte statt viereckige. S. 87, Z. 5. durch 1 dividirt st. durch 2 dividirt. Gleich darauf: durch 3 multiplicirt st. durch 2 multiplicirt. S. 109, unten heißt der Quotient 57405012 statt 5740507012. S. 111, in der Mitte fehlt vor dem Bruche $\frac{104584}{345769}$ die Zahl 8. S. 126, Z. 4, steht 14 statt 24: eben so S. 130 in der letzten Zeile. S. 134, Z. 8. steht 909 st. 900. S. 136,

S. 136, Z. 9. von unten multipliciren gelernt st. multipliciren lernen. S. 139, Z. 8. v. u. weitläufig st. weitläuftig. S. 142, Z. 9: 64323 statt 64323. S. 158 in der Mitte $\frac{349}{2725}$ statt $\frac{349}{2625}$. S. 159, Z. 8: 360889 st. 360880. S. 162, Z. 10. v. u. 243 st. 143 S. 163, Z. 4. worin st. woran. Z. 15. $\frac{108}{362}$ st. $\frac{108}{367}$. S. 166, Z. 17. 421 st. 411. Z. 21: 96 st. 97. S. 169, Z. 7. 46 st. 48. S. 170, Z. 14: 1000 st. 10000. S. 171, Z. 18: 689 st. 698. S. 191, Z. 19, könne st. könnte. S. 194, Z. 25 Duplöne st. Duplone. S. 195, Z. 7. Ducaten st. Ducaton. S. 233, Z. 9: 22 P. st. 23 P. S. 260, in der letzten Zeile ∞ st. 8. S. 272, Z. 17: 80 der Centner 140 st. der Centner 14080. S. 279, Z. 7: 3) st. 6). S. 285, Z. 3: §. 4. st. §. 1. S. 326 in der Mitte: $\frac{30}{56}$ st. $\frac{32}{56}$ S. 352. Z. 2, v. u. diese st. die. S. 389, Z. 3. v. u. 9 statt 19. S. 394, Z. 1. nur st. nun. S. 396, Z. 1: $\frac{7}{25}$ st. $\frac{7}{24}$. S. 410, Z. 7. v. u. $\frac{16}{139}$ st. $\frac{20}{139}$. S. 457 unten $\frac{377}{465}$ st. $\frac{372}{465}$.

Wer versichert ist, nicht die ächte zweite Auflage zu besitzen, und die jetzt hier angeführten Fehler nicht alle in seinem Exemplare findet, der hat einen andern unächten Abdruck.

In

In gegenwärtiger verbesserten Auflage habe ich wenig Zusätze gemacht, aber doch viel berichtigt und verbessert, daher ich das Zutrauen habe, daß die Käufer mit mir zufrieden seyn werden. Um das Buch immer noch in wohlfeilem Preise zu liefern, ist es mit kleinern Buchstaben gedruckt, und also etwas dünner geworden. Man wird aber finden, daß es mehr enthält, als die vorigen Ausgaben.

Geschrieben, Frankfurt an der Oder, den 1sten September 1798.

Vorrede zur vierten Auflage.

Ungeachtet der großen Anzahl Rechenbücher, welche seit der letztern Auflage des vorliegenden Werkes herausgekommen sind, ist dennoch der Werth desselben stets anerkannt geblieben, so daß gegenwärtig eine neue Auflage nöthig geworden ist. In der That, wer das Rechnen nicht bloß mechanisch, sondern mit dem Verstande erlernen will, dem kann man kein zweckmäßigeres Lehrbuch als das, des verstorbenen Rectors Heynatz, vorzüglich zum Selbstunterricht, empfehlen. Veränderungen in dem Werke vorzunehmen, schien

uns,

uns, da der Inhalt desselben nicht veraltet ist, überflüssig, und zugleich für die Besitzer der ältern Auflagen unbequem. Gegenwärtige Auflage stimmt daher mit der vom Jahre 1799 wörtlich überein.

Berlin, im Februar 1819.

Die Verlagshandlung.

Entwurf des ganzen Werks.

(Wenn in diesem Entwurfe sowohl als im Werke selbst ein Paragraph oder ein unter dem Paragraphen stehender Theil mit * bezeichnet ist, so bedeutet es, daß Anfänger ihn ganz überschlagen können.)

Vorerinnerungen von der Rechenkunst überhaupt.

Erstes Hauptstück, vom Numeriren oder der Erkenntniß der Zahlen.

§. 4.

Zweites Hauptstück, von dem Addiren oder dem Hinzuthun.

Drittes Hauptstück, von dem Subtrahiren oder dem Abziehen.

§ 6.

Viertes Hauptstück, von dem Multipliciren, Vervielfältigen oder Vermehren.

Fünftes Hauptstück, von dem Dividiren oder dem Zertheilen.

Sechstes Hauptstück, von theilbaren Zahlen, vom Aufheben und vom Zerfällen.

Siebentes Hauptstück, vom praktischen oder verkürzten Multipliciren.

Achtes Hauptstück, vom praktischen oder verkürzten Dividiren.

Neuntes Hauptstück, von benannten Zahlen überhaupt.

Zehntes Hauptstück, vom Addiren benannter Zahlen.

Elftes Hauptstück, vom Subtrahiren benannter Zahlen.

Zwölftes Hauptstück, vom Multipliciren benannter Zahlen.

Dreizehntes Hauptstück, vom Dividiren benannter Zahlen.

Vierzehntes Hauptstück, von den Brüchen überhaupt.

Funfzehntes Hauptstück, vom Addiren der Brüche.

Sechzehntes Hauptstück, vom Subtrahiren der Brüche.

Siebzehntes Hauptstück, vom Multipliciren der Brüche.

Achtzehntes Hauptstück, vom Dividiren mit Brüchen.

*Neunzehntes Hauptstück, von den figürlichen Zahlen, ingleichen von der Ausziehung der Quadrat- und Cubikwurzel.

Zwanzigstes Hauptstück, allgemeine Lehre von den Proportionen.

Einundzwanzigstes Hauptstück, von Berechnung der arithmetischen Progressionen.

Zweiundzwanzigstes Hauptstück, von Berechnung der geometrischen Progressionen.

Dreiundzwanzigstes Hauptstück, von der Regel de tri.

§. 8.

Vierundzwanzigstes Hauptstück, von der vielfachen Regel und der sogenannten Kettenregel.

Fünfundzwanzigstes Hauptstück, von den Decimalbrüchen und der damit anzustellenden Decimalrechnung.

Vor-

Vorerinnerungen.

Von der Rechenkunst überhaupt.

§. 1.

Rechnen heißt aus gegebnen Zahlen andere finden. Wer also rechnet, hat bekannte oder gegebne Zahlen, aus welchen er andre noch unbekannte finden soll. Was Rechnen sey.

Z. E. Man fragt: 3 und 7, wie viel machen sie zusammengenommen? Hier sind 3 und 7 bekannte Zahlen. Wie viel sie zusammen ausmachen, ist noch unbekannt. Nun wird geantwortet: 10; dies ist die gefundene Zahl. Oder man fragt: Was kosten 10 Ellen Band? Der Gefragte verlangt, ehe er darauf antworten kann, zu wissen, wie viel 1 Elle koste. Man sagt ihm, 2 Groschen. Nun weiß er genug. Ihm sind drey Zahlen bekannt, nämlich 1, 2 und 10. Aus diesen findet er die vierte bisher noch unbekannte, nämlich 20; und nun sagt man, er habe ausgerechnet, was 10 Ellen kosten. Wenn man die Erklärung noch genauer und vollständiger einrichten will, so kann man sagen: rechnen heißt aus gegebnen Zahlen andre finden, wodurch in Absicht auf die gegebnen etwas bekannt wird.

Mit einem fremden Namen heißt die Rechenkunst die Arithmetik, und ein Rechner, Rechenmeister oder Rechnungsverständiger ein Arithmeticus oder Arithmetiker. Arithmetik. Wenn jemand von allem, was er im Rechnen vornimmt, einen Grund anzugeben weiß, so hat er die Arithmetik mathematisch oder als eine Wissenschaft begriffen; weiß er hingegen bloß, wie man es anfangen muß, um etwas verlangtes auszurechnen, ohne daß er den Grund anzugeben im Stande ist, Mathematische und mechanische Rechenkunst.

warum

warum er so und nicht anders verfahre, so hat er sie mechanisch oder als eine Kunst gelernt. Man wird selten einen großen Rechner unter denjenigen finden, die das Rechnen bloß als eine Wissenschaft gelernt haben; umgekehrt aber wird demjenigen, der das Rechnen schon mechanisch gelernt hat, das Begreifen der mathematischen Arithmetik viel leichter. Derjenige, welcher andre im Rechnen unterrichten will, sollte durchaus immer eine mathematische Kenntniß von der Rechenkunst haben, um seinen Lehrlingen nicht bloß das Rechnen selbst beyzubringen, sondern auch ihren Verstand bey aller Gelegenheit zu schärfen, und sie zur Mathematik vorzubereiten. Wer bloß mechanisch rechnen gelernt hat, vergißt oft, wenn er lange nicht gerechnet hat, alles Gelernte wieder, und ist alsdann nicht im Stande, die Art, wie er verfahren muß, wiederzufinden; die mathematische Erkenntniß der Arithmetik dient dazu, daß er von selbst wieder darauf komme, wie er es anzufangen habe, ein jedes ihm aufgegebenes Beyspiel (Exempel) auszurechnen. Kluge Lehrmeister mischen also in den ersten mechanischen Unterricht so viel Mathematisches mit ein, als die Fassung ihrer Schüler ertragen kann.

Was Zahl heiße.

Einige leugnen, daß **Eins** oder die **Einheit** eine Zahl sey, und lassen nur das, was durch die Wiederholung der Einheit herauskömmt, (**zwey**, **drey** u. s. w.), für eine Zahl gelten. Weil aber 1 im gemeinen Leben (auch in allen oder doch den meisten mathematischen Schriften) nicht selten eine Zahl genannt wird, so werde ich mich im Folgenden des Ausdrucks **Zahl** sowohl von Eins, als von dem, was mehr als Eins ist, bedienen. Von dem Unterschiede zwischen **Zahl** und **Ziffer** siehe S. 9.

§. 2.

Veränderung der Zahlen.

Eine Zahl kann nur auf zweyerley Art verändert werden. Sie wird entweder vermehrt oder vermindert.

§. 3.

Arten des Vermehrens.

Vermehrt werden kann eine Zahl wieder auf zweyerley Art. Ich setze zu derselben entweder Eine oder mehrere Zahlen hinzu, oder ich nehme die Zahl selbst eine gewisse Anzahl Male.

Wenn

Addiren. Wenn man zu einer Zahl Eine oder mehrere andere hinzusetzt (man pflegt sich dabey des Worts **und** zu bedienen), so heißt das **addiren** oder die **Addition**, das **Hinzuthun**.

Z. E. man addirt, wenn man sagt: 4 und 4 ist 8, 8 und 9 ist 17, und noch 8 dazu ist 25.

Multipliciren. Wenn man eine Zahl eine gewisse Anzahl Male nimmt (man bedient sich dabey des Worts **mal**), so heißt das **multipliciren** oder die **Multiplication**, die **Vervielfältigung**.

Z. E. 3 4mal genommen macht 12; 12 9mal genommen macht 108.

§. 4.

Arten des Vermindern. Vermindert werden kann eine Zahl ebenfalls auf zweyerley Art. Man nimmt entweder von ihr eine andre Zahl weg, oder man sieht zu, wie oft sich eine andre von ihr wegnehmen lasse, und wie vielmal dieselbe also in ihr enthalten sey.

Subtrahiren. Wenn man von einer Zahl eine andere wegnimmt, so heißt das **subtrahiren** oder die **Subtraction**, das **Abziehen**. Man gebraucht dabey das Wort **von**.

Z. E. man subtrahirt, wenn man sagt: 4 von 10 bleibt 6; 8 von 8 bleibt nichts; 8 von 18 bleibt 10.

Dividiren. Wenn man zusieht, wie oft eine Zahl sich von der andern wegnehmen läßt, oder in ihr enthalten ist, so heißt das die erste durch die andre **dividiren** oder **theilen**, das Verfahren selbst die **Division** oder **Theilung**.

Z. E. man dividirt 18 durch 3, wenn man sagt: 3 ist in 18 6mal enthalten, oder läßt sich von 18 6mal wegnehmen.

§. 5.

Anzahl der Species. Es giebt also vier **Arten** oder **Species** der Rechenkunst, die man um der Bequemlich-

 keit

keit willen gewöhnlich in folgender Ordnung abzuhandeln pflegt:

Addiren, das Hinzuthun.
Subtrahiren, das Abziehen.
Multipliciren, das Vervielfältigen oder Vermehren.
Dividiren, das Zertheilen oder Eintheilen.

Die meisten nehmen noch eine fünfte Art oder Species an, das Numeriren oder die Numeration, das Zählen, welches alsdenn in der Reihe aller fünf Species die erste wird. Allein weil derjenige, welcher numerirt, keine Zahlen findet, zum Rechnen aber das Finden unbekannter Zahlen erfordert wird (§. 1.), so kann das Numeriren nicht als ein Theil des eigentlichen Rechnens angesehen werden.

Ob das Numeriren mit dahin gehöre.

Wer rechnen lernen will, muß vorher numeriren können, so wie derjenige, der tanzen zu lernen verlangt, erst das Gehen gelernt haben muß. Allein so wenig das Gehen zur Tanzkunst gehört, so wenig kann auch das Zählen oder Numeriren zur Rechenkunst gerechnet werden, ob es gleich für einen Rechner eine höchst nöthige Sache bleibt. Aus der letztern Ursache muß es in den Rechenbüchern mitgenommen werden, und wird also auch hier im ersten Hauptstücke abgehandelt.

Die vier Species werden von einigen Gelehrten der Algorithmus genannt.

§. 6.

Ganze und gebrochne Zahlen.

Die Zahlen werden eingetheilt in ganze und gebrochene. Ganze sind 1 oder die Einheit, und alles, was aus der Wiederholung der Einheit herkömmt (2, 3 u. s. w.). Gebrochene sind solche, die entweder unter Eins, oder doch nicht durch die Wiederholung von Eins entstanden sind, z. E. $\frac{1}{3}$, das ist ein Drittel, $\frac{\frac{1}{2}}{3}$ d. i. ein halbes Drittel, $1\frac{2}{5}$ d. i. Ein und zwey Fünftel. Eine gebrochene Zahl heißt kürzer ein Bruch.

Ferner

Ferner theilt man die Zahlen ein in unbenannte und in benannte. Unbenannte Zahlen sind solche, zu welchen kein Name der zusammengezählten Dinge hinzugefügt ist; z. E. 16, 100. Benannte Zahlen heißen die, bey welchen man einen Namen nennt; z. E. 16 Thaler, 20 Wispel. Benannte und unbenannte Zahlen.

Erstes Hauptstück.

Vom Numeriren oder der Erkenntniß der Zahlen.

§. 1.

Was zum Numeriren gehöre. Zum Numeriren gehören 3 Stücke 1) das Zählen selbst, 2) das Aussprechen geschriebner Zahlen, und 3) das Schreiben ausgesprochner Zahlen.

§. 2.

Regeln des Zählens. Das Zählen selbst beruht auf folgenden Regeln: Man zählt immer bis auf die Zahl Neun, und sobald man so weit ist, fängt man wieder von Eins an; dieses neue Eins aber hat wieder einen eignen Namen. Die ersten neun Zahlen sind also:

Eins, zwey, drey, vier, fünf, sechs, sieben, acht, neun; zu diesen kömmt nun noch zehn, welches aber wieder den Anfang einer neuen Klasse macht, nämlich:

Zehn, zwanzig (anstatt zwey Zehen), dreyßig (anstatt drey Zehen), vierzig, funfzig, sechzig, siebenzig oder siebzig, achtzig, neunzig, hundert.

Hundert macht wieder den Anfang der folgenden Klasse:

Einhundert, zweyhundert ꝛc., neunhundert, tausend.

Eintausend, zweytausend ꝛc., neuntausend, zehntausend.

Zehn-

Zehntausend, zwanzigtausend ꝛc., neunzigtausend, hunderttausend.

Einhunderttausend, zweyhunderttausend ꝛc., neunhunderttausend, zehnhunderttausend oder tausendmaltausend oder eine Million.

Eine Million = = zehn Millionen.

Zehn Millionen = = hundert Millionen.

Hundert Millionen = = tausend Millionen.

Tausend Millionen = = zehntausend Millionen.

Zehntausend Millionen = = hunderttausend Millionen.

Hunderttausend Millionen = = tausendmaltausend Millionen oder eine Billion.

So wie eine Million Millionen eine Billion heißt (vom Lateinischen *bis*, zweimal), so nennt man eine Million Billionen eine Trillion, eine Million Trillionen eine Quadrillion, und so weiter eine Quinquillion, eine Sexillion. eine Septillion, eine Octillion, eine Nonillion, eine Decillion, eine Undecillion, eine Duodecillion.

Man hüte sich ja, jemand an das Rechnen, oder auch nur an die schweren Stücke des Numerirens zu bringen, wenn er nicht vorher viel gezählt hat. Einem Kinde muß man Korkpfropfen, Bohnen, Steine u. d. g. geben, und es davon anfänglich ein paar Hundert, hernach auch wohl ein paar Tausend abzählen lassen, und zwar auf die Art, daß es immer zehn Stück zusammenlegt, und zehn solche Haufen, deren jeder 10 enthält, wieder neben einander, so daß es alsdann hundert in einer Reihe liegen sieht. Auch kann man eine Anzahl länglicher Zettel verfertigen, und auf jedem 100 Punkte, immer

Erleichterung des eigentlichen Zählens.

immer 10 und 10 bey einander, machen, etwa auf folgende Art:

10 20 30 40 50 60 70 80 90 100

Nachdem das Kind einen solchen Zettel durchgezählt hat, giebt man ihm einen zweyten, und nun hat es einen Begriff von zweyhundert, und denn immer so weiter bis tausend. Nun lasse man das Kind unter jedem dieser tausend einzelnen Punkte sich einen Haufen von tausend Punkten denken, so werden eben diese Zettel hinreichen, ihm einen Begriff von einer Million zu machen. Denkt man sich unter jedem Punkt ein tausend Millionen, so kömmt aus den zehn Zetteln eine Billion heraus, u. s. w.

Uebungen nach gelerntem Zählen.

Um dem Lehrlinge hiebey einige Gelegenheit zum Nachdenken zu geben, so fragt man ihn, nachdem er zählen gelernt hat, ob wohl eine Million Fenster, Fensterscheiben 2c. in einer gewissen Stadt sey, und macht ihm begreiflich, daß es deren entweder wirklich so viel gebe, oder nicht. Ist er dies zu fassen vor der Hand noch zu schwach, so vertröstet man ihn darauf, daß, wenn man einmal das Rechnen von neuem mit ihm durchgehe, er alsdenn darüber gewiß werde urtheilen können. Hier sind noch einige solche Uebungen, die man wenigstens beym zweyten Durchgehen der Rechenkunst vornehmen kann.

Eine Billion (eine 1 mit 12 Nullen) ist leicht ausgesprochen und leicht geschrieben; aber der reichste König hat nicht eine Billion Dreyer im Vermögen; denn das würde über zehntausend Millionen Thaler machen.

Des Assyrischen Königs Sardanapals Reichthum, den er mit sich verbrannt haben soll, wird von jemand zu beynahe sechshunderttausend Millionen Pfund Silber angegeben. Wenn man das Pfund Silber auch nur zu 20 Thalern rechnete, so würde die ganze Summe doch über zehn Billionen Thaler ausmachen. So viel Geld ist jetzt in ganz Europa nicht, und es ist daher höchst unwahrscheinlich, daß sich der Reichthum Sardanapals so hoch sollte belaufen haben.

Tausend Octillionen (eine 1 mit 51 Nullen) ist eine so ungeheure Zahl, daß einige glauben, so viel ganz kleine Sandkörner, zehntausend auf ein Mohnkorn gerechnet, würden die ganze Welt bis an das Firmament füllen; doch erfordern andre dazu eine größere Anzahl, nämlich tausend Decillionen (1 mit 63 Nullen).

Sechs=

Sechshunderttausend Trillionen (6 mit 23 Nullen) ist eine grosse Anzahl, und doch können die 24 Buchstaben des A B C noch mehr als so vielmal versetzt werden.

Zehntausend Sextillionen sind bald geschrieben (in Zahlen eine 1 mit 40 Nullen); aber wenn so viele kleine Striche sollten gemacht werden, so würden, wenn auch alle Menschen, die jemals gelebt, nichts gethan, als Striche geschrieben, und in jedem Augenblicke deren hundert gemacht hätten, sie dennoch damit nicht zu Ende gekommen seyn.

Der Erfinder des Schachspiels Sessa Eben Dahir soll von dem Könige Scheram als eine Belohnung für seine Erfindung so viel Weizenkörner verlangt haben, als herauskommen würden, wenn man für das erste Feld des Schachbretts 1 Korn, für das zweyte 2 Körner, für das dritte 4, und so für jedes Feld, deren zusammen 64 sind, noch einmal so viel rechnete, als für das vorhergehende. Die Summe betrug aber über achtzehn Trillionen, und man fand bald, daß der Kaiser so viel Weizen in allen seinen Magazinen nicht hatte. Man sehe davon unten das 22 Hauptstück von der geometrischen Progression, §. 4. Es hat sich jemand die Mühe gegeben auszurechnen, daß mit so vielem Weizen der sogenannte Kasten Noah's über fünf Millionen mal hätte können angefüllt werden.

Man hat noch einige eigene Benennungen, die anstatt einer gewissen Anzahl von Dingen gesetzet werden. So heißt z. E. ein Mandel so viel als funfzehn, ein Schock so viel als sechzig. Man sehe davon das 9te Hauptstück von benannten Zahlen überhaupt, §. 2.

§. 3.

Bey dem Aussprechen angeschriebner Zahlen kömmt zuerst die Kenntniß der zehn Ziffern oder Zeichen der einfachen Zahlen vor. Diese sind: Zehn Ziffern. Einfache Zahlen.

Eins.	Zwey.	Drey.	Vier.	Fünf.	Sechs.
1.	2.	3.	4.	5.	6.

Sieben.	Acht.	Neun.	Null.
7.	8.	9.	0.

Die Null (nicht Noll) ist eigentlich das Zeichen der Abwesenheit einer Zahl. Es ist also eine Uebereilung, wenn man das Zeichen 0 zuweilen eine Zahl nennt. Die Sache ist eigentlich so: Es giebt zehn Unterschied zwischen Zahl u. Ziffer.

Ziffern oder Zeichen; unter diesen sind neun gültige Ziffern, nämlich 1 bis 9, und Eine ungültige, die Null. Die gültigen Ziffern kann man allenfalls Zahlen nennen; aber die ungültige nicht. Doch ist es besser, wenn man anstatt Zeichen immer Ziffer, und nie Zahl sagt. Z. E. die Zahl tausend (1000) besteht aus 4 Ziffern; zu einer Million gehören 7 Ziffern u. s. w.

Namen der Null. Die Null führt im Lateinischen den Namen Ziffer (Ziphra, Siphra) allein; die gültigen Ziffern nennt man Figuren. Sonst heißt die Null auch das Zero.

§. 4.

Zusammengesetzte Zahlen. Aus diesen zehn Ziffern werden nun alle mögliche Zahlen zusammengesetzt. Die zusammengesetzten Zahlen werden eingetheilt in zehntheilige (decadische), die eine Null am Ende haben (10, 200, 3000, 480, 5170 ꝛc.), und in vermischte, wo keine Null am Ende steht (z. E. 21, 303, 4187, 100014). Man muß aber erst zwey, dann drey, dann vier, dann fünf, dann sechs Ziffern aussprechen lernen; hernach ist man im Stande, alle zusammengesetzte Zahlen auszusprechen, wenn sie auch aus noch so viel Ziffern bestehen sollten. Ueberhaupt heißt die Regel: Eine jede Zahl bedeutet immer zehnmal mehr, als vorher, sobald sie einen Schritt oder eine Stelle weiter von hinten steht.

§. 5.

Zahlen von zwey Ziffern. Eine Ziffer in der zweyten Stelle von hinten bedeutet zehnmal so viel, als wenn sie in der letzten stände, also 2 zwanzig (z. E. 21, zwanzig und eins d. i. ein und zwanzig), 3, dreyßig ꝛc. Oder auch so: die zweyte Ziffer von hinten bedeutet Zehner; also hieße 89 acht Zehner und neun Einer, d. i. neun und achtzig.

Die Zahlen 11 eilf oder elf, 12 zwölf, 13 dreyzehn, 14 vierzehn, 15 funfzehn (in der gemeinen Aussprache fufzehn), 16 sechzehn, 17 siebzehn, 18 achtzehn, und 19 neunzehn werden am besten einzeln gelernt; von allen übrigen aus zwey Ziffern zusammengesetzten gilt die Regel, daß die letzte zuerst ausgesprochen wird, hernach das Wörtchen und, und endlich die erste Zahl folgt; z. E. 23 drey und zwanzig, 78 acht und siebzig. Ist hinten eine Null, so wird nur die erste Zahl allein ausgesprochen; 20 zwanzig, 70 siebzig.

§. 6.

Die dritte Ziffer von hinten bedeutet so viel Hunderte, als sie einfache Zahlen bedeuten würde, wenn sie in der letzten Stelle stände. 381 würde also weitläuftig ausgesprochen heißen: 3 Hundert 8 Zehner 1 Einer; kürzer dreyhundert und einundachtzig. Zahlen von drey Ziffern.

Von drey Ziffern spricht man also zuerst die erste, hernach die dritte, und zuletzt die zweyte im Deutschen aus; z. E. von 546 erst die 5 hernach die 6 und endlich die 4. Steht in der zweyten Stelle eine Null, so spricht man nur die erste und dritte Ziffer aus, z. E. 307 dreyhundert und sieben, 902 neunhundert und zwey. Steht eine Null in der dritten Stelle von hinten, so spricht man nur die erste und zweyte aus; doch so, daß die zweyte mit der Endung der Zehner (zig oder ßig) versehen wird; z. E. 320 dreyhundert und zwanzig, 430 vierhundert und dreyßig. Ist sowohl die zweyte als die dritte Stelle mit einer Null besetzt, so sind es bloße Hunderte, z. E. 300 dreyhundert, 900 neunhundert.

Man hüte sich, den ersten Anfängern solche Zahlen zum Aussprechen vorzuschreiben, die aus drey gleichen Ziffern bestehen, z. E. 444, indem dies bey ihnen nur Gelegenheit zur Verwirrung giebt.

Beyspiele zur Uebung: 189. 198. 918. 819. 981. 891. 305. 350. 503. 530. 600. 608. 680.

Es hat seinen Nutzen, wenn man auch auf folgende Art Zahlen vorschreibt: 006, 010, 093. Hier heißt die erste Zahl sechs, die zweyte zehn, die dritte dreyundneunzig. Daß dergleichen Zahlen wirklich vorkommen, wird sich im Folgenden bald zeigen. Weil sie nun da manchem Anfänger Schwierigkeit machen, so muß man ihn im Voraus vor dieser Schwierigkeit bewahren.

§. 7.

Die vierte Zahl vom Ende bedeutet Tausende. Man spricht also die vierte Zahl am Ende für Zahlen von vier Ziffern.

für sich allein aus, setzt **tausend** hinzu, und spricht hernach zuletzt die übrigen drey Zahlen so aus, wie vorher (§. 6.) ist gelehrt worden. Z. E. 3459 hiesse weitläuftig 3 **Tausend** 4 **Hundert** 5 **Zehner** 9 **Einer**; kürzer dreytausend vierhundert und neunundfunfzig.

Beyspiele zur Uebung 7896. 6798. 8976. 9867. 9000. 4300. 4306. 9003 (9 tausend und 3). 4030 (4 tausend und 30). Bey diesen letztern drey Beyspielen wird sich der Nutzen der am Ende des vorigen sechsten Paragraphen gemachten Anmerkung zeigen.

Zuweilen spricht man die Tausende durch Hunderte aus, z. E. 1100 elfhundert, 2400 vierundzwanzighundert, 1798 siebzehnhundert und acht und neunzig.

§. 8.

Zahlen von fünf Ziffern. Von fünf Ziffern werden zuerst die beyden ersten (nach §. 5.) ausgesprochen, hernach das Wort **tausend** dazugesetzt, und endlich läßt man die drey letzten (nach §. 6.) folgen.

Beyspiele zur Uebung: 71386. 86713. 87000. 90212. 80910. 37006. 38090. 30000. 30007. 30100. 80076. 50040. 30206.

Man muß einen Anfänger, der nur einigermaßen einen guten Kopf hat, nicht mit vielen Erleichterungen plagen, die am Ende die Sache nur erschweren. Ist aber jemand so schwachsichtig, daß er nach den oben gegebenen Regeln dennoch bey Aussprechung einer Zahl von fünf Ziffern noch Schwierigkeiten findet, so lasse man ihn vor der dritten Zahl von hinten einen kleinen Strich gerade herunter machen, der aber etwas länger als eine Eins seyn muß, damit ihn nicht etwa jemand für 1 ansehe; z. E.

38|795. 80|005. 48|309.

Was vor dem Striche steht, heißt **tausend**; die erste Ziffer nach dem Striche heißt **hundert**. Folgt gleich nach dem Striche eine Null, so sind keine Hunderte da.

Man hat noch eine andere Art, schwachen Köpfen das Aussprechen der Zahlen zu erleichtern, und den fähigern es zu erschweren. Nach dieser zeichnet man die dritte

dritte Zahl vom Ende mit einem Punkte unten, und die vierte mit einem Punkte oben, z. E.

38795. 80006. 48309.

Dazu giebt man hernach die Regel: ein Punkt unten bedeutet hundert, ein Punkt oben tausend. Ich widerrathe aber diese Art der Erleichterung sehr, weil ich aus der Erfahrung weiß, daß sie, besonders bey größern Zahlen, einem Anfänger oft Verwirrung macht. Es wird sogar gut seyn, sie einem, der sich daran gewöhnt hat, wieder abzugewöhnen.

Von sechs Ziffern werden die ersten drey mit tausend, die letzten drey ohne tausend ausgesprochen; z. E. 364365 dreyhundert und vierundsechzigtausend dreyhundert und fünfundsechzig. Zahlen von sechs Ziffern.

Exempel zur Uebung: 873873. 982836. 756000. 756009. 813019. 982400. 750419. 890000. 890004. 900417. 900000. 900003.

Will man, so kann man auch hier den obenerwähnten Strich gebrauchen, der bey sechs Zahlen auch eher zu verzeihen ist, als bey fünfen. Z. E. 387|982. 700|003.

Hier ist nun noch mehr, als oben (§. 6.), nöthig, daß jemand solche Zahlen aussprechen lerne, denen im Anfange so viel Nullen vorgesetzt sind, daß die Anzahl der sämmtlichen Ziffern sechs beträgt. Z. E. 000001 heißt eins, 000049 neunundvierzig, 000312 dreyhundert und zwölf, 004172 viertausend einhundert und zweyundsiebzig, 035809 fünfunddreyßigtausend achthundert und neun.

§. 10.

Bey dem Aussprechen aller Zahlen von mehr als sechs Ziffern wird auf einerley Art verfahren. Man theilt dieselben zuerst von der Rechten zur Linken vermittelst langer Striche in Klassen, wovon jede sechs Ziffern enthält; z. E. Zahlen von mehr als sechs Ziffern.

7|635843. 87|594978.

867|894376|849435. 987654|321000.

8|765432|187963|845219|876354

Zwey

Zweytens macht man über dem ersten großen Striche (von hinten zu gerechnet) Einen kleinen Strich, über dem zweyten zwey, über dem dritten drey, über dem vierten vier, über dem fünften fünf oder das Zeichen v, über dem sechsten sechs oder vi u. s. w., nämlich auf folgende Art:

7′|635843. 87′|594978.

867″|894376′|849435. 987654′|321000.

8⁗|765432‴|187963″|845219′|876354.

Nun spricht man die vor dem Strich ′ stehenden Zahlen als Millionen, die vor ″ stehenden als Billionen, die vor ‴ als Trillionen, die vor ⁗ als Quadrillionen aus. So bedeutet weiter ′′′′′ oder v Quinquillionen, vi Sexillionen, vii Septillionen, viii Octillionen, ix Nonillionen, x Decillionen, xi Undecillionen, xii Duodecillionen, und so weiter bis ins Unendliche.

Die vorher angeschriebenen Zahlen würden also auf folgende Art müssen ausgesprochen werden:

7 Millionen 635 tausend achthundert und dreyundvierzig.

87 Millionen 594 tausend neunhundert und achtundsiebzig.

867 Billionen 894 tausend dreyhundert und sechsund siebzig Millionen 849 tausend vierhundert und fünfunddreyßig.

987 Tausend sechshundert und vierundfunfzig Millionen 321 tausend.

8 Quadrillionen 765 tausend vierhundert und zweyunddreyßig Trillionen 187 tausend neunhundert und dreyundsechzig Billionen 845 tausend zweyhundert und neunzehn Millionen 876 tausend dreyhundert und vierundfunfzig.

Größere

Größere Beyspiele zur Uebung.

V ′′′′ ′′′ ′′ ′

894569|789012|345678|901238|964803|764523

894 tausend 569 Quinquillionen 789 tausend und 12 Quadrillionen 345 tausend 678 Trillionen 901 tausend 238 Billionen 964 tausend 803 Millionen 764 tausend fünfhundert und 23.

VI V ′′′′ ′′′ ′′ ′

8793|000000|000001|000023|000203|001070|100003

8 tausend 793 Sexillionen Eine Quadrillion 23 Trillionen 203 Billionen Eintausend und 70 Millionen 100 tausend und drey.

X IX VIII VII VI V ′′′′ ′′′ ′′ ′

89|754000|800000|000005|091000|007003|000000|213007|895900|000000|000000

89 Decillionen 754 tausend Nonillionen 800 tausend Octillionen 5 Septillionen 91 tausend Sexillionen 7 tausend und 3 Quinquillionen 213 tausend und 7 Trillionen 895 tausend und 900 Billionen.

Wem 6 Zahlen noch zu groß zum aussprechen sind, der kann sich noch 3 und 3 durch einen kleinern Strich oder durch ein Comma theilen, um genau zu wissen, wo er tausend sprechen soll; z. E.

′′′ ′′ ′

35|867|982|003|078|982|700|322.

oder

35,867'''|982,003''|078,982'|700,322.

35 tausend 867 Trillionen 982 tausend und 3 Billionen 78 tausend 982 Millionen 700 tausend dreyhundert und zweyundzwanzig.

Numeration der Geübtern * Wer schon vollkommner ist, braucht weder die großen noch die kleinen Striche, sondern wenn er eine große Zahl auszusprechen hat, z. E.

85976384565984732164859456

so zählt er 1) wie viel Ziffern es sind; hier sind es 26. 2) dividirt er die Anzahl dieser Ziffern mit 6; was übrig bleibt, giebt ihm die Anzahl der Ziffern, die er zuerst zusammen aussprechen muß. Wenn man 26 mit 6 dividirt, bleiben 2 übrig, also müssen die ersten beyden Zahlen zusammen als fünfundachtzig ausgesprochen werden. Was als Quotient herauskömmt, deutet die Anzahl der Striche an, die hinter diesen Zahlen stehen sollten. Hier kam 4 heraus; folglich muß man hinter 85 sich vier Striche denken, und also sagen 85 Quadrillionen. Die folgenden 6 Ziffern spricht man aus, als wenn Ein Strich weniger dahinter stände (also hier 3 Striche, folglich als Trillionen). Bey den folgenden 6 Ziffern denkt man sich wieder Einen Strich weniger, und so fährt man fort, bis sechs Ziffern, hinter welchen kein Strich mehr folgt, übrig bleiben. Diese werden alsdenn ohne weitere Benennung (nach §. 9) ausgesprochen. Geht die Anzahl der Ziffern mit 6 auf, so spricht man die ersten sechs Zahlen zusammen aus, und denkt sich hinter denselben Einen Strich weniger; z. E. wenn der Ziffern 36 wären, so kömmt zwar 6 heraus, man spricht aber die ersten 6 Zahlen nicht als Sexillionen, sondern nur als Quinquillionen aus. Eine Uebung läßt sich hier am leichtesten mit solchen Zahlen anstellen, die vorn eine gültige Zahl und hinten lauter Nullen haben, z. E. eine 3 mit 60 Nullen sind 3 Decillionen, eine 8 mit 50 Nullen sind 800 Octillionen, eine 9 mit 35 Nullen 900 tausend Quinquillionen.

Alte Art auszusprechen. * Weil man doch auch einen Begriff von dem altmodischen Aussprechen großer Zahlen einen Begriff haben muß, so theile man eine Zahl von der Rechten zur Linken durch Striche in Klassen, deren jede 3 Ziffern enthält. Nun spreche man die Zahlen, die vor dem ersten Striche nach der linken Hand zu stehen, aus, und füge so vielmal das Wort tausend hinzu, als Striche da sind; nur sage man bey den letzten beyden Strichen nicht

nicht tausend tausend, sondern tausend mal tausend. Hernach mache man es mit jeder einzelnen Klasse eben so; nur daß man bey der vorletzten bloß tausend, und bey der letzten gar nichts hinzusetzt.

Ein Beyspiel wird alles erläutern.

384|837|945|000|837|003|654|000|876|007

Dies sprach man 384 tausend tausend tausend tausend tausend tausend tausend tausendmaltausend, 837 tausend tausend tausend tausend tausend tausend tausendmaltausend, 945 tausend tausend tausend tausend tausend tausendmaltausend, 837 tausend tausend tausend tausendmaltausend, 3 tausend tausend tausendmaltausend, 654 tausend tausendmaltausend, 876 tausend und sieben. Man sieht leicht, daß diese Art des Aussprechens sehr schwer und weitläuftig ist. Noch mehr Schwierigkeit verursacht sie, wenn man genöthigt ist, nach derselben etwas anzuschreiben.

§. 11.

Anschreiben ausgesprochener Zahlen unter einer Million.

Es ist noch das dritte Stück des Numerirens, nämlich das Anschreiben ausgesprochener Zahlen übrig. Zuerst muß man solche Zahlen anschreiben lernen, die unter einer Million sind, und also nur aus höchstens 6 Ziffern bestehen. Die einfachen Zahlen von 1 bis 9 sind leicht. Alles was über 9 und unter hundert ist, wird mit 2 Zahlen geschrieben. Davon schreibt man diejenige, welche Zehner andeutet, zur linken Hand, und die andere, welche Einer andeutet, zur Rechten darneben. Ist der Name der Zahl eine bloße einzelne Zahl mit der Endung zig oder ßig, so kömmt die gültige Zahl zur Linken, und zur Rechten eine Null; z. E. fünfundvierzig 45, achtzig 80. Nach hundert müssen immer noch 2 Ziffern folgen. Wird keine oder nur Eine gültige Zahl zu hundert hinzugesagt, so muß man keine Null zu wenig oder an den unrechten Ort setzen. Z. E. dreyhundert fünfundvierzig 345, fünfhundert und vier 504 (nicht 540; denn das hieße fünfhundert und vierzig).

Nach tausend müssen vier Zahlen folgen; tausend an sich selbst kann aus Einer, zwey oder drey Zahlen bestehen, z. E. dreytausend siebenhundert funfzig 3750, siebenunddreyßigtausend neunhundert fünfunddreyßig 37935, sechshundert und siebenundzwanzigtausend achthundert und sechsundfunfzig 627856. Kurz, was tausend heißt, braucht Eine, zwey oder drey Zahlen und hat allemal drey Zahlen nach sich.

Der schwächere Anfänger darf nach tausend anfänglich noch einen Strich oder Komma machen (3,750.37,935.627,856); aber der Geübtere muß es nicht mehr thun.

Es verräth einigermaßen einen schwachen Verstand, wenn man die Einer früher hinschreibt als die Zehner; z. E. von 45 erst die 5 und hernach die 4 davor; so auch in 345 zuerst die 3, hernach die 5 und endlich erst die 4.

Wenn die Anzahl der Hunderte über 9 geht (s. §. 7. zu Ende), so werden sie mit 2 Ziffern geschrieben, z. E. elfhundert und dreyundsiebzig 1173.

§. 12.

Anschreiben einer jede Zahl unter 100000 mit 6 Ziffern.

Wenn man große Zahlen schreiben will, die über eine Million gehen, so muß man vorher gelernt haben, eine jede Zahl, die weniger ist als 100000, mit 6 Ziffern zu schreiben. Das kann leicht geschehen. Man denkt nach, wie viel die Zahl an und für sich Ziffern nothwendig braucht, und setzt ihr alsdenn so viel Nullen vor, bis es 6 Ziffern werden. Z. E. die Zahl Eins erfordert nur Eine Ziffer. Will man sie also mit 6 Ziffern schreiben, so müssen 5 Nullen davor kommen (000001). Zwölf erfordert 2 Ziffern, also schreibt man es, wenn deren 6 da seyn sollen, 000012. Ferner dreyhundert und sieben 000307, viertausend fünfhundert und neunzig 004590, neunundneunzigtausend neunhundert und neunundneunzig 099999.

§. 13.

Sobald man eine Zahl zu schreiben hat, die mit Millionen, Billionen ꝛc. anfängt, schreibt man die zur ersten Benennung (Million, Billion, Trillion) gehörige Zahl mit so vielen Ziffern, als dazu nöthig sind. Z. E. es hieße zuerst 36 Trillionen, so schreibt man 36 hin, ehe man hört, was weiter folgt; oder es hieße 1745 Octillionen, so würde 1745 hingeschrieben. Allein man muß hinter der zuerst hingeschriebnen Zahl so viel Platz lassen, als nöthig ist, um die darauf noch folgenden Ziffern hinzubringen. Es müssen nämlich noch folgen: Anschreiben der Zahlen, die mehr als sechs Ziffern erfordern

nach einer Million 6 Ziffern;
— — Billion 2 mal 6, d. i. 12;
— — Trillion 3 mal 6, d. i. 18;
— — Quadrillion 4 mal 6, d. i. 24;
— — Quinquillion 5 mal 6, d. i. 30;
— — Sexillion 6 mal 6, d. i. 36;
— — Septillion 7 mal 6, d. i. 42;
— — Octillion 8 mal 6, d. i. 48;
— — Nonillion 9 mal 6, d. i. 54;
— — Decillion 10 mal 6, d. i. 60;
u. s. w.

Hernach füllt man jede der folgenden Klassen mit 6 Ziffern. Z. E. wenn zuerst Octillionen hingeschrieben sind, so werden hernach 6 Ziffern für die Septillionen geschrieben, 6 für die Sexillionen u. s. w., zuletzt noch 6 nach den Millionen. Z. E. es hieße 1 Septillion, so schriebe man 000001, und ginge dann weiter. Wird eine Klasse von dem Vorsagenden ganz übergangen, so füllt man sie mit 6 Nullen; z. E. wenn auf die eine Septillion gleich achtzehntausend Quinquillionen folgten, so schriebe man anstatt der Sexillionen 6 Nullen, und führe sodann fort

fort 018000. Wenn nach einer solchen grössern Benennung gar nichts mehr folgt, so setzt man die gebührende Anzahl Ziffern in lauter Nullen hin, nach der Million 6, nach der Billion 12 u. s. w.

Beyspiele zur Uebung: Sechshundert und zwey und neunzig Trillionen 692000000000000000000.

Acht und funfzig Quadrillionen, sechs Trillionen, zwölf Billionen, hundert und vierundzwanzig Millionen, dreytausend vierhundert und fünfundachtzig 58000006000011000124003485.

Neunundneunzigtausend neunhundert und neunundneunzig Octillionen 99999 und 48 Nullen.

Eine Septillion und eine Million 1 und 35 Nullen, dann wieder eine 1 und 6 Nullen.

Achtzehn Quadrillionen achtzig Billionen und acht 18000000000080000000000008.

Eintausend siebenhundert und fünfundvierzig Octillionen, eine Septillion, achtzehntausend Quinquillionen 1745000001018 und 33 Nullen.

Findet jemand es nöthig, so kann er sich auch nach der zuerst hingeschriebenen Zahl so viel Striche oder Comma's machen, als nöthig sind, nämlich nach einer Million Einen, nach einer Billion zwey u. s. w. Diese Striche oder Comma's müssen so gesetzt werden, daß zwischen zweyen immer 6 Ziffern Platz haben. Hinter dem letzten Strich oder Comma muß aber ebenfalls noch Platz zu 6 Ziffern bleiben. Will man, so kann man auch die gemachten Ziffern noch (nach §. 10.) zeichnen. Z. E. es finge jemand an uns in die Feder zu sagen: dreyundfunfzig Quadrillionen, so schriebe man:

IV ''' '' '
53| | | |

Wenn er nun fortführe, sechshundert und fünftausend neunhundert und dreyzehn Trillionen achtundsechzig Millionen zweytausend vierhundert und einundneunzig, so schriebe man die übrigen Klassen auch voll, nämlich:

IV ''' '' '
53|605913|000000|000068|002491

Zwey=

Zweytes Hauptstück.

Vom Addiren oder dem Hinzuthun.

§. 1.

Addiren oder Hinzuthun heißt aus zwey oder mehr gegebnen Zahlen eine andere finden, welche den gegebnen zusammengenommen gleich ist. Z. E. es werden gegeben 4 und 6, und es wird gefunden 10: so ist 10 so gut als 4 und 6 dazu. Was Addiren sey.

Man vergleiche die Vorerinnerungen §. 3.

§. 2.

Man bedienet sich um anzuzeigen, daß zwey oder mehr Zahlen addirt werden sollen, eines stehenden Kreuzes +. Dieses Kreuz spricht man durch plus (d. i. mehr oder dazugenommen) aus. Z. E. 4 + 6 + 7 = 17 heißt 4 und dazu 6 und dazu 7 macht zusammen 17. Zeichen des Addirens.

Das Zeichen =, welches hernach bey allen Rechnungsarten wieder vorkommen wird, heißt so viel als äqual oder gleich. Man spricht also 4 + 6 + 7 = 17 auf folgende Art aus: 4 plus 6 plus 7 æqual 17. Dies Zeichen kann auch mehr als einmal wiederholt werden; z. E. 2 Rthlr. 18 Gr. = 1 Duc. = 66 Gr. = $\frac{11}{20}$ Louisd., heißt 2 Thaler 18 Groschen ist so viel als 1 Ducaten, oder als 66 Groschen, oder 11 Zwanzigtheile eines Louisd'ors. Zeichen d. Gleichheit.

§. 3.

Ausdrücke beym Addiren. Die Zahlen, welche beym Addiren gegeben werden; heißen die *addirenden* oder *summirenden Zahlen* oder *Posten*; diejenige, welche gefunden wird, heißt die *Summe* oder das *Collect*, bey einigen auch das *Aggregat*.

Was man durch das Rechnen findet, hat bey jeder einzelnen Art des Rechnens seinen eigenen Namen. Die Unwissenden nennen es in allen Fällen die *Summe* oder wohl gar auf eine ungereimte Art das *Facit*. Hier ist also zu merken, daß *Summe* oder *Aggregat* nicht weiter gebraucht werden dürfe, als von dem, was beym Addiren herauskömmt.

§. 4.

Aufsetzen eines Beyspiels vom Addiren. Wenn uns ein Beyspiel zu addiren gegeben wird, so setzt man die Zahlen so unter einander, daß keine Zeile hinter der andern heraussteht. Es kommen also Einer unter Einern, Zehner unter Zehnern, Hunderte unter Hunderten, Tausende unter Tausenden zu stehen. Z. E. man sollte folgendes aufsetzen: 434 + 485 + 9872 + 34 + 19872 + 93: so würde man es so setzen müssen:

```
  434
  485
 9872
   34
19872
   93
```

Bey einem Anfänger kömmt es sehr darauf an, daß er Zahl gerade unter Zahl setzen lerne, weil sonst die Verwirrung unvermeidlich ist, und er am Ende selbst nicht weiß, welche Zahl er zur vorigen hinzu rechnen soll. Man betrachte folgendes Beyspiel.

```
89134
 569
  847
 693
 3825
56897.
```

Es ist gleichgültig, in welcher Ordnung man die Zahlen unter einander ordnet, und man könnte das vorher angeführte Beyspiel auch auf folgende Art aufsetzen, ohne daß dadurch der Summe Eintrag geschähe:

19872
9872
434
485
34
93 oder auch noch anders.

Wenn Decimalbrüche da sind, so stehen die Zeilen zuweilen hinter einander heraus. Siehe das letzte Hauptstück, §. 2.

§. 5.

Die Regeln des Addirens heißen so: 1) Man mache unter den addirenden Zahlen einen Querstrich, um die Summe von ihnen zu unterscheiden. 2) Man addire alles, was unter einander in Einer Reihe steht, zusammen, und mache den Anfang von der letzten Reihe zur Rechten, d. i. von den Einern, und gehe so weiter gegen die Linke fort. 3) Wenn dasjenige, was aus einer zusammengerechneten Reihe herauskömmt, eine einzelne Ziffer ist, so wird sie, ohne daß weiter etwas zu bemerken ist, unten in die Summe gesetzt; kommen aber mehr als Eine Ziffer heraus, so wird nur diejenige untergesetzt, die zur rechten Hand stehen sollte, die andere aber, oder die andern (denn es können zuweilen 3 oder gar mehrere Ziffern herauskommen) rechnet man zur nächsten Klasse linker Hand zu. Z. E. aus der ersten Reihe rechter Hand käme 18, so wird 8 hingeschrieben, und 1 zur folgenden Reihe genommen. In dieser letzten Reihe linker Hand schreibt man die Zahl ganz aus, so daß die übrigen Ziffern vorausgerückt werden.

Anstatt, daß man die Zahlen, die linker Hand stehen sollten, im Sinn behält, kann man sie ganz klein unten zur Rechten neben der untersten Ziffer der folgenden Reihe setzen; alsdenn vergißt man sie gewiß nicht. Andre schreiben die im Sinn zu behaltenden Zahlen irgendwo außerhalb des auszurechnenden Beyspiels hin, und löschen sie wieder aus, so bald sie zugerechnet sind. Das erste ist aber weit besser. Es ist zwar gleichgültig, ob man die sogenannte im Sinn behaltne Zahl zur folgenden Reihe zuerst oder zuletzt zurechnet; indessen ist das erste natürlicher und auch sicherer, weil sie zuletzt leicht vergessen wird. Wenigstens muß sich ein jeder an etwas gewisses gewöhnen, und nicht sie bald zuerst und bald zuletzt zurechnen. Die weitere Erläuterung der Untersetzung der im Sinn zu behaltenden Zahlen ist aus dem siebenten und achten Paragraphen leicht herzunehmen. Wie man ohne unterzusetzen oder im Sinn zu behalten fertig werden könne, ist aus der zweyten Probe im eilften Paragraphen zu sehen.

§. 6.

Nothwendigkeit und Gebrauch des sogenannten Eins und Eins.

Um zwey Zahlen vermittelst des Worts und zusammenzurechnen, bedienen sich viele des Abzählens an den Fingern; z. E. wenn 8 und 6 zusammenzurechnen ist, so nehmen sie 6 Finger, und fangen bey dem ersten an zu zählen 9 (weil nach 8 gleich 9 folgt); alsdenn weiter bis zum letzten unter diesen 6 Fingern 10, 11, 12, 13, 14. Wenn zu 14 weiter 8 zu rechnen wären, so nehmen sie 8 Finger und zählen weiter 15, 16, 17, 18, 19, 20, 21, 22. Weil dieses aber sehr weitläuftig ist, und in der Geschwindigkeit dennoch zuweilen ein Finger überschlagen oder doppelt gezählt wird, so muß man sich gewöhnen, das Zählen an den Fingern ganz zu entbehren. Dies läßt sich bewerkstelligen, wenn man sich folgende Tabelle, das 1 und 1 genannt, bekannt macht.

Das

Das Eins und Eins.

1
und
1. 2. 3. 4. 5. 6. 7. 8. 9.
ist
2. 3. 4. 5. 6. 7. 8. 9. 10.

2 und	6 und
1. 2. 3. 4. 5. 6. 7. 8. 9.	1. 2. 3. 4. 5. 6. 7. 8. 9.
ist	ist
3. 4. 5. 6. 7. 8. 9.10.11.	7. 8. 9.10.11.12.13.14.15.

3 und	7 und
1. 2. 3. 4. 5. 6. 7. 8. 9.	1. 2. 3. 4. 5. 6. 7. 8. 9.
ist	ist
4. 5. 6. 7. 8. 9.10.11.12.	8. 9.10.11.12.13.14.15.16.

4 und	8 und
1. 2. 3. 4. 5. 6. 7. 8. 9.	1. 2. 3. 4. 5. 6. 7. 8. 9.
ist	ist
5. 6. 7. 8. 9.10.11.12.13.	9.10.11.12.13.14.15.16.17.

5 und	9 und
1. 2. 3. 4. 5. 6. 7. 8. 9.	1. 2. 3. 4. 5. 6. 7. 8. 9.
ist	ist
6. 7. 8. 9.10.11.12.13.14.	10.11.12.13.14.15.16.17.18.

Diese Tabelle braucht man nicht auswendig zu lernen, sondern sich dieselbe nur durch häufiges Herlesen bekannt zu machen, hernach aber beym Rechnen sie immer so lange zur Hand zu haben, bis man sich ohne dieselbe behelfen kann. Sie nützt aber nicht bloß in den einfachen Zahlen, sondern auch in den zusammengesetzten, auf die sie sehr leicht anzuwenden ist. Wenn ich z. E. weiß, daß 8 und 9 17 ist, so folgt, daß 18 und 9 27, 28 und 9 37, 38 und 9 47 seyn müs-

müsse ꝛc. 6 und 7 ist 13, folglich 46 und 7 53, 56 und 7 63, 66 und 7 73. 9 und 3 ist 12, folglich 89 und 3 92, 99 und 3 102.

Man kann solchen Anfängern, deren Kopf hart und langsam ist, das Eins und Eins sehr erleichtern, wenn man es ihnen nicht in Zahlen, sondern anfänglich in Zahlpfennigen, Bohnen ꝛc. oder auch nur in bloßen Punkten etwa auf folgende Art vorlegt.

1 und 1 : :. :.. :... :.... :..... :...... :....... :........
6 und 1 :..... ::..... :::.... ::::... :::::.. ::::::. :::::::

§. 7.

Beyspiel von zwey Reihen.

Man muß zuerst zwey Reihen addiren lernen, und nicht eher zu Beyspielen von mehreren Reihen fortgehen, als bis man zwey Reihen mit völliger Fertigkeit zu addiren im Stande ist.

Beyspiel einer Addition von 2 Reihen.

897654328197631482571342
254627981235678517325651
1 1 1   1 1 1   1 1 1 1
―――――――――――――――――
1152282309433309999896993

Wenn man dieses Beyspiel laut macht, so heißt es wie folget. 1 und 2 ist 3, 5 u. 4 i. 9, 6 u. 3 i. 9, 5 u. 1 i. 6, 2 u. 7 i. 9, 3 u. 5 i. 8, 7 u. 2 i. 9, 1 u. 8 i. 9, 5 u. 4 i. 9, 8 u. 1 i. 9, 7 u. 3 i. 10, 0 hin und 1 im Sinn (d. i. 1 wird nach Anleitung des fünften Paragraphen zur folgenden Reihe klein untergeschrieben), 1 u. 6 i. 7 u. 6 i. 13, 3 hin 1 im Sinn, 1 u. 5 i. 6 u. 7 i. 13, 3 hin 1 im Sinn, 1 u. 3 i. 4 u. 9 i. 13, 3 hin 1 im Sinn, 1 u. 2 i. 3 u. 1 i. 4, 1 u. 8 i. 9, 8 u. 2 i. 10, 0 hin 1 im Sinn, 1 u. 9 i. 10 u. 3 i. 13, 3 hin 1 im Sinn, 1 u. 7 i. 8 u. 4 i. 12, 2 hin 1 im Sinn, 1 u. 2 i. 3 u. 5 i. 8, 6 u. 6 i. 12, 2 hin 1 im Sinn, 1 u. 4 i. 5 u. 7 i. 12, 2 hin 1 im Sinn, 1 u. 5 i. 6 u. 9 i. 15, 5 hin 1 im Sinn, 1 u. 2 i. 3 und 8 i. 11, 1 hin und 1 vorgerückt.

Wenn jemand recht fertig addiren kann, so nennt er bloß die Zahlen der Summe, die er hinschreibt, 39969899990 ꝛc. ohne sich mit den Wörtern und ist aufzuhalten.

Beyspiel zur Uebung.

345621548 + 623158321 = 968779869. 83456782 + 35945678 = 119402460. 943862459386 + 235948736245 = 1179811195631.

Folgende Beyspiele sind so eingerichtet, daß immer zu der Summe des vorigen nur eine neue Reihe zugeschrieben werden darf 87963482549 + 86453284739 = 174416767288. Dies und dazu 954862793854 = 1129279561142. Dies und dazu 4798254736843 = 5927534297985. Dies und dazu 8347694825693 = 14275229123678. Dies und dazu 75432186472894 = 89707415596572. Dies und dazu 59482379843928 = 149189795440500.

Die bisherigen Beyspiele waren so eingerichtet, daß in beyden Reihen immer gleich viel Ziffern waren. Wenn man dergleichen Beyspiele einem andern vorsagt, so braucht man ihm die Ziffern nur einzeln zu nennen und bloß anzuzeigen, wenn eine zweyte Reihe anfängt. Allein es können auch in der einen Reihe mehr Ziffern seyn, als in der andern; und alsdenn muß man, wenn man die Ziffern einzeln hersagen will, die zweyte Reihe von hinten an herzulesen anfangen. Doch ist es besser, wenn man in allen Fällen die Ziffern nicht einzeln, sondern die ganzen Reihen zusammen ausspricht, weil dies zugleich eine nützliche Fortsetzung der Uebung im Numeriren an die Hand giebt. Es folgen also Beyspiele von einer ungleichen Anzahl von Ziffern.

376 + 4293 = 4669. 8982 + 472 = 9454. 8372 + 59387 = 67759. 982345 + 9372 = 991717. 89389457 + 2235987645 = 1325377102. 984379849826 54 + 984372684564 = 99422357667218.

§. 8.

Bey den Beyspielen, die aus mehr als 2 Reihen bestehen, ist nichts besonders zu merken, als daß sie eine geschärfte Aufmerksamkeit erfordern, damit man nicht eine Art der Zehner mit der andern verwechsele, und z. E. nur 30 sage, wenn man schon 40 sagen soll, oder umgekehrt.

Beyspiele von mehrern Reihen.

Beyspiel einer Addition von 4 Reihen.

```
 8973654
 9867312
 7986541
 6789214
  332111
--------
33616721
```

Hier

Hier hieß es so: 4 u. 1 i. 5 u. 2 i. 7 u. 4 i. 11, 1 hin 1 im Sinn (und also diese 1 nach Anleitung des fünften Paragraphen klein unter die folgende Reihe gesetzt). 1 u. 1 i. 2 u. 4 i. 6 u. 1 i. 7 u. 5 i. 12, 2 hin 1 im Sinn, 1 u. 2 i. 3 u. 5 i. 8 u. 3 i. 11 u. 6 i. 17, 7 hin 1 im Sinn; 1 u. 9 i. 10 u. 6 i. 16 u. 7 i. 23 u. 3 i. 26, 6 hin 2 im Sinn; 2 u 8 i. 10 u. 8 i. 18 u. 6 i. 24 u. 7 i. 31, 1 hin 3 im Sinn; 3 u. 7 i. 10 u. 9 i. 19 u. 8 i. 27 u. 9 i. 36, 6 hin 3 im Sinn; 3 u. 6 i. 9 u. 7 i. 16 u. 9 i. 25 u. 8 i. 33, 3 hin und 3 vorgerückt.

Beyspiel einer Addition von 30 Reihen.

		8	7	9
		4	8	2
		5	4	7
		6	8	2
		9	4	3
		6	2	8
		5	4	7
		6	9	3
		8	4	3
		5	7	9
		8	9	7
		7	4	8
		9	7	3
		8	4	5
		9	4	7
		7	4	5
		8	4	9
		5	4	8
		6	9	3
		4	8	2
		5	9	7
		9	8	7
		7	9	8
		8	7	9
		4	5	6
		6	8	9
		9	7	4
		7	8	9
		8	4	7
		9	8	3
		20	17	
2	2	5	4	9

In Zusammenrechnung der ersten Reihe von hinten kommen hier nach und nach folgende Zahlen heraus: 3, 10, 19, 23, 32, 38, 47, 55, 62, 69, 71, 74, 82, 91, 96, 103, 108, 111, 119, 126, 135, 138, 141, 148, 156, 159, 161, 168, 170, 179. Davon schreibt man 9 hin und 17 behält man zur folgenden Reihe im Sinn, oder setzt sie unter.

In der zweyten Reihe kommen heraus 17, 25, 29, 37, 44, 52, 57, 64, 73, 81, 90, 98, 107, 111, 115, 119, 123, 127, 134, 138, 147, 154, 158, 167, 171, 173, 177, 185, 189, 197, 204. Davon 4 hin 20 im Sinn.

In der dritten Reihe kommen heraus 20, 29, 37, 44, 53, 59, 63, 71, 78, 87, 92, 96, 102, 107, 115, 122, 131, 139, 148, 155, 163, 168, 176, 182, 187, 193, 202, 208, 213, 217, 225. Davon 5 untergesetzt und 22 vorgerückt.

Beyspiele zur Uebung, wo in jeder Reihe gleich viel Ziffern sind.

8971364854321 + 8479825413254 + 9284765431264 = 26738955698839.

846748527968 + 943798976452 + 876538978495 = 2667086482915.

1359802 + 2537018 + 3280535 + 4362184 = 11539539.

87234 + 56789 + 12345 + 67891 = 224259.

189736948 + 292798436 + 398245321 + 487654932 = 1368435637.

123456789 + 987654321 + 102304056 + 317007831 + 980070031 = 2510493028.

894576348 + 276492564 + 872984769 + 984765431 + 892854398 + 725983762 = 4647657272.

98457368 + 54928395 + 57865947 + 88987868 + 54398759 + 42857639 + 84276548 = 481772524.

90765 + 54678 + 69543 + 34567 + 85376 + 60054 + 47010 + 58809 = 500802.

3587 + 8768 + 9786 + 8608 + 5786 + 8769 + 8769 + 8767 + 8707 = 71547.

897543 + 685279 + 894763 + 459286 + 542984 + 958765 + 597836 + 948764 + 945236 + 874598 = 7705054.

897468537928 + 876459483216 + 685943765482 + 896589245678 + 987654398765 + 438769458976 + 943682897654 + 894376542873 + 947654982574 + 859768437257 + 798247634982 = 9226615385385.

7542 + 8976 + 7459 + 4523 + 4876 + 9783 + 5876 + 4298 + 5928 + 9476 + 8527 + 9754 = 87018.

634982 + 984376 + 437257 + 894725 + 982574 + 542873 + 897654 + 458976 + 398765 + 245678 + 765482 + 483216 + 537928 = 8264486.

876

876459 + 392742 + 859768 + 438769 + 456389 + 798247 + 947654 + 894376 + 943682 + 987654 + 896589 + 685943 + 897468 + 714136 = 10789876.

984732 + 874598 + 235672 + 945236 + 827948 + 948764 + 985436 + 497836 + 826734 + 958765 + 897543 + 542984 + 459286 + 894763 + 685279 = 11565576.

87654 + 99999 + 89798 + 57975 + 78889 + 99887 + 56789 + 98765 + 99988 + 66699 + 77788 + 88897 + 99987 + 15889 + 67890 + 47673 = 1234567.

8768 + 9876 + 7876 + 9786 + 5060 + 7808 + 8769 + 5689 + 5767 + 3587 + 8768 + 9786 + 8608 + 5786 + 8769 + 8767 + 8707 = 132177.

8768 + 3587 + 9786 + 8608 + 5786 + 8769 + 8769 + 8769 + 8767 + 8707 + 4496 + 7859 + 9786 + 9517 + 4877 + 9678 + 7858 + 8707 = 143094.

9678948 + 7858234 + 8707578 + 6459843 + 7968437 + 6849765 + 5987659 + 8765946 + 6824597 + 7968439 + 9876594 + 4379685 + 7823648 + 4589728 + 7562543 + 8276594 + 9884455 + 5587664 + 6789497 = 141839854.

8789 + 4496 + 9876 + 7859 + 7987 + 9786 + 6789 + 9517 + 8786 + 4877 + 7879 + 8769 + 5869 + 8978 + 9789 + 8787 + 8769 + 9876 + 7896 + 8987 = 164361.

9678690 + 8158786 + 7976878 + 6908707 + 5976876 + 4123456 + 3678906 + 2900087 + 1978769 + 9900876 + 9876897 + 8347687 + 7876905 + 6357968 + 5976098 + 4678097 + 3876978 + 2999888 + 1777666 + 7555333 + 9876097 = 130481645.

4728 + 7215 + 9319 + 9287 + 4397 + 8859 + 9297 + 7832 + 8256 + 6567 + 7789 + 6890 + 5987 + 8876 + 6765 + 7654 + 9543 + 4432 + 7321 + 4296 + 7123 + 8234 + 9345 + 5456 + 6567 + 8678 + 7789 + 8890 + 9900 = 217292.

8432159 + 7986478 + 7543218 + 8976543 + 9825768 + 8947985 + 5834763 + 8945976 + 9874257 + 7584316 + 8765432 + 9678948 + 6789497 + 7858234 + 6459843 + 6849765 + 8765946 + 7968439 + 4379685 + 4589728 + 8276594 + 5587664 + 8707578 + 7968437 + 5987659 + 6824597 + 9876594 + 7823648 + 7562543 + 9884455 = 234556749.

Beyspiele von einer ungleichen Anzahl von Ziffern.

378946 + 5490 + 83927 = 468363.

9483769 + 87694858 + 5497 + 123934 = 97308058.

579682 + 92716895 + 234556749 + 8574638 + 141839854 = 478267818.

714136 + 9226615 + 456389 + 10075740 + 392742 + 10789876 = 31677498.

13845697 + 58376548 + 289068 + 7658789 + 797534 + 6531879 + 29949 + 870698 + 8888 + 1999 + 314278 = 88725327.

886 + 8987 + 67898 + 656789 + 8765678 + 89876567 + 678987656 + 456789876 + 45678987 + 4567898 + 456789 + 45678 + 4567 + 456 = 1285908712.

948379 + 59784 + 4517 + 876368 + 524 + 98572 + 1345987 + 6424 + 235980 + 87941 + 239 + 1285792 + 5983 + 87856 + 918 + 23298765 + 431762 = 28775791.

§. 9.

Wenn ein Beyspiel aus so vielen Reihen besteht, daß sich jemand nicht getraut, es ohne Fehler auszurechnen, so hat man ein Mittel, sich die Addition zu erleichtern, obgleich das Beyspiel dadurch ein wenig weitläuftiger wird. Man theilt nämlich das große Beyspiel in mehrere kleine durch dazwischen fortgezogene Queerstriche, rechnet jedes kleinere besonders zusammen, und bringt hernach die herausgekommenen

Theilung langer Beyspiele

nen Summen in eine Hauptsumme. Hier ist ein solches Beyspiel zur Probe.

Dieses Beyspiel ist in vier kleinere zertheilt, wovon jedes sechs Zeilen lang ist. Die Summen derselben sind daneben geschrieben, und unten sind alle fünf zusammenaddirt.

89743	
57864	
59827	
65483	
75986	
94834	
98765	443737
43218	
69543	
21684	
59827	
64598	
57896	357635
47823	
59847	
69834	
59764	
87659	
98274	382823
59836	
65983	
58396	
65834	
59786	
98736	408109
54820	
56542	
48379	
98545	
29876	
	386898
	1979202

Transportiren.

Wenn ein Exempel nicht ganz auf Eine Seite hingeht, so addirt man das, was auf Einer Seite zusammensteht, und trägt die Summe zur folgenden Seite hinüber. Z. E. auf der ersten Seite kämen 1236 heraus, so setzt man zu oberst der folgenden diese 1236 hin. Diese rechnet man alsdenn mit der zweyten Seite zusammen. Kämen da z. E. 3470, so würden sie zur dritten Seite geschrieben u. s. w. Man sehe Beyspiele davon in dem Kapitel vom Addiren mit benannten Zahlen.

len. Man nennt dies das Transportiren (Uebertragen) und das Hinübergetragne den Transport oder Uebertrag, daher auch eine solche Summe, die zu oberst einer neuen Seite oder Spalte (Columne) steht, mit den Buchstaben Trspt gezeichnet wird, welche Transport bedeuten.

* §. 10.

Es giebt eine Art Beyspiele, unter die man die Summe sogleich unterschreiben kann, ohne eine eigentliche Addition anzustellen. Z. E. es legte sich jemand selbst folgende Aufgabe vor: Künstliche Art schnell zu addiren.

348765
749386
923652
250613
651234

so wird er die Summe, nämlich 2923650, ohne weitere Umstände darunter zu schreiben im Stande seyn. Wie dies zugeht, werde ich nun erläutern, und hernach die Art zeigen, wie man bey solchen Beyspielen verfährt. Wenn ich folgende addirende Zahlen hätte:

999999
999999
923652

so sehe ich, um gewöhnlichermaßen von hinten anzufangen, daß ich zu den beiden Neunen grade zwey Einsen brauche, um zwey Zehner oder zwanzig herauszubekommen. Da nun unter den beiden Neunen nur eine 2 (d. i. zwey Einsen) steht, so kann in die Summe nur eine Null kommen, 2 aber, weil 20 herauskamen, behält man im Sinn. Diese im Sinn behaltene 2 giebt mit den beyden Neunen der folgenden Klasse wieder 20. Da nun noch eine 5 da steht, so muß diese nothwendig in die Summe oder in das Collect gesetzt werden. Nun geht es bey jeder Klasse immer so weiter. Was im Sinn behalten wurde, giebt jederzeit mit den Neunen zusammengerechnet 20, und also kann keine andre Ziffer in das Collect gesetzt werden, als die in der Reihe, welche nicht aus Neunen besteht, schon befindlich gewesen. In der letzten Reihe (nach der Linken zu) wird endlich die 2, die vorher immer im Sinn behalten wurde, vorgesetzt, und das Beyspiel ist fertig. Hieraus würde also die Regel folgen: Wenn ein Beyspiel lauter aus Neunen bestehende Reihen hat, bis auf eine einzige Reihe, die aus andern Ziffern bestehet: so wird diese nicht aus Neunen bestehende Reihe die Summe, wenn man von ihrer letzten Zahl (zur Rechten) so viel Einer abzieht, als Reihen von Neunen da gewesen sind, und diese zur Rechten abgezogene Zahl vorn (zur Linken) wieder vorsetzt. Z. E. man hätte folgende Aufgabe vor sich

999999
873656
999999
999999
999999

so würde die Summe 4873652 seyn müssen; denn wenn man von 873656 hinten so viel Einer wegnimmt, als Reihen von Neunen da sind (nämlich 4), so bleibt 873652, und wenn man hernach die hinten abgezogene 4 vorsetzt, so erhält man 4873652. Wenn man nun anstatt eines solchen aus fast lauter Neunen bestehenden Beyspiels ein anders setzt, wo immer 2 Reihen zusammen so viel ausmachen, als wenn eine einzige aus lauter Neunen bestände, so muß auch natürlich aus beyden einerley Collect heraus=

herauskommen. Die Gegeneinanderstellung wird dies zeigen.

	348765
999999	749386
923652	923652
999999	250613
	651234

Hier machen in dem zweyten Beyspiele die erste und fünfte Reihe zusammen 999999 aus; so auch die zweyte und vierte. Also sind beyde Beyspiele gleich, und die Summe oder das Collect muß ebenfalls gleich seyn. Nunmehr wird man folgende Regeln leicht anzuwenden im Stande seyn.

1) Man lasse sich von einem andern eine Anzahl Reihen dictiren, und bedinge sich aus, zu denselben noch selbst einige hinzufügen zu dürfen. Man fügt aber immer Eine weniger hinzu, als gegeben sind; z. E. wenn der andere 6 Reihen uns vorgesagt hat, so schreibe man 5 hinzu.

2) Unter den gegebenen Reihen wählet man sich eine zur Summenreihe, d. i. man bestimmt sie, die Summe auszumachen. Hernach nimmt man die übrigen Reihen nach einander (in welcher Ordnung man will), subtrahirt jede einzelne Ziffer derselben von 9, und schreibt das, was übrig bleibt, in eine Reihe, die also mit der vorigen zusammengenommen eine Reihe von lauter Neunen ausmachen würde. Z. E. wenn eine von den gegebnen Reihen 184372 hieße, so würde die hinzugeschriebene 815627 heißen müssen, denn 1 von 9 bleibt 8, 8 von 9 bleibt 1, 4 von 9 bleibt 5 ꝛc.

3) Man ziehe so viel Einsen, als Paare von Reihen sind, von der Summenreihe hinten ab,

und setze sie vorn hinzu. Z. E. wenn 6 Reihen gegeben und 5 dazugeschrieben sind, so sind es 5 Paare. Also müssen von der gewählten Summenreihe hinten 5 abgehen, und eben diese 5 vorn hinzukommen. Das Uebrige der Summenreihe wird unverändert unten hin geschrieben.

Z. E. es giebt ein andrer folgende Reihen:

876594
982543
123658
453127
812342
571628

so kann man diejenige Reihe, welche mit 9 anfängt, nämlich die zweyte, zur Summenreihe wählen, und hernach folgende fünf Reihen hinzuschreiben:

123405 zur ersten.
876341 zur dritten.
546872 zur vierten.
187657 zur fünften.
428371 zur sechsten.

Alle 11 Reihen machen 5 Paare; 5 von 43, als den letzten Zahlen der Summenreihe, abgezogen, läßt 38 übrig; wenn man nun die hinten abgezogene 5 vorn wieder hinzusetzt, so muß 5982538 die Hauptsumme aller 11 Reihen seyn.

Wenn derjenige, der uns dictiren soll, die Kunst auch versteht, so kann er uns das Unterschreiben dadurch erschweren, daß er mehrere oder gar alle Reihen mit 9 anfängt, und sich ausbedingt, daß die neu hinzugeschriebenen Reihen aus eben so vielen Ziffern bestehen sollen als die dictirten. Allein man kann sich auf eine doppelte Art helfen. Man schreibt entweder zu einer 9 eine 1 hinzu und erspart diese 1 in einer andern Zeile; z. E. zu

997634
598473
982765
883876

setzt

setzt man, indem man die dritte Reihe zur Summenreihe annimmt,

102365
301526
116123

Hier steht in der ersten hinzugeschriebenen Reihe 1 für 0, und folglich in der zweiten 3 für 4.

Allenfalls kann man auch in der letzten Reihe nach der linken Hand zu 10 anstatt 9 annehmen, und alsdenn vorn zwey Zahlen anstatt Einer zurechnen, nämlich 22 anstatt 2, 33 anstatt 3, 44 anstatt 4 ꝛc. Ich erkläre dies nicht weitläuftiger. Wer es nicht ohne weitläuftige Erklärung verstehen kann, bedarf es auch nicht zu verstehen.

§. 11.

Bey der Addition giebt es mancherley Proben, wodurch man versuchen kann, ob man recht gerechnet habe, oder nicht. Wer ordentlich rechnen gelernt hat, braucht eigentlich gar keine Proben. Wer nicht so sicher ist, rechnet lieber zweymal. Selten wird man zweymal einerley falsche Summe herausbringen. Sobald eine Verschiedenheit vorkömmt, muß man zum drittenmal rechnen, und überhaupt mit der Wiederholung so lange fortfahren, bis man versichert ist, daß etwas gewiß recht sey. Am leichtesten wird man diesen Zweck erreichen, wenn man die Reihen, die vorher von unten herauf zusammengerechnet sind, hernach von oben herunter zusammenrechnet. Außerdem aber giebt es noch folgende, theils bequemere und untrüglichere, theils schlechtere oder beschwerlichere Proben. Proben der Addition.

1. Die Eintheilung eines Beyspiels in mehrere. Diese geschieht nach der §. 9 gezeigten Art, und ist zwar sicher, aber weitläuftig.

2. Das Addiren ohne etwas im Sinn zu behalten, es sey nun vorwärts oder rückwärts; z. E.

8796	8796
5483	5483
2453	2453
9824 oder	9824
16	24
24	23
23	24
24	16
26556	26556

Dies ist eigentlich gar keine Probe, sondern nur eine bloße Wiederholung.

3. Das Subtrahiren. Man zieht eine Reihe nach der andern ab, so muß das, was vor Abziehung der letzten Reihe übrig bleibt, der letzten Reihe gleich seyn. z. E.

```
2.6.5.5 6
  8 7 9 6
---------
1 7 7.6.0
  5 4 8 3
---------
1.2.2 7 7
  2 4 5 3
---------
  9 8 2 4.
```

Diese Probe ist freylich die sicherste, aber auch die weitläuftigste; doch kann sie zugleich als eine Uebung im Subtrahiren gebraucht werden.

4. Das Zusammennehmen gleichgültiger Zahlen. Man nimmt erst alle mehr als Einmal (doppelt, dreyfach ꝛc.) vorkommende Neunen, dann alle doppelte (dreyfache ꝛc.) Achten ꝛc. in einer Columne, hernach die einfachen (auch von

9 herunter, und rechnet so die ganze Columne zusammen; z. E. in folgendem Beyspiele

8 9 3 2
7 9 5 6
8 2 5 2
9 3 3 6
8 9 2 7

sind in der letzten Reihe 2 Sechsen (12) 2 Zweyen (4) und eine Sieben, also zusammen 23; in der vorletzten 2 Fünfen (10), 2 Dreyen (6), und weil 2 im Sinn behalten waren, auch 2 Zweyen (4), also zusammen 20; in der dritten 3 Neunen (27), eine Drey und mit den zugerechneten 2 Zweyen (4), also 34; endlich in der vierten 3 Achten (24), eine Neun, eine Sieben und die im Sinn behaltne Drey, also 43.

Diese Probe erfordert viel Aufmerksamkeit.

5. Die Wegwerfung der Zahl 9 und die Bemerkung des Rests. Man streicht zuerst in den gegebenen Zahlen immer diejenigen Zahlen weg, aus deren Zusammenrechnung 9 herauskömmt, z. E. 6 und 3, 8 und 1, 7 und 2, 5 und 2 und 2 *). Was zuletzt übrig bleibt, merkt man sich in der obern Hälfte eines neben das Beyspiel gesetzten Kreuzes an. Hernach verfährt man eben so mit der Summe. Was übrig bleibt, schreibt man in die untere Hälfte des Kreuzes. Kömmt nun das Obere und Untere mit einander überein, so hält man die Rechnnng für richtig. Z. E. In dem vorher angeführten Beyspiele strich man unter den gegebenen summirenden Zahlen zuerst die beyden Neunen aus, hernach die drey Achten und die 3 (welches zusammen

*) Die Nullen werden natürlich nicht geachtet, und allenfalls gleich vorläufig durchgestrichen.

men drey Neunen macht, ferner zweymal eine 5 und eine 4, 7 und 2, 6 und 3. Nun bleiben noch 2 und 4, also 6 übrig; diese werden in die obere Oeffnung des Kreuzes gesetzt. Unten in der Summe macht 2 und 6 und zwey Fünfen 18 oder zwey Neunen, und eine 6 bleibt übrig. Die Probe würde also so aussehen:

```
 8796
 5485
 2455
 9824
------
26556
```

Aus dieser Probe kann man zwar zuweilen sehen, ob man unrecht gerechnet habe; aber ob die Rechnung richtig sey, kann man daraus nie mit Gewißheit erkennen. Z. E. wenn jemand im vorigen Beyspiel die Summe 25656 herausgebracht hätte (welches sehr leicht geschehen könnte), so würden die übrig gebliebenen Zahlen übereinstimmen, obgleich die Ausrechnung unrichtig wäre. Insbesondre kann für eine 9 immer eine Null, oder für eine Null eine 9 stehen, ohne daß durch diese Probe der Fehler ans Licht kömmt.

Drit-

Drittes Hauptstück.

Vom Subtrahiren oder dem Abziehen.

§. 1.

Subtrahiren heißt aus gegebnen Zahlen eine andre finden, welche anzeigt, wie viel die eine gegebne größer sey, als die andre (oder, welches einerley ist, wie viel die eine gegebne kleiner sey, als die andre). Was Subtrahiren heiße.

Z. E. es werden die Zahlen 1000 und 785 gegeben, und 215 wird gefunden, so zeigt 215 an, wie viel 1000 größer sey, als 785, oder wie viel 785 kleiner sey, als 1000.

§. 2.

Bey dem Subtrahiren bedient man sich des Zeichens —, welches minus (**weniger**) gelesen, und zwischen die größere und kleinere Zahl gesetzt wird, so daß nämlich die große voransteht, z. E. $8 - 6 = 2$ heißt: 8 minus (weniger) 6 ist (gleich) æqual 2. Zeichen des Subtrahirens.

Man kann hier auch das Zeichen merken, wodurch man anzudeuten pflegt, daß eine Zahl größer oder kleiner sey, als die andre. Es hat folgende Gestalt $>$ oder $<$. Die offene Seite wird nach der größern, Zeichen von größer und kleiner.

die Ecke nach der kleinern Zahl zugekehret. Also heißt $8 > 3$: acht ist größer, als drey; $5 < 12$: fünf ist kleiner, als zwölf.

§. 3.

Ausdrücke beym Subtrahiren.

Von den gegebenen Zahlen heißt die eine die größere oder die Summe (Lateinisch Numerus ex quo), die andre die kleinere (Lat. der Subtrahendus), was gefunden wird, der Rest, der Unterschied oder die Differenz (Lat. das Residuum).

§. 4.

Aufsetzen eines Subtractionsbeyspiels.

Die Zahlen werden hier *) eben so unter einander geschrieben, als beym Addiren, daß die letzten Ziffern zur rechten Hand gerade unter einander zu stehen kommen. Die obere Zahl kann mehr Ziffern haben, als die untere; aber nicht umgekehrt. Wenn beyde Reihen aus gleich viel Ziffern bestehen, so kann die erste Ziffer der obern größer seyn, als die erste der untern; aber nicht umgekehrt. Z. E.

138457.	987654
83765.	876543

§. 5.

Regeln des Subtrahirens.

Die Regeln des Subtrahirens sind folgende. 1) Man macht unter den gegebenen Zahlen einen Strich, um sie von der darunter zu setzenden Differenz zu unterscheiden. 2) Man zieht von der Rechten zur Linken eine jede Zahl von der über ihr stehenden ab.

§. 6.

*) Es versteht sich, so lange keine Decimalbrüche da sind. Siehe Hauptstück 25, §. 3.

§. 6.

Man könnte sich zwar eine Tabelle machen, das Eins von Zwey genannt, deren Anfang folgender seyn würde. Erleichternde Vorbereitung zum Subtrahiren.

1.
von
2. 3. 4. 5. 6. 7. 8. 9. 10.
bleibt
1. 2. 3. 4. 5. 6. 7. 8. 9.

Allein dies ist nicht einmal nöthig; nur muß man das Zählen an den Fingern, so wie bey dem Addiren, ganz zu verhüten suchen. Die beste Erleichterung für einen Anfänger ist es, wenn man ihm die Zahlen zwey bis achtzehn in Zahlpfennigen, Bohnen, Punkten u. s. w. auf folgende Art vor Augen legt.

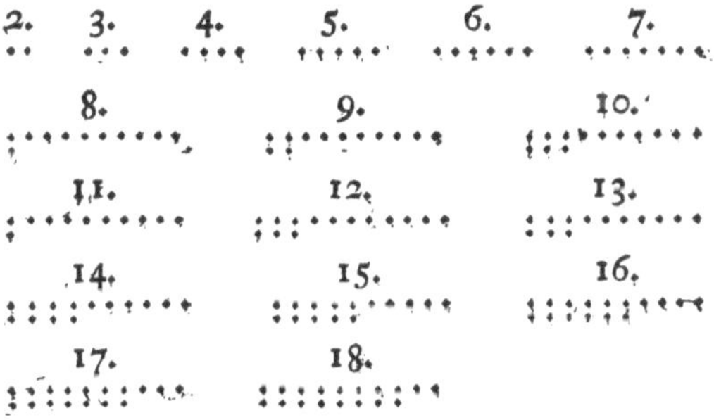

Nun frage man ihn oft und viel, damit er sich im Abziehen übe. Z. E. wie viel ist 9 von 18? 7 von 15? 8 von 11? 9 von 13? 7 von 12? Alsdann muß er auf die zuletzt genannte Zahl hinsehen, und das Verlangte davon wegnehmen. Wenn man ihn so eine ganz kurze Zeit geübt hat, kann man ihn sicher an das Subtrahiren bringen.

§. 7.

Beyspiele ohne Borgen.

Solche Beyspiele, wo eine jede Ziffer sich von der über ihr stehenden gradehin abziehen läßt, haben nicht die geringste Schwierigkeit, und müssen also zuerst aufgegeben werden; z. E.

```
8974398265
4531245162
----------
4443153103
```

Hier sagt man so: 2 von 5 bleibt 3; 6 von 6 bleibt nichts oder 0; 1 von 2 bleibt 1; 5 von 8 bleibt 3; 4 von 9 bleibt 5; 2 von 3 bleibt 1; 1 von 4 bleibt 3; 3 von 7 bleibt 4; 5 von 9 bleibt 4; 4 von 8 bleibt 4.

Noch einige Beyspiele zur Uebung.

8974538604125 — 7223123501124 = 1751415103001. 9837654876950432178 — 8216342164520312611 = 16213127124301017. 98675869748 — 23142536521 = 7553333227.

§. 8.

Beyspiele mit Borgen.

Wenn eine Ziffer sich von der über ihr stehenden nicht abziehen läßt, so setzt man zu der letztern 10 hinzu, wodurch das Abziehen alsdenn möglich wird; z. E. anstatt 7 sagt man 17, anstatt 9 19, anstatt 3 13, anstatt 1 11, anstatt 0 10 rc. Diese hinzugefügte 10 entlehnt oder borgt man von der nächsten Ziffer zur Linken, und daß man etwas bey ihr geborgt habe, zeigt man durch einen zur rechten Hand daneben gesetzten Punkt an *). Es kann aber das Borgen entweder in der obern oder in der untern Reihe geschehen. In der obern Reihe bedeutet eine Zahl mit einem Punkte Eins weniger, in der untern Eins mehr.

Ein

---

*) Einige setzen den Borgepunkt nicht neben, sondern über die Zahl, z. E.

$\dot{2}\,2\,7\,\dot{8}\,\dot{3}\,5\,\dot{9}\,2\,8\,7\,\dot{6}\,\dot{1}\,3\,7$

Ein Beyspiel mit Borgen in der obern Reihe.

```
2.2 7 8.3.5 9.2 8 7 6.1.3 7
1 8 3 4 5 6 2 8 4 6 5 4 9 3
---------------------------
  4 4 3 7 9 6 4 4 1 0 6 4 4
```

Hier sagt man so: 3 von 7 bleibt 4; 9 von 3 kann ich nicht, ich borge bey der 1, 9 von 13 bleibt 4; 4 von 0 kann ich nicht (1 mit einem Punkte ist 0), ich borge bey der 6, 4 von 10 bleibt 6; 5 von 5 bleibt 0; 6 von 7 bleibt 1; 4 von 8 bleibt 4; 8 von 2 kann ich nicht, ich borge bey der 9, 8 von 12 bleibt 4; 2 von 8 bleibt 6; 6 von 5 kann ich nicht, ich borge bey der 3, 6 von 15 bleibr 9; 5 von 2 kann ich nicht, ich borge bey der 8, 5 von 12 bleibt 7; 4 von 7 bleibt 3; 3 von 7 bleibt 4; 8 von 2 kann ich nicht, ich borge bey der 2, 8 von 12 bleibt 4; 1 von 1 bleibt 0, aber die 0 wird nicht hingeschrieben, weil sie vorn im Anfange der Zahl ohne Nutzen seyn würde.

Ebendasselbe mit Borgen in der untern Reihe.

```
2 2 7 8 3 5 9 2 8 7 6 1 3 7
1.8 3 4.5.6 2.8 4 6 5.4.9 3
---------------------------
  4 4 3 7 9 6 4 4 1 0 6 4 4
```

Hier sagt man so: 3 von 7 4; 9 von 13 4; 5 von 11 6; 6 von 6 0; 6 von 7 1; 4 von 8 4; 8 von 12 4; 3 von 9 6; 6 von 15 9; 6 von 13 7; 5 von 8 3; 3 von 7 4; 8 von 12 4; 2 von 2 bleibt nichts.

Wenn man oben zu borgen hat, und man kömmt an eine Null, so macht man zwar bey derselben einen Punkt, allein man muß bey der folgenden gültigen Zahl auch noch einen Punkt machen. Eine Null mit einem Punkte bedeutet 9; z. E. *Regeln des obern Borgens.*

```
8.7.0.9.8.0.7
2 7 3 9 8 8 9
-------------
5 9 6 9 9 1 7
```

Hier heißt es: 9 von 7 kann ich nicht, ich borge bey der 0, und weil die Null nichts gilt, auch bey der 8, 9 von 17 bleibt 8; 8 von 9 (0 mit einem Punkt) bleibt 1; 8 von 7 kann ich nicht, ich borge bey der 9; 8 von 17 bleibt 9; 9 von 8 kann ich nicht, ich borge bey der 0 und zugleich bey der 7, 9 von 18 bleibt 9; 3 von 9 bleibt 6; 7 von 6 kann ich nicht, ich borge bey der 8, 7 von 16 bleibt 9; 2 von 7 bleibt 5.

Auch wenn mehrere Nullen neben einander stehen, wird es so gehalten; man borgt bey allen, bis man an eine gültige Zahl kömmt, und aus den Nullen werden lauter Neunen; z. E.

```
3.0.0.0.0.0.0
 1 3 4 5 6 7 8
--------------
 1 6 5 4 3 2 2
```

Hier konnte 8 von 0 nicht abgezogen werden; man macht bey allen Nullen und bey der 3 einen Borgepunkt, und sagt 8 von 10, 7 von 9 rc.

Regeln des untern Borgens.

Weil das Borgen bey den Nullen in der obern Reihe einigen Anfängern Schwierigkeiten verursacht, so kann man solche an das Borgen in der untern Reihe gewöhnen. In der untern Reihe bedeutet eine Null mit einem Punkte 1, eine 9 mit einem Punkte 10; z. E.

```
 8 7 0 3 8 5 7
 7.9.0.8 7.9.8
--------------
   7 9 5 0 5 9
```

Hier heißt es: 8 von 17; 10 von 15; 8 von 8; 8 von 13; 1 von 10; 10 von 17; 8 von 8.

Uebrigens ist es völlig gleich, ob jemand sich gewöhnt, oben oder unten zu borgen; nur ist nöthig, daß man sich eine von beyden Arten wähle und dabey bleibe*).

Denjenigen Anfängern, denen es zu sauer wird, von einer Zahl, die über 10 ist, eine andre abzuziehen, kann man die Arbeit erleichtern, wenn man sie, so oft geborgt wird, die unten stehende Zahl erst von der geborgten 10 abziehen, und die andre Zahl hernach dazu addiren läßt **); z. E.

```
 3 4 7 8 6 9 5
 1.9 4.8.7.9.8
--------------
 1 5 2 9 8 9 7
```

8 von 5 kann ich nicht, 8 von 10 bleibt 2, und 5 dazu ist 7; 10 von 9 kann ich nicht, 10 von 10 bleibt nichts und 9 dazu ist 9; 8 von 6 kann

---

*) Ein einziger Fall ist, wo das Untenborgen für jedermann bequemer ist, wenn nämlich von einer Summe mehrere andre hinweggenommen werden sollen; z. E. man verlangt zu wissen, wie viel 3120 mehr sey, als 2537, 2017 und 1912. Dies setzt man so auf:

```
3 1 2 0
2.5.3.7
-------
  5 8 3    Erste Differenz.
-------
2 0 1.7
-------
1 1 0 3    Zweyte Differenz.
-------
1.9 1.2
-------
1 2 0 8    Dritte Differenz.
```

**) Diese Art des Abziehens findet ihre weitere Anwendung beym Subtrahiren benannter Zahlen. S. Hauptstück II. §. 2.

kann ich nicht, 8 von 10 bleibt 2 und 6 ist 8; 9 von 10 bleibt 1 und 8 ist 9; 5 von 7 bleibt 2; 9 von 10 bleibt 1 und 4 ist 5; 2 von 3 bleibt 1.

Derjenige Fehler, den man im Subtrahiren am leichtesten begehen kann, ist, daß man entweder den Borgepunkt zu machen vergißt, oder daß man borgt, wo man nichts zu borgen nöthig hat. Beydes läßt sich durch genaue Aufmerksamkeit leicht vermeiden; daher man diejenigen, die in einen dieser Fehler zu fallen geneigt sind, gleich anfänglich fleißig warnen muß, damit es nicht zu einer bösen Gewohnheit werde.

Beyspiele zur Uebung.

87964321574837645278954300 1897 — 54936824561934578693258769 4218 = 3302749701290306658569 55307679. 27492936658695 — 8275439875468 = 19217496783227. 89000789000437000098273684598 — 1703958486734507010679830 5279 = 71961204133091929991475379319. 96201330191737 — 29845376854267 = 66355953337470. 987369482 — 50387645 = 936981837.

In folgenden Beyspielen läßt man von der gefundenen Zahl immer wieder eine andre abziehen.

8567482379824569384598293698183704 — 7362543869425698245786498763215478 = 120493851039887113881179493496822 6. Davon wieder abgezogen 98247548624798364529837459814765 8, bleibt Rest 2224630241508874935134203368205 68. Davon 1835947658437685273865725390176 42 = 3886825830711896612684779780292 6. Davon 9584762549634598247698459089262 = 292834957574843678791493387 13664. Davon 8456785492893945625982578924687 = 20826710264590422253166759788977. Davon 89345684598654892468579865 99824 = 11892141804724933006308773189153. Davon 597068478694285478964824569 8274 = 592145701778207821666052749 0879. Davon 4857694832186543298634576984528 = 1063762185595534918025950506351.

Wenn jemand diese Beyspiele zu lang sind, so kann er sie in zwey oder drey Stucke zertheilen. Wer noch mehrere Beyspiele verlangt, darf nur aus §. 7. der Addition einige Summen nehmen, wovon hernach eine von den addirenden Zahlen abgezogen wird, worauf die andre Zahl als Rest herauskommen muß.

§. 9.

§. 9.

Proben des Subtrahirens.

Es sind zwey Proben beym Subtrahiren möglich. Die erste geschieht durch die Addition. Man addirt die Differenz und die kleinere von den beyden gegebenen Zahlen zusammen. Ist die Ausrechnung richtig, so muß die größere gegebene Zahl wieder herauskommen; z. E.

```
2.897.368.458.976.345.28
1982765935999376 54
————————————————————————
  91460252297696874
————————————————————————
2897368458976345 28
```

Diejenigen, welche unten borgen, müssen sich in Acht nehmen, daß sie bey Verfertigung der Probe die Borgepunkte nicht weiter in Betrachtung ziehen, sondern die Zahlen so viel als gewöhnlich gelten lassen.

Die zweyte Probe geschieht durch die Subtraction. Man zieht die Differenz von der grössern obern Summe ab, und wenn alsdenn die kleinere gegebne Zahl übrig bleibt, so urtheilt man, daß die Ausrechnung richtig sey; z. E.

```
589765
238251
——————
351514
——————
238251
```

oder

```
9.87.6.5.345.6789
293875429768
————————————
693778027021
————————————
293875429768
```

Man sieht aus dem letztern Beyspiel zugleich, daß, wo in der Ausrechnung geborgt worden, in der Probe ebenfalls wieder geborgt werden müsse. Es kann aber ganz wohl geschehen, daß man in der Ausrechnung einmal zu viel oder zu wenig geborgt hat, und es in der Probe nicht gewahr wird. Daher ist diese Probe für diejenigen, welche oben borgen, und nicht recht aufmerksam sind, etwas betrüglich. Hingegen können sich die, welche unten borgen, derselben mit mehrerer Sicherheit bedienen.

Vier-

Viertes Hauptstück.

Vom Multipliciren, Vervielfältigen oder Vermehren.

§. 1.

Multipliciren, vervielfältigen oder vermehren, heißt aus zwey gegebnen Zahlen eine dritte finden, in welcher die eine gegebne so oft steckt oder enthalten ist, als die Zahl Eins in der andern. Z. E. es werden gegeben 16 und 3, und es wird gefunden 48; so ist 16 in 48 so oft enthalten, als in der andern gegebenen Zahl die Eins angetroffen wird, nämlich dreymal; oder 3 ist in 48 sechzehnmal enthalten. Was multipliciren sey.

Wenn man eine Zahl mit 1 multipliciren soll, so bleibt sie unverändert. Man drückt dies so aus: Eins multiplicirt nicht. Z. E. 16 mit 1 multiplicirt ist und bleibt 16. Aus allem, was mit 0 multiplicirt werden soll, kömmt gar nichts heraus, z. E. 7 mal 0 ist 0.

Das Multipliciren ist weiter nichts, als eine abgekürzte Addition. Z. E. für 5 mal 9 könnte man auch sagen 9 + 9 + 9 + 9 + 9.

§. 2.

Man bedient sich, um anzuzeigen, daß von zwey Zahlen Eine durch die andre multiplicirt werden soll, eines liegenden Kreuzes ×. Dieses Zeichen des Multiplicirens.

ses Kreuz spricht man im Deutschen durch **mal** aus. Z. E. 14 × 24 = 336 heißt: 14 mal 24 macht zusammen 336.

§. 3.

Ausdrücke beym Multipliciren. Die Zahlen, welche beym Multipliciren gegeben werden, heißen die Factoren (Factores); diejenige, welche gefunden wird, heißt das **Factum** oder das **Product**. Unter den Factoren heißt die erstere Zahl, welche man eine gewisse Anzahl male nehmen soll, der **Multiplicandus** (d. i. die zu vermehrende Zahl), die zweyte (durch welche man die erste vermehrt, oder welche anzeigt, wie oft man die erste nehmen soll) der **Multiplicator** oder **Multiplicans** (der Vermehrer oder die vermehrende Zahl).

Wahl des Multiplicators. Es ist in Absicht auf das zu findende Factum völlig gleich, welche von beyden gefundenen Zahlen man zum Multiplicandus oder Multiplicator macht; z. E. wenn man 111 mit 987 multiplicirt, kömmt eben so viel heraus, als wenn man 987 mit 111 multiplicirte. Man macht aber gewöhnlich diejenige Zahl zum Multiplicator, die aus den wenigsten wirklich multiplicirenden Ziffern *) besteht. Folglich setzt man lieber 987 × 111, 9873 × 23, 1234 × 5003, 89423 × 135016, als 111 × 987, 23 × 9873 ꝛc.

Folgende Bequemlichkeit ist nur denen anzurathen, die schon im Multipliciren so geübt sind, daß sie nicht mehr leicht falsch rechnen. Wenn in einem Multiplicator einerley Ziffer mehr als einmal vorkommt, so hat man weniger Mühe, als wenn die Ziffern alle verschieden sind. Daher wählt man dergleichen Zahlen, worin eine oder mehrere wirklich multiplicirende Ziffern mehrmals wiederholt werden, gern zum Multiplicator; z. E. man setzt lieber 8974 × 9889, 137845 × 343343, 98672 × 3363533, als 9889 × 8974 ꝛc. Anfänger können das

*) Ziffern, die nicht wirklich multipliciren, sind 0 und 1. Siehe §. 1.

das zwar auch thun; man muß ihnen aber trauen dürfen, daß sie solche Reihen nicht abschreiben werden. Man vergleiche hier §. 11. von den Proben.

§. 4.

Man setzt den Multiplicator so unter den Multiplicandus, daß die letzte Ziffer des erstern unter der letzten Ziffer des letztern zu stehen kömmt; z. E. Aufsetzen eines Beyspiels vom Multipliciren.

8943	9854326
29	8

nicht

8943	9854326
29	8

Doch wird dabey vorausgesetzt, daß weder der Multiplicandus noch der Multiplicator am Ende Nullen habe; denn wenn dieses ist, so gilt die vorige Regel nicht, sondern die letzte gültige Ziffer des Multiplicators kömmt unter der letzten gültigen Ziffer des Multiplicandus zu stehen; z. E.

38900	77453	510	93
37	68000	8	80

Und wenn sowohl der Multiplicandus als der Multiplicator am Ende Nullen hat, so werden die Nullen des letztern nicht unter die Nullen des erstern gesetzt, sondern noch weiter ausgerückt; z. E.

89300	834000
75 000	9 0

§. 5.

Wer multipliciren will, muß vorher das Ein mal Eins fertig auswendig gelernt haben, indem es zu langweilig seyn würde, wenn man dasselbe nur vor sich hinlegen, und jedesmal Multiplicir-Tabelle od. das Ein mal Eins.

mal hineinsehen wollte, so oft man zwey einzelne Zahlen multipliciren soll. Man ordnet dasselbe auf die für das Gedächtniß bequemste Art also:

1 mal 1 ist 1	4 mal 4 ist 16	7 mal 7 ist 49
2 — 2 — 4	4 — 5 — 20	7 — 8 — 56
2 — 3 — 6	4 — 6 — 24	7 — 9 — 63
2 — 4 — 8	4 7 — 28	7 — 10 — 70
2 — 5 — 10	4 — 8 — 32	8 — 8 — 64
2 — 6 — 12	4 — 9 — 36	8 — 9 — 72
2 — 7 — 14	4 — 10 — 40	8 — 10 — 80
2 — 8 — 16	5 — 5 — 25	9 — 9 — 81
2 — 9 — 18	5 — 6 — 30	9 — 10 — 90
2 — 10 — 20	5 — 7 — 35	10 — 10 — 100
3 — 3 — 9	5 — 8 — 40	10 -- 100 -- 1000
3 — 4 — 12	5 — 9 — 45	
3 — 5 — 15	5 — 10 — 50	
3 — 6 — 18	6 — 6 — 36	
3 — 7 — 21	6 — 7 — 42	
3 — 8 — 24	6 — 8 — 48	
3 — 9 — 27	6 — 9 — 54	
3 — 10 — 30	6 — 10 — 60	

Sobald ein Anfänger das ganze Ein mal Eins der Reihe nach fertig auswendig weiß, nachdem er es Absatz für Absatz gelernt hat, so muß man es ihn außer der Reihe fragen. Doch kann man auch dabey anfänglich eine anderweitige Ordnung beobachten, z. E. 2 mal 6, 3 mal 6, 4 mal 6, 5mal 6, 6 mal 6; 2 mal 9, 3 mal 9 u. s. w. Das vornehmste aber bey den Fragen außer der Reihe ist, daß man die Zahlen auch versetze, z. E. 9 mal 3, 7 mal 4, 6 mal 5, 8 mal 2, weil diese Fälle eben so oft vorkommen, als die andern (3 mal 9, 4 mal 7 rc.). Man kann das 1 mal 1 auch wohl mit Zahlpfennigen, Bohnen, Punkten u. s. w. vorstellen; es hat aber keinen besondern Nutzen, so bald die herauskommende Zahl über 10 ist.

* Man hat eine Art, das Ein mal Eins bloß durch Nachdenken herauszubringen, die man merken kann, ohne daß man die Absicht haben muß, sich oder einem andern das Auswendiglernen dadurch zu ersparen. Sie ist folgende: Ein mal Eins ohne Auswendiglernen.

Die Fragen von 2 mal 2 bis 2 mal 10 bringt man durch Addiren heraus; z. E. anstatt 2 mal 8 sagt man 8 und 8 ist 16. Von 3 mal 3 bis 3 mal 10 werden ebenfalls durch Addiren heraus gebracht; z. E. anstatt 3 mal 8 sagt man, 8 und 8 ist 16, und noch 8 dazu ist 24.

Die Fragen von 5 mal 5 bis 5 mal 10 lassen sich durch Halbiren beantworten. Man nimmt die Hälfte der Zahl, die man durch 5 multipliciren soll, und hängt im Schreiben ein Null, im Aussprechen aber die Sylbe ßig oder zig daran, wofern sie eine grade Zahl ist. Z. E. 5 mal 6 ist 30, weil die Hälfte von 6 3 ist; 5 mal 8 ist 40; 5 mal 10 ist 50. Ist aber die durch 5 zu multiplicirende Zahl ungrade, so setzt man hinten noch 5 hinzu; z. E. 5 mal 5 ist 25 (denn die Hälfte von 5 ist 2, und weil eine 1 übrig bleibt, so wird dafür eine 5 am Ende hinzugesetzt); 5 mal 7 ist 30 und fünf, oder fünfunddreyßig, 5 mal 9 ist 45. Zieht man eine Zahl von der Multiplication mit 5 ab, so ist sie mit 4 multiplicirt; z. E. 5 mal 7 ist 35; folglich ist 4 mal 7 35 weniger 7, d. i. 28.

Von 6 mal 6 bis 9 mal 9 beantwortet man sich die Fragen auf folgende Art. Man richtet so viel Finger der einen Hand in die Höhe, als die eine Zahl über 5 ist; z. E. wenn ich die Frage: wie viel ist 6 mal 6? beantworten will, so richte ich von jeder Hand Einen Finger in die Höhe: wenn ich wissen will, wie viel 7 mal 8 ist, so werden von der einen Hand 2, von der andern 3 Finger in die Höhe gerichtet. Nun heißt die Regel so: Ein jeder in die Höhe stehender Finger bedeutet 10: die Anzahl der liegenden Finger der einen Hand wird mit der Anzahl der liegenden der andern Hand multiplicirt, und was herauskömmt zu dem, was die stehenden Finger ausmachen, zuaddirt, so hat man die Antwort auf seine Frage. Z. E. wenn man wissen will, wie viel 8 mal 9 ausmache, so richtet man von der einen Hand 3, von der andern 4, also zusammen 7 Finger in die Höhe: das sind also 70. Nun ist von der einen Hand 1, von der andern sind 2 Finger liegen geblieben; 1 mal 2 ist 2, und 2 zu 70 zugerechnet giebt 72. Auf die Frage 6 mal 6 wird an jeder Hand Ein, also zusam-

zusammen 2 Finger, in die Höhe gerichtet, das sind 20. An jeder Hand liegen 4; 4 mal 4 ist 16, 16 und 20 ist 36.

* Man hat noch eine andre Art, sich das Auswendiglernen des Ein mal Eins zu ersparen. Dies geschieht vermittelst der Nepperschen Stäbe, wovon unten §. 10. Nachricht ertheilt werden soll. Von dem sogenannten großen Ein mal Eins siehe unten §. 9.

§. 6.

Regeln des Multiplicirens.

Die Regeln des Multiplicirens sind: 1) man macht unter den Factoren einen Strich, um das Factum (oder die Facta) von ihnen zu unterscheiden. 2) Man multiplicirt von der Rechten. 3) Man schreibt nur immer Eine Ziffer hin, wenn auch zwey herauskommen, nämlich die zur rechten Hand stehende (grade wie beym Addiren), z. E. von 12 die 2, von 63 die 3 rc. Die andre Zahl zur Linken wird im Sinn behalten und zum Nächstfolgenden zugerechnet.

Wenn man auf der Schiefertafel rechnet, so kann man das im Sinn Behaltene wohl unter der Linie so lange hinschreiben, und es hernach wieder auslöschen, indem man es zurechnet. Es ist aber besser, wenn man sich an dieses Hinschreiben gar nicht gewöhnt.

§. 7.

Beyspiele des Multiplicirens mit Einer Zahl.

Das Multipliciren mit Einer Zahl ist das leichteste, und man muß sich darin so lange üben, bis man eine vollkommene Fertigkeit erlangt hat, indem das Weitergehen nicht eher etwas helfen kann. Hier sind ein paar Beyspiele:

$$\begin{array}{r} 8793658201340638 \\ 2 \\ \hline 17587316402681276 \end{array}$$

Man sagt hier so: 2 mal 8 ist 16, 6 hin 1 im Sinn; 2 mal 3 ist 6 und 1 ist 7; 2 mal 6 ist 12, 2 hin 1 im Sinn;

Sinn; 2 mal 0 ist 0 und 1 ist 1*); 2 mal 4 ist 8; 2 mal 3 ist 6; 2 mal 1 ist 2; 2 mal 0 ist 0; 2 mal 2 ist 4; 2 mal 8 ist 16, 6 hin 1 im Sinn; 2 mal 5 ist 10 und 1 ist 11, 1 hin 1 im Sinn; 2 mal 6 ist 12 und 1 ist 13, 3 hin 1 im Sinn; 2 mal 3 ist 6 und 1 ist 7; 2 mal 9 ist 18, 8 hin 1 im Sinn; 2 mal 7 ist 14 und 1 ist 15, 5 hin 1 im Sinn; 2 mal 8 ist 16 u. 1 ist 17, 7 hin u. 1 vorgerückt.

$$\begin{array}{r} 9386517402 \\ 9 \\ \hline 84478656618 \end{array}$$

9 mal 2 ist 18, 8 hin 1 im Sinn; 9 mal 0 ist 0 und 1 ist 1; 9 mal 4 ist 36, 6 hin 3 im Sinn; 9 mal 7 ist 63 und 3 ist 66, 6 hin 6 im Sinn; 9 mal 1 ist 9 und 6 ist 15, 5 hin 1 im Sinn; 9 mal 5 ist 45 und 1 ist 46, 6 hin 4 im Sinn; 9 mal 6 ist 54 und 4 ist 58; 9 mal 8 ist 72 und 5 ist 77; 9 mal 3 ist 27 und 7 ist 34; 9 mal 9 ist 81 und 3 ist 84, 4 hin und 8 vorgerückt.

Beyspiele zur Uebung.

897482569 × 2 = 1794965138. 984736450167 × 3 = 2954209350501. 18297054386549 × 4 = 73188217546196. 987654030210876543 × 5 = 49382701510543 82715. 837051684370254 76 × 6 = 502231010622152856. 976054031786840 52 × 7 = 6832378222507883 64. 876543216850312 4 × 8 = 7012345734802499 2. 9387056428079 × 9 = 84483507852711.

In folgenden Beyspielen wird immer das Factum wieder zum Multiplicandus.

8079643826 × 2 = 16159287652 × 3 = 48477862956 × 4 = 193911451824 × 6 = 1163468710944 × 7 = 8144280976608 × 8 = 65154247812864 × 9 = 586388230315776 × 5 = 2931941151578880.

So bald man einigermaßen geübt ist, muß man den Factor, der aus einer einzelnen Zahl besteht, nicht mehr untersetzen, sondern den Querstrich dicht unter den Multiplicandus bringen; z. E. 384957 × 6. Abkürzung solcher Beyspiele.

$$\begin{array}{r} 384957 \\ \hline 2309742 \end{array}$$

 Dies

*) Andere bedienen sich hier folgenden Ausdrucks: 2 mal 0 ist 0, und 1 an dessen Stelle.

Dies erspart viel Raum, und hat auch sonst mehr als Einen Nutzen. Will man, so kann man den Multiplicator zur Rechten daneben in einen Haken setzen, z. E.

```
 9845762 (7
68920334
```

§. 8.

Multipliciren mit Einer Zahl, wenn Nullen angehängt sind.

Es wird hier am bequemsten seyn, auch solche Beyspiele beyzubringen, wo sich am Ende Nullen finden.

```
  8940870
        9
 80467830

  5782345
      900
5204110500

 89285400
      3 0
2678562000
```

Auch die Abkürzung läßt sich bey solchen Beyspielen anbringen. Man hängt die Nullen an, und multiplicirt mit der einzelnen Zahl; z. E. 83745 × 300.

```
 8374500 (3
25123500
```

oder

```
   83745 (300
25123500

   985789 (400
394315600

  8987560400 (600
5392536240000
```

§. 9.

Bey dem Multipliciren mit mehr als Einer Ziffer ist weiter nichts zu merken, als daß man mit einer Zahl nach der andern von der Rechten gegen die Linke zu multipliciren, die erste Zahl jeder Reihe aber (von hinten zu gerechnet) grade unter diejenige Zahl setzen müsse, mit welcher man eben multiplicirt, und daß hernach die einzelnen Facta durch Addiren in ein Hauptfactum gebracht werden; z. E. Multipliciren mit mehrern Ziffern.

```
 8947362
      25
---------
44736810
17894724
---------
223684050
```

Hier muß die 4 der zweyten Reihe ja nicht unter die 0, sondern genau unter die 1 der ersten Reihe gesetzt werden. Die Ursache ist, weil die 2, mit welcher man multiplicirt, nicht 2 schlechtweg, sondern 20 bedeutet, so daß also hinter der 4 eigentlich noch eine 0 stehen sollte, die man aber wegläßt.

```
      698405764
           9842
---------------
     1396811528
    2793623056
   5587246112
  6285651876
---------------
  6873709529288
```

Und wenn in der Mitte des Multiplicators Nullen vorkommen, so multiplicirt man damit nicht, sondern geht zur nächsten Zahl weiter; doch muß man alsdenn ja die erste Zahl der nächsten Reihe am gehörigen Orte untersetzen; z. E.

```
      934578
       40508
------------
     7476624
   4672890
 3738312
------------
 37857885624
```

```
     875043
      60005
    -------
    4375215
 5250258
 ----------
 52506955215
```

Kommt aber eine 1 vor, so wird, weil 1 nicht multiplicirt, der Multiplicandus unverändert abgeschrieben; z. E.

```
   34579
     314
  ------
  138316
  34579
 103737
 -------
 10857806
```

Exempel zur Uebung.

845321654398 × 12 = 10143859852776. 65432 × 35 = 2290120. 542367 × 48 = 26033616. 834567 × 6004 = 5010740268. 579 × 234 = 135486. 24628 × 836 = 20589008. 456789 × 675 = 308332575. 96842 × 456 = 44159952. 6089054 × 987 = 6009896298. 980789 × 50709 = 49734829401. 889977 × 38500 = 34264114500. 369876000 × 910800 = 336883060800000. 345678 × 2345 = 810614910. 865043 × 2992 = 2588208656. 89012 × 34056 = 3031392672. 123456784 × 24056 = 2969876395904. 91234 × 45678 = 4167386652. 97548 × 69457 = 6775391436. 809985 × 98765 = 79998168525. 123456 × 567890 = 70109427840. 123456789 × 807060504 = 99637098352561656. 987654321 × 987654 = 975460740752934. 9408258345263 × 9506459 = 89439222220650553717. 25768060453 × 3597684 = 92705338802790852. 540206783012456054600034 × 34542678 = 1866018895901513948320996331052. 987965432346 × 8756493127 = 8651112518051332485942.

Erste Art der Abkürzung.

* Man kann zuweilen einige Mühe beym Multipliciren ersparen. Dies findet zuerst bey denjenigen Beyspielen statt, deren Multiplicator sich mit 1 endigt. In diesen läßt man den Multiplicandus stehen, ohne einen

einen Strich darunter zu machen, und multiplicirt hernach mit der zweyten und den etwa sonst noch übrigen Ziffern; nur muß man sehen, daß man gehörig einruckt. Einige Beyspiele werden die Sache deutlicher machen. 345982 × 91 setzt man so auf:

```
  345982  (91
 3113838
--------
31484362

   8975236  (721
 17950472
62826652
----------
6471145156

   673284  (501
 3366420
---------
337315284
```

Einen ähnlichen Vortheil kann man bey solchen Beyspielen gebrauchen, deren Multiplicator aus zwey Ziffern besteht, wovon die erste eine 1 ist; z. E.

```
 897538   (12
 1795076
--------
10770456

 9437685   (17
 66063795
---------
160440645
```

Wenn zwischen der 1 und einer andern Zahl eine oder mehrere Nullen stehen, so läßt sich dieser Vortheil ebenfalls anwenden; z. E.

```
87369   (104
 349476
-------
9086376

3049786   (1009
  27448074
----------
3077234074
```

Eine andre Art der Abkürzung entsteht dadurch, wenn man mit zwey Zahlen eben so multiplicirt, als wenn es eine einzige wäre. Man muß sich aber dazu ein größeres Ein mal Eins, wenigstens von denjenigen Zahlen, die am häufigsten vorkommen, verfertigen, auf folgende Art.

Zweyte Art der Abkürzung vermittelst eines größern Ein mal Eins.

11
mal

1. 3. 4. 5. 6. 7. 8. 9.
ist
11. 22. 33. 44. 55. 66. 77. 88. 99.

12
mal

1. 2. 4. 5. 6. 7. 8. 9.
ist
12. 24. 36. 48. 60. 72. 84. 96. 108.

16
mal

1. 2. 4. 5. 6. 7. 8. 9.
ist
16. 32. 48. 64. 80. 96. 112. 128. 144.

21
mal

1. 2. 3. 4. 5. 6. 7. 8. 9.
ist
21. 42. 63. 84. 105. 126. 147. 168. 189.

24
mal

1. 2. 3. 4. 5. 6. 7. 8. 9.
ist
24. 48. 72. 96. 120. 144. 168. 192. 216.

32
mal

1. 2. 3. 4. 5. 6. 7. 8. 9.
ist
32. 64. 96. 128. 160. 192. 224. 256. 288.

Der Gebrauch dieses größern Ein mal Eins ist doppelt. Zuerst kann man alle Beyspiele, die gerade mit solchen Zahlen gemacht werden sollen, in Einer Reihe fertig machen; z. E.

$$\frac{89745628}{987201908} \; (11$$

$$\frac{9843725}{118124700} \; (12$$

8976543 (32
287249376

Hier würde es so heißen: 32 mal 3 ist 96, 6 hin 9 im Sinn; 32 mal 4 ist 128 u. 9 i. 137, 7 hin 13 im Sinn; 32 m. 5 i. 160 u. 13 i. 173, 3 hin 17 im Sinn; 32 m. 6. i. 192 u. 17 i. 209, 9 hin 20 im Sinn; 32 m. 7 i. 224 u. 20 i. 244, 4 hin 24 im Sinn; 32 m. 9. i. 288 u. 24 i. 312, 2 hin 31 im Sinn; 32 m. 8 i. 256 u. 31 i. 287, 7 hin und 28 vorgerückt.

Freylich ist es nicht völlig so leicht, mit zwey Zahlen zu multipliciren, als mit Einer, daher man auch schwachen und langsamen Köpfen nicht dazu rathen muß; allein es ist auch augenscheinlich, daß viel Zeit erspart wird, wenn man sich zu dieser Art gewöhnt hat.

Zweytens läßt sich dieses auch mitten in andern Beyspielen anwenden, die nach der gewöhnlichen Art gemacht werden; z. E. es sollte etwas mit 243 multiplicirt werden, so multiplicirt man erst mit 3 und hernach mit 24 auf nachfolgende Art:

```
   89476
     243
 -------
  268428
 2147424
 -------
21742668
```

So könnte man 3216 in 32 und 16 zertheilen, z. E.

```
    48596
     3216
 --------
   777536
  1555072
 --------
156284736
```

Ferner 78321 könnte, wenn 89542 damit multiplicirt werden sollte, auf folgende Art zertheilt werden:

```
     89542 (1
   2865344 (32
   716336  (8
   626794  (7
----------
7013018982
```

Von andern Vortheilen beym Multipliciren, die man unter dem Namen des practischen Multiplicirens begreift, wird unten in einem eigenen Capitel gehandelt werden.

* §. 10.

* §. 10.

Beschreibung der Nepperschen Stäbe.

Johann Nepper (eigentlich Napeir), ein Schottischer Baron, hat gewisse Stäbe erfunden, die man gebrauchen kann, um ohne Multiplication alle Multiplicationsaufgaben aufzulösen. Die Stäbe zeigen sich auf der dem Titelblatte gegenüberstehenden Kupfertafel. Der erste davon, welcher die Zahlen von 1 bis 9, eine jede in einem besondern Vierecke enthält, heißt der Multiplicirstab; die übrigen führen den Namen von der Zahl, die obenan steht, der Stab 0, der Stab 1 u. s. w. Man zeichnet diese Stäbe ab, schneidet sie einzeln aus und klebt sie auf dünne Brettchen, oder auch auf viereckige Stäbe, deren 4 Seiten alsdenn mit vier verschiedenen Zahlen beklebt werden müssen. Man muß aber von jeder Zahl mehr als Einen Stab haben. Der Gebrauch ist folgender.

1) Man sucht sich die Stäbe des gegebnen Multiplicandus zusammen, und legt sie dicht neben einander, so daß ihre Ueberschriften den Multiplicandus vorstellen. Z. E. der gegebene Multiplicandus wäre 17039, so legt man erst den Stab 1, daneben den Stab 7, hernach 0, ferner 3 und endlich 9.

2) Man legt den Multiplicirstab davor.

3) Man schreibt Reihe für Reihe, so wie es der Multiplicator mit sich bringt, aufs Papier, wozu der Multiplicirstab behülflich ist. Z. E. man sollte 17039 mit 95 multipliciren, so schreibt man zuerst die Reihe ab, welche neben der 5 des Multiplicirstabes steht, und zwar rechnet man immer die Zahl, die über der Querlinie steht, mit der zur Linken unter der Querlinie stehenden zusammen. Die Reihe, welche zu dem Multiplicirstabe 5 gehört, sieht nämlich so aus:

3/0/1/4/
5/5/0/5/5

Die Reihe wird also heißen müssen 85195.

Neben der 9 des Multiplicirstabes stehn folgende Zahlen

6/0/2/8/
9/3/0/7/1

Man schreibt also 153351. Die Zahlen werden von hintenher geschrieben, um theils sie recht unterzusetzen, (denn die letzte 1 der zweiten Reihe muß unter der 9 der erstern Reihe zu stehen kommen, theils auch um die Zahlen gehörig zusammenzurechnen, denn in der letztern Reihe machte 8 und 7 15, wovon 5 hingeschrieben, 1 aber zur folgenden 2 hinzugerechnet ist.

Wenn man folgendes Beyspiel hätte: 3894 × 3096, so würden die Reihen 6, 9 und 3 der Stäbe 3, 8, 9 und 4 folgendermaßen aussehen:

1/4/5/2/
/8/8/4/4

2/7/8/3/
/7/2/1/6

0/2/2/1/
/9/4/7/2

und man wird sie so unter einander schreiben:

```
   23364
  35046
 11682
--------
12055824
```

§. 11.

Es giebt mehr als Eine Probe des Multiplicirens. Die beste Probe ist, daß man das ganze Exempel wieder nachrechnet, und dabey auf Proben des Multiplicirens.

auf folgende drey Stücke sieht: 1) ob man recht multiplicirt habe, 2) wenn mehrere Reihen sind, ob man recht untergesetzt, 3) ob man recht addirt habe. Bey dem ersten Stücke kann man sich mancherley Erleichterungen machen, wie folgendes Beyspiel zeigen wird.

```
          9843765721
          3204567892
          ----------
         19687531442
        88593891489
       78750125768
      68906360047
     59062594326
    49218828605
   39375062884
 19687531442
29531297163
--------------------
31545015565886830132
```

Hier prüft man zuerst die erste Reihe 2 dadurch, daß man sie mit der weiter unten vorkommenden Reihe 2 vergleicht. Die Reihe 9 wird geprüft, indem man die Reihe 3 durch 3 multiplicirt; die Reihe 8, indem man die Reihe 4 durch 2 multiplicirt; die Reihe 7, indem man den Multiplicandus von der Reihe 8 subtrahirt; die Reihe 6, indem man die Reihe 3 durch 2 oder die Reihe 2 durch 3 multiplicirt; die Reihe 5 dadurch, daß man sich an dem Multiplicandus hinten eine Null hinzudenkt, und ihn alsdenn durch 2 dividirt; endlich die Reihe 4 dadurch, daß man die Reihe 2 durch 2 multiplicirt, wiewohl im gegenwärtigen Fall dies letztere nicht einmal nöthig ist, indem die Reihe 4 dadurch schon bewährt genug ist, daß die Reihe 8 durch Verdoppelung derselben herausgekommen ist. Daher ist es auch nicht nöthig, die Reihe 3 noch weiter zu prüfen, weil sie durch das Multipliciren mit 3 die Reihe 9 richtig herausgebracht hat.

Dies giebt zugleich ein Mittel an die Hand, wie man sich die Mühe des Multiplicirens ziemlich erleichtern kann, sobald man nur erst so weit ist, daß man versichert seyn darf, sich nicht verrechnet zu haben.

Wenn

Wenn nämlich 1) einerley Zahl mehr als Einmal im Multiplicator vorkömmt, so darf man die Reihe nicht zum zweytenmal multipliciren, sondern kann sie nur abschreiben. 2) Wenn man schon mit 3 multiplicirt hat, so braucht man hernach nicht mit 6 zu multipliciren, sondern darf die Reihe 3 nur verdoppeln; und wenn man mit 9 multipliciren soll, so darf man sie nur durch 3 multipliciren. Die Reihe 2 giebt verdoppelt die Reihe 4, und diese verdoppelt die Reihe 8.

Unter den eigentlichen Proben des Multiplicirens ist die erste und gewöhnlichste durch das Dividiren, wobey aber freylich vorausgesetzt wird, daß man schon gut dividiren kann; denn sonst ist dies eine Probe, worin man leichter irren kann, als in der Aufgabe selbst. Wenn man das Factum durch den Multiplicandus dividirt, so muß der Multiplicator, und wenn man es durch den Multiplicator dividirt, der Multiplicandus herauskommen.

Zweytens kann man die Probe auch durch das Multipliciren machen, indem man das Beyspiel umkehrt, und den Multiplicandus zum Multiplicator macht. Z. E. das vorher da gewesene Beyspiel würde umgekehrt also aussehen:

```
          3204567892
          9843765721
          ----------
          3204567892
         6409135784
        22431975244
       16022839460
      19227407352
     22431975244
    9613703676
   12818271568
  25636543136
 28841111028
-------------------
31545015565886830132
```

Drittens kann man Einen von den Factoren durch eine beliebige Zahl multipliciren oder dividiren, und das ganze Beyspiel hernach noch einmal rechnen, so muß alsdenn die Summe so viel öfter oder so viel weniger herauskommen; z. E. wenn man den vorigen Multiplicandus verdoppelte (6409135784) und ihn alsdenn durch 9843765721 multiplicirte, so würde 63090031131773660264 herauskommen, welches noch einmal so viel ist, als 31545015565886830132. Nähme man hingegen den vierten Theil von 3204567892, nämlich 801141973, und multiplicirte dadurch 9843765721, so würde 7886253891471707533 herauskommen, welches der vierte Theil von 31545015565886830132 ist.

Endlich könnte man auch den Einen Factor durch eine gewisse Zahl dividiren, und den andern durch eben dieselbe multipliciren, so würde alsdenn das Factum dem vorigen gleich seyn müssen; z. E. wenn man den oben erwähnten vierten Theil 801141973 mit 39375062884 (als dem Quadruplum von 9843765721) multiplicirte, so würde das Factum dem vorherigen gleich seyn.

Einige machen auch die Probe durchs Kreuz. Sie werfen 9 von dem Multiplicandus, von dem Multiplicator und von dem Product so oft weg, als es sich wegwerfen läßt, und bemerken bloß den Rest. Z. B. Wenn der Multiplicandus 884 hieße, so ist dessen Rest 2. Der Multiplicator wäre 85, so ist dessen Rest 4. Das Product wäre 75140, so ist dessen Rest 8. Nun setzt man es so auf:

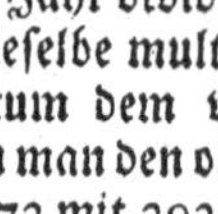

Nun multiplicirt man 2 mal 4 ist 8. Diese herauskommende 8 stimmt mit der 8 in der obern Oeffnung des Kreuzes. Folglich schließt man, ist die Rechnung richtig.

Fünf-

Fünftes Hauptstück.

Vom Dividiren oder dem Zertheilen.

§. 1.

Dividiren oder zertheilen heißt aus zwey gegebnen Zahlen eine dritte finden, welche anzeigt, wie oft die erste in der zweyten enthalten sey. Z. E. es wird gegeben 4 und 12, und gefunden 3: so ist 4 in 12 3 mal enthalten.

Eine Division durch 0 läßt sich nicht denken; die Zahl 1 aber dividirt so wenig, als sie multiplicirt (s. Hauptst. 4. §. 1.), sondern was durch 1 dividirt werden soll, bleibt unverändert.

Man kann eine Zahl in zweyerley Absicht dividiren. Man will entweder wissen, wie oft eine Zahl in der andern enthalten sey oder davon weggenommen werden könne; z. E. 5 ist in 20 4 mal enthalten; oder man will eine Zahl in eine gewisse Anzahl gleiche Theile theilen, und verlangt die Größe eines solchen Theils zu erfahren; z. E. man will ein Ganzes, welches aus 20 Stükken besteht, in 5 gleiche Theile theilen, so müssen auf jeden dieser 5 Theile 4 Stücke kommen. In beyden Fällen ist das Dividiren ein abgekürztes Subtrahiren; doch ist dies von dem ersten Fall deutlicher, als von dem zweyten.

§. 2.

Es giebt zweyerley Zeichen des Dividirens. Das erste sind zwey über einander stehende Punkte (wie ein Colon), z. E. 4 : 16; das zweyte

Zeichen des Dividirens.

zweyte ist ein grader Querstrich, über welchem die Zahl gesetzt wird, in der eine andre enthalten seyn soll, und unter welchem diese andre steht, z. E. $\frac{16}{4}$. In beyden Fällen sagt man: 4 in 16.

Die beyden Punkte sollen eigentlich durch zu ausgesprochen werden; siehe unten das Capitel von der Proportion. Viele setzen 16 : 4 anstatt 4 : 16. Alsdenn spricht man die Punkte mit durch aus. Der Strich ist der bey den Brüchen gewöhnliche Strich; $\frac{16}{4}$ heißt eigentlich sechzehn Viertel, dies aber ist eben so viel, als wenn man sagt 4 in 16 oder der vierte Theil von 16.

§. 3.

Ausdrükke beym Dividiren. Von den gegebnen Zahlen wird diejenige, von der man fragt, wie oft sie in der andern enthalten sey, der Divisor (Theiler oder die theilende Zahl), die andre aber der Dividendus (die zu theilende Zahl) genannt. Die gefundene Zahl heißt der Quotus oder der Quotient (die wievielste Zahl oder der wievielste Theil).

§. 4.

Dividiren mit Einer Ziffer. Wenn der Divisor aus Einer Ziffer besteht, so kann man anders verfahren, als wenn man mit mehrern Ziffern zu dividiren hat. Doch giebt es mehr als Eine Art, mit einer Ziffer zu dividiren. Man kann zusammen vier Arten annehmen, worunter aber die vierte diejenige ist, die ein eigentlicher Rechner einzig und allein beybehalten muß; ob sie gleich im strengsten Verstande nur beym Dividiren mit Einer Ziffer allein statt findet.

§. 5.

Regeln aller Arten des Dividirens. Bey allen Arten des Dividirens ist die erste Frage, wie vielmal? Die Antwort wird in den Quotienten geschrieben. Zweytens fragt man, wie

wie viel übrig bleibt? Drittens nimmt man die nächstfolgende Ziffer des Dividendus dazu, und dann kömmt man wieder an die erste Frage.

§. 6.

Man kann zuerst ein Dividirbeyspiel mit Einer Ziffer auf folgende Art herausbringen. Man schreibt den Dividendus hin, und läßt dahinter so viel Platz, daß ein aus eben so viel Ziffern bestehender Quotient dahinter geschrieben werden kann. Hinter der letzten Zahl des Dividendus macht man einen Strich, welcher der Divisionsstrich genannt wird, und dazu dient, den Quotienten vom Dividendus zu unterscheiden. Wenn die erste Ziffer des Dividendus eben so groß oder größer ist, als der Divisor, so setzt man den Divisor unter diese erste Zahl des Dividendus. Ist sie aber kleiner, so wird er unter die zweyte Zahl gesetzt; z. E. Erste Art, mit Einer Ziffer zu dividiren.

Dividendus 8498765 | Divisionsstrich
Divisor 7

9827462 |
9

182345 |
2

Nun fragt man: wie oft der Divisor in der über ihm stehenden Ziffer (oder auch zwey Ziffern) des Dividendus enthalten sey? setzt die Antwort in den Quotienten, multiplicirt den Quotienten mit dem Divisor, und zieht, was herauskömmt, von der über dem Divisor stehenden Ziffer (oder von den Ziffern, wenn es zwey sind) ab. Die Ziffer oder die Ziffern, wovon man abgezogen hat, werden durchgestrichen, und was übrig bleibt,

 dar=

darüber geschrieben. Bleibt nichts übrig, so kann nichts darüber geschrieben werden. Nun schreibt man den Divisor unter die nächstfolgende Zahl des Dividendus, liest diese mit dem, was vorher übrig geblieben war, zusammen (z. E. wenn 3 übrig geblieben ist, und die folgende Zahl 2 heißt, so liest man 32) und fragt wieder wie oft? und so geht es weiter, bis man zu Ende ist. Z. E.

11123

129746328 | 32436582.

44444444 | (Quotient).

Hier sagt man so: 4 in 12 3 mal, 3 mal 4 ist 12, mit 12 geht auf; 4 in 9 2 mal, 2 mal 4 ist 8, von 9 bleibt 1; 4 in 17 4 mal, 4 mal 4 ist 16, von 17 bleibt 1; 4 in 14 3 mal, 3 mal 4 ist 12, von 14 bleibt 2; 4 in 26 6 mal, 6 mal 4 ist 24, von 26 bleibt 2; 4 in 23 5 mal, 5 mal 4 ist 20, von 23 bleibt 3; 4 in 32 8 mal, 4 mal 8 ist 32, mit 32 geht auf; 4 in 8 2 mal, 2 mal 4 ist 8, mit 8 geht auf.

Wenn man eine Zahl ausstreichen, und eben dieselbe wieder darüber schreiben soll, so kann man Ausstreichen und Ueberschreiben sparen, und braucht nur die Zahl, so wie sie da steht, zur folgenden zu nehmen. Dergleichen war in dem vorigen Beyspiele die 3, da es hieß 4 mal 5 ist 20, von 23 bleibt 3. Hier hätte die 3 nur dürfen stehen bleiben. In folgendem Beyspiele kömmt dieser Fall öfter vor.

3

2342581245 | 468516249.

555555555 |

Wenn die Ziffer des Dividendus, in die man eben zu dividiren hat, kleiner ist als der Divisor, so schreibt man eine o in den Quotienten, streicht den Divisor aus, und geht alsdenn weiter; z. E.

3 27

84654835254 | 9406092806.

9999999999 |

Wenn

Wenn bey der letzten Ziffer des Dividendus das Beyspiel nicht grade aufgeht, so wird das übrig bleibende in einen Haken eingeschlossen oben hingesetzt; z. E.

13 (2
685447 | 137089
555555 |

Oder wenn grade die letzte Ziffer selbst übrig bleibt, so wird diese in den Haken gesetzt; z. E.

4 6514
2854972(3 | 3568715
8888888 |

Man muß aber hernach eigentlich die übrig gebliebene Zahl zum Zähler eines Bruchs machen, wovon der Divisor der Nenner ist, und diesen Bruch bey dem Quotienten hinten hinzufügen; z. E. im ersten Fall $137089\frac{2}{5}$ d. i. 137 tausend 89 und 2 Fünftel; im zweyten Fall $3568715\frac{3}{8}$ d. i. 3 Millionen 568 tausend 715 und 3 Achtel. Ein Anfänger im Dividiren sagt aber bloß: so viel kömmt heraus, und so viel bleibt übrig.

Man kann diese erste Art in so fern etwas abkürzen, daß man den Divisor nicht wiederholt, sondern ihn nur vorn vor dem Dividendus durch einen kleinen Strich abgesondert hinsetzt, z. E.

633713(4
9 | 87694311 | 984381 3.

Diese erste Art des Dividirens ist zwar die gewöhnlichste; ich rathe aber niemand, sich daran zu gewöhnen, weil sie vielen Schwierigkeiten unterworfen ist, die freylich nur geringe sind, wenn der Divisor aus Einer Zahl besteht, aber merklich größer werden, wenn er aus mehrern Ziffern zusammengesetzt ist.

§. 7.

Die zweyte Art ist weitläuftiger. Man setzt den Divisor durch einen kleinen Strich abgesondert vor den Dividendus hin, streicht nicht aus, sondern setzt allemal was durch die Multiplica- Zweyte Art.

 tion

tion des Quotienten mit dem Divisor herauskömmt, unten hin, macht einen Querstrich, zieht es ab, und holt sich die folgende Zahl des Dividendus durch einen Strich herab. Ist nach dem Herabziehen die Zahl noch kleiner, als der Divisor, so setzt man eine Null in den Quotienten, und zieht noch einmal ab; z. E.

```
4|2523054683|630763670
  24
  --
   12
   12
   --
    30
    28
    --
     25
     24
     --
      14
      12
      --
       26
       24
       --
        28
        28
        --
         3
```

Diese Art ist zwar beym Dividiren mit Einer Zahl zu weitläuftig; allein weil bey einem Divisor von zwey oder mehrern Zahlen das Herunterziehen dem Ausstreichen vorzuziehen ist, so muß man einem Anfänger diese Art wenigstens zeigen, damit er die Sache leichter begreife. Es werden sich aber auch immer schwache Köpfe finden, denen alles Dividiren mit Ausstreichen zu schwer wird; diese müssen, wenn man ihnen forthelfen will, vor der Hand an diese Art, und an keine andre, gewöhnt werden, bis man sie hernach zur vierten Art bringen kann.

§. 8.

Dritte Art.

Die dritte Art ist eine Abkürzung der zweyten, und kömmt hier, wo mit Einer Ziffer dividirt wird, mit der abgekürzten ersten ganz überein, nur daß das, was dort oben hingeschrieben

schrieben wurde, hier unten hingeschrieben wird. Z. E.

8 | 9437625983 | 1179703247.
  15758   1367 (7 |

Diese Art zu wissen ist darum nöthig, weil sie eine Vorbereitung zu der kürzesten Art, mit mehrern Zahlen zu dividiren, ist.

§. 9.

Die vierte Art, mit Einer Ziffer zu dividiren, ist die einzige, die ein geübter Rechner gebrauchen, und wozu man sich durch die 3 vorigen nur vorbereiten muß. Man macht unter den Divisor einen Strich, setzt den Divisor vorn in einen Haken hin, und behält das, was übrig bleibt, bloß im Sinn, ohne es hinzuschreiben, außer am Ende, wo man den Rest zur Seite hinsetzt; z. E. Vierte Art.

$$7\,)\,\frac{98437654342}{14062522048.}\quad 6 \text{ (bleibt Rest)}$$

$$3\,)\,\frac{89536246189}{29845415396.}\quad 1.$$

§. 10.

Decimalzahlen, die aus einer gültigen Ziffer und Einer oder mehrern Nullen bestehen, dividiren eben so leicht, als einzelne Zahlen. Man streicht bloß hinten am Divisor die Nullen und an dem Dividendus so viel Ziffern ab, als der Divisor Nullen hat. Hernach dividirt man ordentlich mit der gültigen Ziffer. Die abgestrichenen Zahlen setzt man an die übrigbleibenden an, und dies macht den ganzen Rest aus. Geht das Dividirte auf, so ist die abgestrichne Zahl der Rest. Hat sowol der Dividendus als der Divi- Dividiren mit Zahlen, die am Ende Eine oder mehrere Nullen haben.

Divisor am Ende Eine oder mehrere Nullen, so kann man entweder von dem einen so viel Nullen ganz wegstreichen, als an dem andern befindlich sind, oder man kann auch die Nullen des Dividendus eben so abstreichen, als man es mit gültigen Ziffern zu thun gewohnt ist *). Z. E.

3|0) 5761523|5
1920507. 25.

5|000) 98753|624
19750. 3624.

8|0) 976352|8
122044. 8.

9|00) 573264|39
63696. 39.

4ØØ) 8137694258ØØ
$2034423564\frac{2}{4}$.

oder 2034423564 kömmt heraus, und 200 bleibt Rest.

Dividiren mit 10, 100, 1000, rc. Weil 1 nicht dividirt (s. §. 1.), so darf man, wenn eine Zahl mit 10 dividirt werden soll, nur die letzte Ziffer abstreichen, die als übrig geblieben angesehen wird; z. E. 3456 mit 10 dividirt, giebt 345, und 6 bleibt übrig. Ist der Divisor 100, so streicht man zwey Ziffern ab (z. E. 100 : 349865 = $3498\frac{65}{100}$); so bey 1000 drey, bey 10000 vier u. s. w. Hat der Dividendus Nullen, so streicht man so viel weg, als der Divisor deren hat; z. E.

1ØØØ|897854320ØØØ.

Wenn

*) Ob man Nullen am Ende des Dividendus ausstreichen oder nur abstreichen müsse, kömmt auf die Umstände an. Wenn man einen Quotienten mit einem Bruch verlangt, muß das erstere, wenn man aber wissen will, wie viel übrig bleibt, das letztere geschehen.

Wenn der Dividendus vor den Nullen mehr als Eine gültige Zahl hat, so geschieht das Abstreichen oder Ausstreichen der letzten Ziffern des Dividendus eben so, wie hier gezeigt ist, daher im Folgenden keine weitere Belehrung darüber nöthig seyn wird.

§. 11.

Beyspiele zur Uebung mit Einer Ziffer.

Folgende Beyspiele können nun nach derjenigen von obenstehenden vier Arten, die einem jeden am leichtesten fällt, ausgerechnet werden.

2 : 98764598327654 = 49382299163827. 3 : 598736352624 = 199578784208. 4 : 8937965472854952 = 2234491368213738. 5 : 987634987635 = 197526997527. 6 : 897364582373346 = 149560763728891. 7 : 954769284392 = 136395612056. 7 : 13245798246894321 5 = 1892256892413474 5. 8 : 5976384529183423 60 = 747048066147927 95. 9 : 5948376548237964828 = 660930727581996092. 9 : 875043261854 = 97227029094$\frac{8}{9}$. 10 : 9854321 = 985432$\frac{1}{10}$. 20 : 987654321 = 4938271 6$\frac{1}{20}$. 300 : 874965434 = 2916551$\frac{134}{300}$. 9000 : 5827698347 = 647522$\frac{347}{9000}$. 8000000 : 987654302100 = 123456$\frac{63021}{80000}$. 400 : 39875000 = 99687$\frac{2}{4}$. 6000 : 897630000 = 149605.

In folgenden Beyspielen ist aus dem Quotienten immer wieder ein Dividendus geworden. Man kann dabey die §. 9. beschriebne vierte Art vortreflich gebrauchen. Die Aufgabe heißt: 3812825800935 3093120 soll mit 9, was herauskömmt mit 8, und so die folgenden Quotienten nach einander mit 7, 6, 5, 4, 3, 2 dividirt werden.

```
9) 38128258009353093120
   --------------------
8)  4236473112150343680
    -------------------
7)   529559139018792960
     ------------------
6)    75651305574113280
      -----------------
5)    12608550929018880
      -----------------
4)     2521710185803776
       ----------------
3)      630427546450944
        ---------------
2)      210142515483648
        ---------------
        105071257741824
```

§. 12.

§. 12.

Erste Art des Dividirens mit zwey oder mehrern Ziffern.

Die erste Art des Dividirens mit mehrern Ziffern (welche mit der oben §. 6. gezeigten Art einerley ist) hat zwar in so fern das größte Glück gemacht, daß sie von den meisten gebraucht und fast in allen Rechenbüchern gelehrt wird; da sie aber mit vielen Schwierigkeiten verbunden ist, so widerrathe ich es sehr, sich an dieselbe zu gewöhnen, ob ich gleich jetzt die Verfahrungsart selbst in einigen Beyspielen zeigen werde. Die Regeln sind folgende: 1) Man setzt den Divisor unter die ersten Zahlen des Dividendus, die ihm an Größe gleich oder überlegen sind; z. E.

245876	
24	
355876	
24	
215876	nicht 215876
24	24

2) Man fragt: wie vielmal (steckt) der Divisor in dem gegenwärtigen Theil des Dividendus? setzt die Antwort in den Quotienten, multiplicirt darauf, und subtrahirt von der Linken gegen die Rechte, wobey man allemal die Zahlen, mit denen man fertig ist, ausstreicht. Nachdem man mit Abziehen fertig ist, schreibt man 3) die letzte Zahl des Divisors unter die nächstfolgende Zahl des Dividendus, die ersten aber zur linken Hand, wo sie Platz finden, alsdann dividirt, multiplicirt, subtrahirt man weiter bis an das Ende des Beyspiels. Das Untersetzen und Fortrücken des Divisors kann man vorläufig aus ein paar Beyspielen lernen.

849763	Hier ist der erste Dividendus 93 bereits einmal durchstrichen, und der zweyte untergesetzt.
~~9~~33	
9	

972c

9725847 | 845555 | 8444 88	Hier ist der Dividendus 845 schon dreymal durchstrichen, und zum zweytenmal untergesetzt.

88762548932764 | 23456777777777 | 234566666666 2345555555 23444444 233333 2222	Hier ist der Dividendus 234567 achtmal durchstrichen, und zum neuntenmal untergesetzt.

Das Dividiren selbst geschieht auf folgende Art:

```
      (3
       4
16318320(9 |
 987365483 |  12041042.
 822222222 |
   8888888
```

Hier sagt man so: 82 in 98 hab ich 1 mal (1 wird in den Quotienten hingeschrieben), 1 mal 8 (8 wird ausgestrichen) ist 8 von 9 (9 ausgestrichen) bleibt 1 (wird über der ausgestrichenen 9 hingeschrieben), 1 mal 2 (2 ausgestrichen) ist 2 von 8 (8 ausgestrichen) bleibt 6 (6 wird über der ausgestrichenen 8 hingeschrieben); der Divisor 82 wird fortgerückt, die 2 kömmt unter der 7, die 8 unter der ausgestrichenen 2 zu stehen; nun heißt es 82 in 167 2 mal, 2 in den Quotienten, 2 mal 8 (ausgestrichen) ist 16 von 16 (ausgestrichen) bleibt nichts (weil es von vorn ist, so braucht keine Null hingeschrieben zu werden), 2 mal 2 (ausgestrichen) ist 4 von 7 (ausgestrichen) bleibt 3 (3 wird über der ausgestrichenen 7 hingeschrieben); 82 wird fortgerückt, 82 in 33 kann ich gar nicht, ich setze also eine 0 in den Quotienten, streiche 82 aus, lasse 33 stehen, und rücke 82 einen Schritt weiter fort; nun heißt es 82 in 336 hab ich 4 mal, 4 in den Quotienten, 4 mal 8 (8 ausgestrichen) ist 32 von 33 (33 ausgestrichen) bleibt 1 (1 hingeschrieben), 4 mal 2

(2

(2 ausgestrichen) ist 8 von 16 (16 ausgestrichen) bleibt 8 (8 hingeschrieben); 82 in 85 1 mal, 1 in den Quotienten, 1 mal 82 von 85 bleibt 3, 82 und 85 ausgestrichen und 3 hingeschrieben; 82 in 34 kann ich nicht, also 0 in den Quotienten, 82 ausgestrichen, und einen Schritt weiter es wieder hingeschrieben; 82 in 348 4 mal, 4 in den Quotienten, 4 mal 8 ist 32 von 34 bleiben 2, 2 über der 4 hingeschrieben, 4 mal 2 ist 8 von 8 bleibt 0 (0 wird über der 8 wirklich hingeschrieben, weil schon eine andre Zahl, nämlich 2, voransteht); 82 in 203 2 mal, 2 in den Quotienten, 2 mal 8 ist 16 von 20 bleiben 4, 2 mal 2 ist 4 von 43 bleiben 39. Diese 39 bleiben übrig, und die beyden Ziffern, aus welchen es besteht, können in Häkchen eingeschlossen werden.

```
      (5
       8(4
     1206
     5827(1
     60392(9
     985550(6
   254301910
 1135918048(3
 23894453665| 19046
 12545377777|
   125453333
     1254555
      12544
       125
```

Hier schreibt man den Divisor 1254537 unter die sieben ersten Zahlen des Dividendus. Zuerst hat man 1 mal (weil zwar 1 in 2 zweymal enthalten ist, aber 12 in 23 nur 1 mal), 1 von 2 bleibt 1, 2 von 3 1, 5 von 8 3, 4 von 9 5, 5 von 54 49, 3 von 4 1, 7 von 15 8 (über die 1 von 15 setzt man eine 0); der Divisor wird fortgerückt, man sagt 1 in 11 9 mal, 9 mal 1 ist 9 von 11 2, 9 mal 2 18 von 23 5, 9 mal 5 ist 45 von 54 9, 9 mal 4 ist 36 von 99 63 (der Anfänger sagt 6 von 9 3, 3 von 9 6), 9 mal 5 ist 45, 5 von 0 kann ich nicht, ich borge mir in Gedanken 1, sage 5 von 10 bleibt 5, 4 (welches von 45 noch übrig war) nebst der im Sinn behaltnen 1 machen 5 und 5 von 63 bleiben 58, 9 mal 3 ist 27 von 58 31, 9 mal 7 ist 63, 3 von 3 bleibt 0, 6 von 31 bleiben 25; der Divisor fortgerückt, 12 in 5 kann ich nicht, also wird eine 0 in den Quotienten geschrieben, der Divisor ausgestrichen und einen Schritt weitergerückt; nun heißt es 12 in 58 4 mal, 4 mal 1 ist 4 von 5 1, 4 mal 2 ist 8 von 8 0, 4 mal 5 ist 20, 0 von 2 bleibt 2 (man braucht

braucht die 2 nicht auszustreichen und eine andre darüber hinzuschreiben, sondern läßt sie unausgestrichen stehen), 2 von 10 bleibt 8, 4 mal 4 ist 16 von 25 9 (über die ausgestrichene 2 von 25 wird eine 0 geschrieben), 4 mal 5 ist 20 von 90 70 (die 0 kann stehen bleiben, ohne ausgestrichen zu werden), 4 mal 3 ist 12, 2 von 6 4, 1 von 70 69, 4 mal 7 ist 28 von 46 18; der Divisor wird fortgerückt, 12 in 80 6 mal, 6 mal 1 ist 6 von 8 2, 6 mal 2 ist 12 von 20 8; 6 mal 5 ist 30 von 86 56 (6 braucht nicht ausgestrichen zu werden), 6 mal 4 ist 24 von 69 45, 6 mal 5 ist 30 von 51 21 (1 bleibt unausgestrichen stehen), 6 mal 3 ist 18 von 18 bleibt 00, 6 mal 7 ist 42, 2 von 5 bleibt 3, 4 von 200 bleibt 196. Also kömmt heraus 19046 und 541963 bleibt Rest; die letztern Zahlen können jede in ein Häkchen eingeschlossen werden.

Wenn man will, so kann man diese Art ein wenig dadurch abkürzen, daß man den Divisor nicht unterschreibt, sondern ihn nur in Gedanken untersetzt. Ein solches Beyspiel sieht alsdenn so aus;

```
          2  1
          3232(1
          88883(2
          090284
        2128800(1
346|89473645|258594 121/346
```

und in diesem Fall haben auch einige die Gewohnheit, die übrigbleibenden Ziffern nicht oben, sondern unten zu schreiben, auf folgende Art, die allerdings vor der vorigen einige Bequemlichkeiten voraus hat:

```
346|89473645|258594 121/346
        2178800(1
          090284
          88883(2
          3232(1
          2  1
```

Man würde vergebens hoffen, diese Rechnungsart durch bloßes Anschauen und Nachrechnen der hier beygebrachten Beyspiele zu lernen. Man muß vielmehr sie

sie auf einer besondern Tafel oder auf dem Papier aufsetzen, und alsdenn Ziffer für Ziffer nach der gegebnen Erläuterung hinschreiben und ausstreichen.

§. 13.

Zweyte Art. Die zweyte Art des Dividirens mit mehrern Ziffern geschieht durch Herunterziehen. Man dividirt 1) mit dem Divisor in eben so viel Ziffern des Dividendus, als er selbst hat; z. E. wenn der Divisor aus sechs Ziffern bestände, so nimmt man die ersten 6 Ziffern des Dividendus, und fragt, wie oft dieser Divisor in diesem Dividendus? Fände sich nun, daß dieser Dividendus kleiner wäre, als der Divisor, so nimmt man eine Ziffer des Dividendus mehr, und nun kann man gewiß fragen, wie oft? 2) multiplicirt man durch den gefundenen Quotienten den Divisor und setzt das Factum von hinten zu unter denjenigen Theil des Dividendus, den man zuerst vorgenommen hat; 3) zieht man ab; 4) zieht man die nächste Ziffer des Dividendus zu dem gebliebenen Rest herunter, und fragt von neuem, wie oft? und so geht es bis ans Ende des Beyspiels. So oft der Divisor größer ist, als der Dividendus, den man durch Herunterziehung einer Zahl erhalten hat, so oft setzt man eine Null in den Quotienten, und zieht sich eine neue Ziffer herunter, so lange bis der so entstehende Dividendus dem Divisor an Größe gleich oder überlegen wird. Einige Beyspiele werden die Sachen deutlicher machen.

```
25|8 9 5 4 3 2 1 8 6 4 2 5|35817287457.
   7 5
   ---
   1 4 5
   1 2 5
   -----
     2 0 4
     2 0 0
     -----
         4 3
         2 5
         ---
         1 8 2
         1 7 5
         -----
             7 1
             5 0
             ---
             2 1 8
             2 0 0
             -----
               1 8 6
               1 7 5
               -----
                 1 1 4
                 1 0 0
                 -----
                   1 4 2
                   1 2 5
                   -----
                     1 7 5
                     1 7 5
                     -----
                     0 0 0
```

Nichts ist leichter, als diese Art zu dividiren. Bey dem eben jetzt gegebnen Beyspiele würde man sich mündlich auf folgende Art ausdrücken: 25 in 89 habe ich 3 mal, 3 wird in den Quotienten geschrieben, nun ordentlich 25 durch 3 multiplicirt, 3 mal 5 ist 15, 3 mal 2 ist 6 und 1 ist 7, nun subtrahirt, 5 von 9 bleibt 4, 7 von 8 bleibt 1; die folgende Ziffer des Dividendus nämlich 5 herunter, wodurch man die Zahl 145 erhält, gefragt 25 in 145? Antwort 5 mal, 5 in den Dividendus geschrieben, und so nun immer weiter multiplicirt, subtrahirt, heruntergezogen, gefragt, in den Quotienten geschrieben, bis man fertig ist.

```
3462517|1 9 8 7 6 6.0.3 1 1 8 2 0 3 3 2 8|5740507012
       |1 7 3 1 2 5 8 5
          2 5 6 4.0.1 8.1
          2 4 2 3 7 6 1 9
            1 4.0.2 5 6.2.1
            1 3 8 5 0 0 6 8
              1 7 5 5 5.3.8.2
              1 7 3 1 2 5 8 5
                2 4 2 7 9 7.0.3
                2 4 2 3 7 6 1 9
                  4.2.0 8.4 3.2
                  3 4 6 2 5 1 7
                    7.4 5 9 1 5 8
                    6 9 2 5 0 3 4
                      5 3 4 1 2 4
```

Weil in diesem Beyspiel die erste Ziffer des Divisors (3) größer ist, als die erste des Dividendus (1), so muß beym Multipliciren zuerst gleich bis auf die achte Ziffer des Dividendus gegangen werden, obgleich der Divisor nur aus sieben Ziffern besteht. Man sagt also 3 in 19 5 mal (6 mal würde zu viel seyn, s. §. 15), 5 wird in den Quotienten geschrieben, hernach wird der Divisor ordentlich multiplicirt, wovon man das Factum von der achten bis zur ersten Ziffer des Dividendus unterschreibt. Nachdem man abgezogen, nimmt man die folgende Ziffer des Dividendus herunter, setzt 7 in den Quotienten, multiplicirt, subtrahirt, und zieht die zweyte 1 herunter; die dritte Ziffer des Quotienten wird 4; nachdem man subtrahirt und die folgende Ziffer des Dividendus (8) herunter gezogen hat, so findet sich, daß 1755538 kleiner sey, als der Divisor, man setzt also eine Null in die vierte Stelle des Quotienten, und zieht noch eine Ziffer (2) herunter; nunmehr bekömmt man 5 zur fünften Ziffer des Quotienten; nachdem man die folgende Ziffer (0) herunter gezogen;

gezogen, erhält man wieder weniger, als der Divisor ist, man schreibt also wieder eine 0 in den Quotienten, und holt sich noch die 3 dazu herunter; die siebente Ziffer des Quotienten wird eine 7, die achte wird eine 0, die neunte aber, nachdem man noch die 2 herunter geholt, eine 1; die zehnte und letzte endlich ist eine 2, und man behält 534124 übrig, wofür man auch einen Bruch ($\frac{534124}{3482127}$) zu dem Quotienten setzen könnte.

§. 14.

Die dritte Art ist eine Abkürzung der zweyten, wird aber gemeiniglich nur von fähigen Köpfen begriffen und in fertige Ausübung gebracht. Man multiplicirt ordentlich, wie bey der zweyten Art; aber man schreibt das Factum, das man durch Multipliciren herausbekömmt, nicht unter, sondern zieht es Zahl für Zahl vom Dividendus ab, streicht die Zahlen, mit welchen man fertig ist, aus, und setzt das übrig bleibende drunter. Am leichtesten wird man sich von dieser eine Vorstellung machen können, wenn man ein Beyspiel nimmt, wo nur eine einzelne Zahl in den Quotienten kömmt. Z. E. Dritte Art.

$$348769|2894736|8\tfrac{104584}{348769}.$$
$$104584|$$

Der Divisor hat hier zwar nur 6, der Dividendus hingegen 7 Ziffern; allein da 2, die erste im Dividendus, kleiner ist, als 3, so muß man Eine Ziffer des Dividendus mehr nehmen, und fängt also von der siebenten Zahl des Dividendus an abzuziehen. Man sagt 3 in 28 8; diese 8 ist der Quotient, mit welchem man auf folgende Art multiplicirt; 8 mal 9 ist 72 von 76 *) bleiben 4, die 6 wird ausgestrichen und 4 darunter hingeschrie-

*) 72 läßt sich von 6 nicht abziehen; man sagt daher 72 von 76, indem man in Gedanken eine 7 borgt, und diese 7 rechnet man hernach bey der folgenden Zahl zu.

geschrieben; 8 mal 6 ist 48 und 7 *) ist 55 von 63 **) bleibt 8, 3 ausgestrichen, 8 hingeschrieben; 8 mal 7 ist 56 und 6 ***) ist 62 von 67 bleibt 5; 8 mal 8 ist 64 und 6 ist 70 von 74 bleibt 4; 8 mal 4 ist 32 und 7 ist 39 bleibt 0; 8 mal 3 ist 24 und 3 ist 27 von 28 bleibt 1.

Nun wird man auch leichter verstehen, wie es bey solchen Beyspielen zugehe, deren Quotienten aus mehrern Ziffern bestehen.

$$
\begin{array}{r|l|l}
26 & 89543268 & 3443971\frac{22}{26}. \\
 & 1110584(2 & \\
 & 1121\ (2 &
\end{array}
$$

Hier geht man auf folgende Art zu Werke: 2 in 8 3 mal, 3 mal 6 ist 18 von 19 (9 die zweyte Zahl des Dividendus wird ausgestrichen) bleibt 1, 3 mal 2 ist 6 und 1 ist 7 von 8 bleibt 1; man behält also 11 übrig, dazu nimmt man die nächste Ziffer des Dividendus 5 und fährt fort; 2 in 11 4 mal, 4 mal 6 ist 24 von 25 bleibt 1, 4 mal 2 ist 8 und 2 ist 10 von 11 bleibt 1 (diese 1 wird in die dritte Reihe geschrieben), der Rest ist also wieder 11 und die folgende 4 dazu genommen giebt 114; 2 in 114 4 mal, 4 mal 6 ist 24 von 24 bleibt 0, 4 mal 2 ist 8 und 2 ist 10 von 11 bleibt 1; 2 in 10 3 mal, 3 mal 6 ist 18 von 23 bleibt 5, 3 mal 2 ist 6 und 2 ist 8 von 10 bleibt 2; 2 in 25 9 mal, 9 mal 6 ist 54 von 62 bleibt 8, 9 mal 2 ist 18 und 6 ist 24 von 25 bleibt 1; 2 in 18 7 mal, 7 mal 6 ist 42 von 46 bleibt 4, 7 mal 2 ist 14 und 4 ist 18 von 18 geht auf; 2 in 4 1 mal, 1 mal 6 ist 6 von 8 bleibt 2, 1 mal 2 ist 2 von 4 bleibt 2.

$$
\begin{array}{r|l|l}
9854 & 6598433437 & 669619\frac{7811}{9854} \\
 & 68609709(1 & \\
 & 947054(1 & \\
 & 6196(8 & \\
 & 19(7 &
\end{array}
$$

*) Dies ist eben die 7, die man vorher gleichsam geborgt hatte, da man 76 sagte.

**) 55 von 53 kann man nicht abziehen, daher nimmt man 10 mehr und sagt 63.

***) Diese 6 rührt daher, weil man vorhin von 63 abgezogen hatte.

Hier heißt es: 9 in 56 6 mal, 6 mal 4 ist 24 von 24 bleibt 0, 6 mal 5 ist 30 und 2 ist 32 von 38 bleibt 6, 6 mal 8 ist 48 und 3 ist 51 von 59 bleibt 8, 6 mal 9 ist 54 und 5 ist 59 von 65 bleibt 6; 9 in 68 6 mal, 6 mal 4 ist 24 von 33 bleibt 9, 6 mal 5 ist 30 und 3 ist 33 von 40 bleibt 7, 6 mal 8 ist 48 und 4 ist 52 von 56 bleibt 4, 6 mal 9 ist 54 und 5 ist 59 von 68 bleibt 9; 9 in 94 9 mal, 9 mal 4 ist 36 von 43 bleibt 7, 9mal 5 ist 45 und 4 ist 49 von 49 bleibt 0, 9mal 8 ist 72 und 4 ist 76 von 77 bleibt 1, 9mal 9 ist 81 und 7 ist 88 von 94 bleibt 6; 9 in 60 6 mal, 6 mal 4 ist 24 von 24 bleibt 0, 6 mal 5 ist 30 und 2 ist 32 von 37 bleibt 5, 6 mal 8 ist 48 und 3 ist 51 von 60 bleibt 9, 6 mal 9 ist 54 und und 6 ist 60 von 61 bleibt 1; 9 in 19 1 mal, 4 von 13 bleibt 9, 5 und 1 ist 6 von 10 bleibt 4, 8 und 1 ist 9 von 15 bleibt 6, 9 und 1 ist 10 von 19 bleibt 9; 9 in 96 9 mal, 9 mal 4 ist 36 von 37 bleibt 1, 9 mal 5 ist 45 und 3 ist 48 von 49 bleibt 1, 9 mal 8 ist 72 und 4 ist 76 von 84 bleibt 8, 9 mal 9 ist 81 und 8 ist 89 von 96 bleibt 7.

Diese Art des Dividirens ist die kürzeste unter allen, und ob sie gleich auch nicht leicht ist, so muß man doch um des daraus zu hoffenden Nutzens willen die auf ihre Erlernung zu wendende Mühe nicht achten.

§. 15.

Erleichterungsmittel, nicht zu viel und nicht zu wenig zu nehmen.

In allen Arten des Dividirens mit mehr als Einer Zahl zeigt sich die Schwierigkeit, daß man nicht sicher weiß, wie viel man nehmen und in den Quotienten setzen soll; z. E. wenn der Divisor 297639, und der Dividendus 2083463 wäre, so würde man vielleicht meinen, man könnte 9 mal haben, da man doch nur 6 mal haben kann, und stände wieder 2083563, so würde 6 mal zu wenig seyn. Die Frage ist also: wie kann man versichert seyn, daß man weder zu viel noch zu wenig nehme? Antwort: man muß, ehe man eine Ziffer in den Quotienten hinschreibt, wohl überlegen, ob sie nicht zu groß oder zu klein sey. Mehrentheils kann

 man

man dies an den beiden ersten Ziffern des Dividendus schon sehen. 96453 in 538764 wie viel mal? 9 in 53 kann man 5 mal haben, es bleiben also 8 übrig: nun macht 5 mal 6 *) nur 30, welches sich von 88 **) ganz bequem abziehen läßt; also ist 5 mal nicht zu viel, und zu wenig ist es auch nicht; denn 6 mal 9 wäre schon 54. 392573 in 3143878, wie oft? 9 mal ist offenbar zu viel; denn 9 mal 3 ist 27 von 31 bleibt 4, 9 mal 9 aber ist 81 und kann von 44 nicht abgezogen werden. Man versuche mit 8. 8 mal 3 ist 24 von 31 bleibt 7, 8 mal 9 ist 72 von 74 bleibt 2; noch ist es ungewiß, ob 8 nicht zu viel sey; man fährt also fort: 8 mal 2 ist 16 von 23 bleibt 7, 8 mal 5 ist 40 von 78 bleibt viel; also geht es mit 8. Dies ist also die gewöhnliche Art, sich in Acht zu nehmen, daß man weder eine zu große, noch eine zu kleine Ziffer in den Quotienten setze. Will man aber noch sicherer gehen, so muß man den Divisor mit 2, 3, 4, 5, 6, 7, 8 und 9 nach einander multipliciren, so braucht man hernach nicht zu zweifeln, wie viel man nehmen dürfe. Z. E. der Divisor wäre 8765, so würde die Divisionstabelle oder der Tarif also aussehen.

Divisionstabelle, oder Tarif.

Produkt	Multiplikator
8765 Divisor.	
17530	(2
26295	(3
35060	(4
43825	(5
52590	(6
61355	(7
70120	(8
78885	(9

Vermittelst dieser Tabelle kann man nun alle Fragen in einem jeden mit 8765 zu dividirenden Beyspiele leicht beantworten; z. E. wie oft habe ich 8765 in 53172? Antwort 6 mal; denn 5 mal wäre zu wenig, weil alsdenn noch nicht einmal 44000 heraus käme. Bey der zweyten Art des Dividirens (§. 13.) ist diese Art am besten zu gebrauchen, weil man anstatt zu multipliciren nur immer abschreiben darf.

Weil

*) Diese 6 ist nämlich die zweyte Ziffer des Divisors 96453.
**) 8 blieb nämlich von 53 übrig; wenn man nun die nächstfolgende 8 dazu nimmt, so hat man 88.

Weil auch eine solche Tabelle sich durch bloßes Addiren verfertigen läßt, so sieht man, wie es möglich sey, auch im Dividiren allenfalls ohne Ein mal Eins, ja sogar ohne Nepper'sche Stäbe, fertig zu werden.

§. 16.

Wenn jemand sich ein grössers Ein mal Eins bekannt gemacht hat (siehe oben S. 60), so giebt es für ihn noch eine vierte Art, mit mehr als Einer Ziffer zu dividiren, die aber von der vierten Art mit Einer Ziffer zu dividiren (§. 9.) gar nicht verschieden ist. Sie wird gewöhnlich nur mit zwey Ziffern in Ausübung gebracht, weil bey mehrern die Mühe des Auswendiglernens und Zurechnens zu groß seyn würde. Man macht also unter dem Dividendus einen Strich, setzt den Divisor in einem Haken vor, und dividirt alsdenn, als wenn man mit einer einzelnen Zahl dividirte; z. E. Vierte Art.

$$24)\ \frac{8769543}{365397\frac{15}{24}}$$

Hier sagt man: 24 in 87 3 mal, 3 mal 24 ist 72 von 87 15; 24 in 156 6 mal, 6 mal 24 ist 144 von 156 12; 24 in 129 5 mal, 5 mal 24 ist 120 von 129 9; 24 in 95 3 mal, 3 mal 24 ist 72 von 95 23; 24 in 234 9 mal, 9 mal 24 ist 216 von 234 18; 24 in 182 7 mal, 24 mal 7 ist 168 von 183 15.

So auch: $16)\ \frac{98437648}{6152353}$.

§. 17.

Folgende Beyspiele kann man nun ausrechnen, nach welcher von den vorher beschriebenen Arten man es am besten findet. Beyspiele zur Uebung.

1) 11 : 108610197522057 = 9873654320187. 2) 12 : 26862965592 = 2238580466. 3) 12 : 107451862368 = 8954321864. 4) 19 : 2041585385000 = 107451862368$\frac{9}{19}$. 5) 660 : 21722039504411513 = 32912181067290$\frac{113}{660}$. 6) 36 : 967066761312 = 26862965592. 7) 3600 : 1074-

5186356800 = 2984773988. 8) 91 : 185784270034360 = 2041585384992$\frac{88}{91}$. 9) 112 : 29194421093928 9216 = 260664474052 9368. 10) 792 : 86388158017 6456 = 109707 2702243. 11) 19800 : 260664474052938023 = 13164872426916$\frac{1223}{19800}$. 12) 202 : 19956792 = 98796. 13) 488 : 933528384 = 1912968. 14) 236 : 210308096 = 891136. 15) 331 : 979146657 = 2958147. 16) 708 : 620869272 = 876934. 17) 505 : 49891980 = 98796. 18) 987 : 953213016 = 965768. 19) 1323 : 8700034005000071 = 6575989421768$\frac{1007}{1323}$. 20) 1715 : 116444898500168048734000150868035 5 = 678979000000979876000000879697. 21) 1745 : 6456639076513570865139076564565 = 3700079700007777000079700037. 22) 342600 : 67785467432 = 197856$\frac{1832}{342600}$. 23) 5234 : 254560824 = 48636. 24) 9046 : 2457237348 = 271638. 25) 15376 : 1003191744 = 65244. 26) 938642 : 106527098103185380 = 113490657890. 27) 9867543 : 97447907689023207260 = 9875600003874$\frac{2345678}{9867543}$. 28) 89754329 : 3594573994260071 = 40049032$\frac{543}{89754329}$. 29) 123456789 : 99637098352561656 = 807060504. 30) 1134909786 : 1073904793909606040940 = 946246835790. 31) 25768060453 : 92705338802790852 = 3597684. 32) 94624583579 : 322171438172881812282 = 3404729358. 33) 378498734316 : 644342876345763624564 = 1702364679. 34) 146250285000408750027 : 1020241988162851440188352 = 6976. 35) 9750019000027250001 8 : 408096795265140576075 3408 = 41856.

Zu diesen Beyspielen kann man noch die im Hauptstücke von der Multiplication S. 58 f. vorgekommenen hinzunehmen. Denn wenn man einen von den Factoren zum Divisor, und das Factum zum Dividendus nimmt, so muß der andre Factor als Quotient herauskommen.

§. 18.

Proben des Dividirens. Erste.

Die gewöhnlichste Probe des Dividirens ist durch die Multiplication. Man multiplicirt den Quotienten mit dem Divisor, so muß alsdenn der Dividendus herauskommen. Wenn beym Dividiren etwas übrig geblieben ist, so muß es beym Multipliciren wieder zugerechnet werden; z. E.

4859

```
4859|8.7.2.6 5 9 3 8          17959
     4 8 5 9                   4859
     -------               ---------
     3 8 6 7 5              161631
     3 4 0.1 3              89795
     ---------             143672
       4 6.6.2 9           71836
       4 3 7 3 1           ---------
       ---------           87262781
         2 8 9.8.3             3157
         2 4 2 9 5         ---------
         ---------         87265938
           4 6 8 8 8
           4 3 7 3 1
           ---------
             3 1 5 7
```

Oder man dividirt den Quotienten durch den Dividendus, da alsdenn der Divisor wieder herauskommen muß; doch läßt sich diese Probe nur bey solchen Beyspielen ohne Weitläuftigkeit anbringen, wo nichts übrig geblieben. Z. E. man hat 185048640 mit 2345 dividirt, und 78912 heraus bekommen, so wird die Probe durch die Division folgende seyn. Zweyte.

```
78912|1 8.5.0 4 8 6 4 0|2345
      1 5 7 8 2 4
      -----------
        2 7.2.2 4 6
        2 3 6 7 3 6
        -----------
          3 5.5.1.0.4
          3 1 5 6 4 8
          -----------
            3 9 4 5 6 0
            3 9 4 5 6 0
            -----------
```

Wenn man nicht gern eine Probe machen will, und doch ungewiß ist, ob man den richtigen Quotienten herausgebracht habe, so muß man wenigstens das Beyspiel noch einmal untersuchen. Dies kann aber mit Sicherheit nur allein bey der §. 13. gezeigten zweyten Art der Division geschehen. Man sieht also zuerst, ob man immer recht multiplicirt habe, zum andern, ob man recht subtrahirt, und zum dritten, ob man recht heruntergezogen habe, ohne eine Zahl auszulassen oder zu verändern. Wenn man diese drey Stücke richtig findet, so muß der Quotient nothwendig richtig seyn.

Sechstes Hauptstück.

Von theilbaren und untheilbaren Zahlen, vom Aufheben und vom Zerfällen.

§. 1.

Zusammengesetzte oder theilbare Zahlen. Eine Zahl, welche durch die Multiplication zwey anderer Zahlen, die beyde über 1 sind, entstanden ist, wird eine zusammengesetzte oder theilbare Zahl, zuweilen auch eine Flächenzahl genannt. Z. E. 2 mal 3 ist 6; also ist 6 eine zusammengesetzte Zahl; sie ist aber auch theilbar, denn man kann sie sowohl mit 2 als mit 3 dividiren, ohne daß etwas übrig bleibt. Eine Zahl aufheben. Eine Zahl aufheben heißt dieselbe durch eine andre Zahl so dividiren, daß nichts übrig bleibt. So lassen sich die Zahlen 33, 39, 51 mit 3; 28, 44, 52 mit 4; 25, 35, 115 mit 5 aufheben.

§. 2.

Erste oder untheilbare Zahlen. Eine Zahl, welche nicht durch die Multiplication zweyer andern entstanden ist, und sich folglich auch durch keine andere aufheben läßt, wird eine erste oder untheilbare Zahl, auch wohl eine Primzahl oder Linienzahl genannt.

genannt. Dergleichen sind unter 100 folgende: 2, 3, 5, 7, 11, 13, 17, 19, 23, 29, 31, 37, 41, 43, 47, 53, 59, 61, 67, 71, 73, 79, 83, 89, 97. Von 100 bis 1000: 101, 103, 107, 109, 113, 127, 131, 137, 139, 149, 157, 163, 167, 173, 179, 181, 191, 193, 197, 199; 211, 223, 227, 229, 233, 239, 241, 251, 257, 263, 269, 271, 277, 281, 283, 293; 307, 311, 317, 331, 337, 347, 349, 353, 359, 367, 373, 379, 383, 389, 397; 401, 409, 419, 421, 431, 433, 439, 443, 449, 457, 461, 463, 467, 479, 487, 491, 499; 503, 509, 521, 523, 541, 547, 557, 563, 569, 571, 577, 587, 593, 599; 601, 607, 613, 617, 619, 631, 641, 647, 653, 659, 661, 673, 677, 683, 691; 701, 709, 719, 727, 733, 739, 743, 751, 757, 761, 769, 773, 787, 797; 809, 811, 821, 827, 829, 839, 853, 857, 859, 863, 877, 881, 883, 887; 907, 911, 919, 929, 937, 941, 947, 953, 967, 971, 977, 983, 991, 997.

Verzeichniß derselben bis 1000.

Man kann vermittelst der Quadratzahlen (s. unten Hauptst. 19.) ausrechnen, ob eine Zahl untheilbar sey oder nicht; es ist aber das Verfahren dabey zuweilen sehr mühsam, daher man sich indessen mit diesem Verzeichnisse behelfen muß, dessen Nutzen sich bey dem Aufheben der Brüche zeigen wird.

§. 3.

Aus was für andern Zahlen eine zusammengesetzte Zahl zusammengesetzt sey, oder womit man sie aufheben könne, läßt sich oft schwer, oft leichter entscheiden. Man kann folgende Regeln merken.

Regeln, die Möglichkeit der Aufhebung zu erkennen.

1) Eine jede gerade Zahl läßt sich mit 2 aufheben, oder ist unter andern auch aus 2 zusammen-

mit 2.

mengesetzt. Gerade Zahlen sind, die sich auf 0, 2, 4, 6 oder 8 enden; z. E. 360, 362, 3614, 3706, 5768.

mit 3. 2) Eine Zahl, deren einzelne Ziffern, wenn man sie zusammen addirt, mit 3 sich aufheben lassen, kann auch selbst mit 3 aufgehoben werden. Z. E. 55452 kann mit 3 aufgehoben werden; denn wenn ich die einzelnen Ziffern dieser Zahl zusammen addire, nämlich 5 und 5 und 4 und 5 und 2, so kommen 21 heraus, und 21 ist mit 3 theilbar. Hingegen wenn ich die einzelnen Ziffern einer Zahl zusammen addire, und die herauskommende Summe ist nicht mit 3 theilbar, so kann die Zahl selbst ebenfalls nicht mit 3 aufgehoben werden; z. E. die Summe der einzelnen Ziffer von 45784205 macht 35; 35 ist durch 3 untheilbar, also auch die Zahl selbst. Wenn man Eine von den Ziffern um 1 erhöhte (für 4 5 setzte, oder für 5 6 ꝛc.), daß die Summe 36 würde, so wäre auch gleich die Zahl mit 3 theilbar; nämlich 55784205, oder 46784205, oder 45884205, oder 45794205, oder 45785205, oder 45784305, oder 45784215, oder 45784206.

Eben so viel als von der Summe der einzelnen Zahlen nach der Division mit 3 übrig bleibt, wird auch allemal von der Zahl selbst übrig bleiben, z. E. von 45784205 muß 2 übrig bleiben, wenn man sie mit 3 dividirt; denn von 35, als der Summe, bleibt 2 übrig.

Bey Zusammenzählung der Summe der Ziffern kann man 3, 6 und 9 überhüpfen; z. E. wenn die Zahl hieße 43786298 160963, so sagt man nur 4 und 7 und 8 und 5 und 8 und 1 sind 33; da nun 33 mit 3 aufgeht, so muß auch die Zahl selbst damit aufgehen, weil es von den überhüpften oder ausgelassenen Zahlen nicht zweifelhaft ist, daß sie mit 3 aufgehen. Auch kann man immer wieder von forn zu zählen anfangen, sobald man im Zählen eine Zahl bekömmt, die mit 3 theilbar ist; z. E. 42780936219. Hier kann man sagen 4 und 2 ist 6, 7 und 8 ist 15, 6 und 2 ist 8 und 1 ist 9, und so ist erwiesen, daß die Zahl mit 3 aufgehe.

3)

3) Wenn die Summen der einzelnen Ziffern mit 9 theilbar ist, so wird die Zahl selbst mit 9 aufgehen. Z. E. 47052, 834520743, 21684-520163043. mit 9.

Hier darf man aber keine andre Ziffer überhäufen, als 9. So viel von der Summe beym Dividiren übrig bleibt, so viel wird auch von der Zahl selbst allemal übrig bleiben. Wenn eine durch 9 theilbare Zahl im Zusammenzählen herauskömmt, darf man (wie bey 3) von neuem anfangen.

4) Eine gerade Zahl, deren zusammen addirte Ziffern mit 3 theilbar sind, geht mit 6 auf; z. E. 984306 ist eine gerade Zahl, und die Summe, wenn man 9, 3 und 6 überhüpft, beträgt 12, und ist durch 3 theilbar; also geht sie mit 6 auf. mit 6.

Auch ist deutlich, daß jede gerade-Zahl, von deren Ziffern die Summe mit 9 theilbar ist, mit 18 aufgehen müsse, z. E. 264114. mit 18.

5) Eine Zahl, deren beyde Endziffern mit 4 aufgehen, geht ganz mit 4 auf; die beyden Endziffern müssen aber nicht einzeln, sondern als eine aus 2 Ziffern bestehende Zahl betrachtet werden. Z. E. in 8435196 heißen die beyden Endziffern sechs und neunzig, 96 ist durch 4 theilbar (4 in 9 2 mal, bleibt 1, 4 in 16 4 mal, geht auf), also auch die ganze Zahl. Folglich gehen auch auf 434700, 5704, 64352. Hingegen gehen nicht mit 4 auf 8554, 9754, 89702, 58246. mit 4.

Man kann sich auch die Regel machen: wenn vor der Endziffer 0, 4, 8 eine gerade, vor 2 und 6 hingegen eine ungerade vorhergeht, so ist die Zahl durch 4 theilbar; außerdem aber nicht.

6) Wenn die 3 letzten Ziffern einer Zahl mit 8 aufgehen, so geht die ganze Zahl mit 8 auf. Z. E. in 8974568 gehen die 3 letzten Ziffern mit

8 auf (8 in 56 7, 8 in 8 1 mal), also die ganze Zahl. In 18974 gehen die 3 letzten Ziffern nicht mit 8 auf, also auch die ganze nicht.

mit 8. Man darf auch die beyden vorletzten nur mit 4 dividiren, zu dem Uebriggebliebnen die letzte hinzunehmen (nicht addiren) und zusehen, ob denn das letzte mit 8 aufgeht. Z. E. 36984; hier sind die beyden vorletzten 98, mit 4 dividirt bleibt 2 übrig, zur übrig gebliebenen 2 die letzte Ziffer 4, heißt zusammen 24, 24 geht mit 8 auf, also auch die ganze Zahl.

mit 12. 7) Wenn die beyden letzten Ziffern einer Zahl mit 4 aufgehen, und die Summe der Ziffern durch 3 theilbar ist, so geht die ganze Zahl mit 12 auf, z. E. 486732. Hier geht 32 mit 4 auf, die Summe beträgt, wenn man 6 und 3 auslässt, 21; dies ist durch 3 theilbar, also das Ganze durch 12.

mit 24, 36 und 72. Hieraus ist klar, daß wenn die 3 letzten Ziffern einer Zahl mit 8 und die Summe aller Ziffern mit 3 theilbar ist, das Ganze mit 24 aufgehe, z. E. 83472. Ferner wenn die beyden letzten Ziffern durch 4 theilbar sind, die Summe aber durch 9, so läßt sich das Ganze durch 36 aufheben, z. E. 134172. Gehen die drey letzten Ziffern mit 8, die Summe aber mit 9 auf, so ist das Ganze durch 72 theilbar; z. E. 131372.

mit 5, 10, 100 1c. 8) Alle Zahlen, die sich mit 5 schließen, gehen mit 5 auf, z. E. 715; alle, die am Ende Eine Null haben, mit 10; die mit zwey Nullen schließenden mit 100; die auf 3 mit 1000 u. s. w.

mit 7. 9) Ob eine Zahl, die aus mehr als 3 Ziffern besteht, mit 7 aufgehe oder nicht, kann man eben so geschwinde oder noch geschwinder durch wirkliches Probiren sehen, als aus Kennzeichen; besteht die Zahl aber nur aus 3 oder 2 Ziffern, so verfährt man, wie folget. Man multiplicirt die letzte Ziffer mit 2, was herauskömmt, zieht man von den beyden vorletzten Ziffern ab. Bleibt nichts übrig, so geht die Zahl mit 7 auf; bleibt

bleibt eine mit 7 theilbare Zahl übrig (7, 14, 21, 28, 35, 42, 49, 56, 63, 70, 77, 84, 91, 98), so geht sie ebenfalls auf; ist aber das Uebrigbleibende nicht mit 7 theilbar, so geht auch die Zahl nicht mit 7 auf. Wenn ich 931 habe, so sage ich: 2 mal 1 ist 2, 2 von 93 bleibt 91, 91 ist durch 7 theilbar, also 931 auch. 189: 2 mal 9 ist 18, 18 von 18 geht auf, also ist 189 durch 7 theilbar. Wenn sich die verdoppelte letzte Zahl nicht von den beyden oder der Einen vorletzten abziehen läßt, so zieht man die vorletzten von ihr ab; übrigens ist alles eben so, als vorher gezeigt ist. Z. E. 98: 2 mal 8 16 von 9 kann ich nicht abziehen, aber 9 von 16 bleibt 7, 7 ist durch 7 theilbar, also 98 ebenfalls. Ferner 119: 2 mal 9 ist 18, 11 von 18 7, also geht es mit 7 auf.

10) Ob eine Zahl mit 11 aufgehe, kann man auf folgende Art sehen. Man addirt die erste, dritte, fünfte, siebente, kurz alle Ziffern der ungeraden Stellen zusammen und merkt sich die Summe; hernach addirt man auch die geraden Ziffern, nämlich die zweyte, vierte, sechste u. s. w. Sind beyde Summen gleich, so geht die Zahl mit 11 auf. Ist aber die eine kleiner, die andre größer, so zieht man die eine von der andern ab; bleibt alsdenn 11 oder eine andre durch 11 theilbare Zahl (22, 33 2c.), so ist das Ganze ebenfalls mit 11 theilbar. Z. E. in der Zahl 8948785494 machen die ungeraden Ziffern (8, 4, 7, 5, 9) zusammen 33, die geraden (9, 8, 8, 4, 4) ebenfalls, also muß sie mit 11 aufgehen. In 8245785493 machen die ungeraden 33, die geraden 22; der Unterschied ist 11, also ist die Zahl durch 11 theilbar. In 92837465545 machen die ungeraden Ziffern 40, die geraden 18, der Unterschied ist 22, also geht sie mit 11 auf. mit 11.

Man

Verzeichniß der schweren zusammengesetzten Zahlen bis 1100.

Man thut auch wohl, wenn man sich ein Verzeichniß der schweren zusammengesetzten ungeraden Zahlen merkt, die weder mit 3 noch mit 7, noch mit 11 aufgehen. Hier ist dergleichen bis 1100. 169 = 13 × 13.
221 = 13 × 17. 247 = 13 × 19. 289 = 17 × 17.
299 = 13 × 23. 323 = 17 × 19. 361 = 19 × 19.
377 = 13 × 29. 391 = 17 × 23. 403 = 13 × 31.
437 = 19 × 23. 481 = 13 × 37. 493 = 17 × 29.
527 = 17 × 31. 529 = 23 × 23. 533 = 13 × 41.
551 = 19 × 29. 559 = 13 × 43. 589 = 19 × 31.
611 = 13 × 47. 629 = 17 × 37. 667 = 23 × 29.
689 = 13 × 53. 697 = 17 × 41. 703 = 19 × 37.
713 = 23 × 31. 731 = 17 × 43. 767 = 13 × 59.
779 = 19 × 41. 793 = 13 × 61. 799 = 17 × 47.
817 = 19 × 43. 841 = 29 × 29. 851 = 23 × 37.
871 = 13 × 67. 893 = 19 × 47. 899 = 29 × 31.
901 = 17 × 53. 923 = 13 × 71. 943 = 23 × 41.
949 = 13 × 73. 961 = 31 × 31. 989 = 23 × 43.
1003 = 17 × 59. 1007 = 19 × 53. 1027 = 13 × 79.
1037 = 17 × 61. 1073 = 29 × 37. 1079 = 13 × 83.
1081 = 23 × 47.

§. 4.

Was Zerfällen sey.

Eine Zahl zerfällen *) heißt sie in zwey oder mehrere Zahlen zertheilen, aus welchen sie zusammen gesetzt ist, und welche, wenn man sie multiplicirt, die zertheilte Zahl wieder herstellen. Z. E. 72 zertheilt man nach dem 1 mal 1 in 8 und 9, weil 8 mal 9 72 machen. Das Zerfällen solcher Zahlen, die im 1 mal 1 vorkommen, ist nicht schwer. Sie heißen: 4 (= 2 × 2), 6, 8, 9, 10, und alle, die sich auf 0 oder 5 enden, 12, 14, 16, 18, 21, 24, 27, 28, 32, 36, 42, 48, 54, 56, 63, 64, 72, 81. Bey denen, welche nicht im 1 mal 1 vorkommen, verfährt man auf folgende Art. Man dividirt sie, womit sie sich dividiren lassen (mit

2,

*) Einige sagen zerstreuen anstatt zerfällen.

2, 3, 5, 6, 7, 8, 9 oder 11 nach dem vorhergehenden Paragraphen). Womit man dividirt hat, und was man heraus bekömmt, sind die beyden Theile der Zerfällung. Z. E. 26 läßt sich mit 2 dividiren, 13 kommt heraus; also wird es zerfällt in 2 und 13. Dies setzt man so auf:

26
2)
13)

Auf gleiche Art wird man sehen, daß 55 in 5 und 11, 78 in 6 und 13, 98 in 7 und 14, 143 und 11 und 13 zu zerfällen sey:

55	78	98	143
5)	6)	7)	11)
11)	13)	14)	13)

Die schweren Zerfällungen lernt man aus dem §. 3. gegebnen Verzeichnisse. Wenn der Eine Theil der Zerfällung noch wieder zerfällt werden kann, so muß man es thun; doch ist es selten nöthig, Zahlen, die unter 19 oder 13 sind, weiter zu zerfällen. Man zerfällt daher folgende Zahlen also:

98	112	192	312
7)	8)	3)	8)
~~14~~	~~14~~	~~64~~	~~39~~
2)	2)	8)	3)
7)	7)	8)	13)

Hingegen geht es für diejenigen, die mit 12 multipliciren und dividiren gelernt haben, wohl an, daß sie auf folgende Art zerfällen:

144	96	216	576
12)	8)	9)	8)
12)	12)	24	72
		2)	6)
		12)	12)

Ja wer mit 24 multipliciren und dividiren gelernt hat, braucht sogar 24 nicht weiter (in 4 und 6, oder in 3 und 8) zu zerfällen; z. E.

144	216	576	2016
6)	9)	24)	24)
24)	24)	24)	84)
			7)
			12)

Wer keine Fertigkeit im Zerfällen erlangt hat, wird nie ein großer und geschwinder Rechner werden. Der ungemeine Nutzen davon wird sich in dem sogenannten practischen Multipliciren und Dividiren (Hauptst. 7 und 8), noch mehr aber in der Regel de tri zeigen.

§. 5.

Zerfällung mit plus od. minus.

Die eigentliche Zerfällung geschieht also durch die Multiplication. Es giebt aber noch eine andere uneigentliche, wobey man außer der Multipication auch noch die Addition oder Subtraction zu Hülfe nimmt; z. E. wenn man sagt, 26 ist so viel als 5 mal 5 und 1 dazu genommen (oder plus 1), oder 3 mal 9 weniger (minus) 1. Diese wird bey solchen Zahlen gebraucht, die entweder gar nicht theilbar, oder doch aus solchen Zahlen zusammen gesetzt sind, mit denen das Multipliciren schwerer ist. Z. E. 17 ist gar nicht theilbar; also sagt man dafür 3 mal 6 minus 1, oder 4 mal 4 plus 1. Die Zahl 57 könnte zwar in 3 und 19 zerfällt werden; allein weil 19 schon eine Zahl ist, mit der man

man nicht so leicht multipliciren kann, als mit 7 oder 8, so sagt man lieber 7 mal 8 plus 1.

Der Nutzen der Zerfällung mit plus und minus ist lange nicht so groß, als der eigentlichen, indem sie, wie man aus dem Folgenden sehen wird, fast nur beym Multipliciren allein, besonders mit benannten Zahlen, kann angewandt werden, anstatt daß die andere auch beym Dividiren große Vortheile schafft.

§. 6.

Zerfällung durch das Verhältniß.

Noch ist die sogenannte vortheilhafte Zerfällung oder die Zerfällung durch das Verhältniß übrig, die unter allen die schwerste ist. Man zertheilt nämlich eine Zahl durch die Addition in lauter solche Zahlen, wo die folgende immer aus der vorhergehenden zusammen gesetzt ist; z. E.

256 in 1;	343 in 1;	879 in 3;
5	2	6
50	10	30
200	30	210
	300	630

912 in 2.
10
20
80
800

Vor diese Zahl setzt man die Zahlen, womit die vorhergehende multiplicirt werden muß, um die folgende heraus zu bringen; ein senkrechter Strich theilt die addirenden und die multiplicirenden Zahlen von einander. Z. E.

	256
1	1
5	5
10	50
4	200

D. i. wenn ich 1 multiplicire mit 5, das Herauskommende mit 10, und das nun Herauskommende mit 4, so machen diese Zahlen zusammen 256.

Also auch

	343.		879.		912.
1	1.	3	3.	2	2.
2	2.	2	6.	5	10.
5	10.	5	30.	2	20.
3	30.	7	210.	4	80.
10	300.	3	630.	10	800.

Die Art, diese Zerfällung zu bewerkstelligen, ist folgende. Man wählt sich eine theilbare Zahl, die kleiner ist, als die zu zerfallende. Ueber diese setzt man einen ihrer Theile, darüber wieder einen Theil, und so weiter, bis man die verlangte Zahl heraus hat. Z. E. es würde mir 1173 gegeben, um es verhältnißmäßig zu zerfällen, so nehme ich zuerst 1000, darüber setze ich 100 (als den zehnten Theil), über 100 50 (als die Hälfte), über 50 10, über 10 noch einmal 10, darüber 2, und über 2 1. Alles zusammen macht 1173. Die Zerfällung wird daher also aussehen:

	1173
1	1
2	2
5	10
1	10
5	50
3	100
10	1000

Hingegen wenn man zuerst 900, oder 960, oder 720 nähme, so wäre die Zerfällung kürzer folgende:

	1173.		1173.		1173.
3	3.	1	1.	3	3.
10	30.	2	2.	6	18.
2	60.	5	10.	4	72.
3	180.	4	40.	5	360.
5	900.	4	160.	2	720.
		6	960.		

Obgleich eine solche Zerfällung bey allen Zahlen möglich ist, so wird sie doch bey manchen offenbar zu weitläuftig. Der vornehmste Nutzen davon zeigt sich beym Multipliciren benannter Zahlen.

Sie-

Siebentes Hauptstück.

Vom practischen oder verkürzten Multipliciren.

§. 1.

Das practische oder verkürzte Multipliciren geschieht vermittelst der Zerfällung, entweder der eigentlichen (Hauptst. 6. §. 4.), oder der uneigentlichen (§. 5.), oder auch der verhältnißmäßigen (§. 6.); ferner durch Dividiren, oder durch Subtrahiren. Arten des practischen Multiplicirens.

Die practische Multiplication ist (wie alles was in der Rechenkunst practisch heißt) nicht etwa ein Kunststück, das man lernt, um sich damit zu zeigen, sondern eine wirkliche Erleichterung, die man gebrauchen muß, so oft sie sich nur gebrauchen läßt.

§. 2.

Wenn ein Multiplicator sich durch bloße Division zerfällen läßt, so multiplicirt man mit denjenigen Zahlen, in die er zerfällt ist, nach einander. Die Ordnung ist willkührlich. Unter jeder Reihe macht man einen Strich, und allemal die letzte Reihe (nicht eine der obern) wird dividirt. Z. E. es sollte 3978645 mit 72 dividirt, 72 aber in 8 und 9 zerfällt werden, so sieht das Beyspiel so aus: Erste Art durch eigentliches Zerfällen.

3978645 × 72.
31829160 (8
286462440 (9

Oder wenn man mit 9 zuerst multiplicirt:

3978645 × 72.
35807805 (9
286462440 (8

Ein anderes Beyspiel; 17452 multiplicirt mit 125.

17452 × 125.
87260 (5
436300 (5
2181500 (5

Wenn jemand mit 11, 12, 16, 21, 24 und 32 nach Anleitung des größern Ein mal Eins (S. 60 ff.) multipliciren gelernt hat, so kann er auch diese Zerfällung gebrauchen; z. E.

3987496 × 144
47849952 (12.
574199524 (12.

59874653 × 528.
359247918 (6.
3951727098 (11.
31613816784 (8.

31613816784 × 576.
284524351056 (9.
4552389616896 (16.
18209558467584 (4.

31613816784 × 576.
758731602816 (24.
18209558467584 (24.

```
  31613816784 × 576.
  94841450352 (3.
 569048702112 (6.
18209558467584 (32.

  15806908392 × 756.
 331945076232 (21.
1991670457392 (6
11950022744352 (6
```

Beyspiele dieser Multiplication kommen in der weitern Ausübung der Rechenkunst häufig vor, und es kömmt dabey bloß auf die Fertigkeit im Zerfällen an, die man aus Hauptst. 6, §. 4. sich erwerben muß.

§. 3.

Wenn man durch plus oder minus zerfällt, so macht man es anfänglich, wie im vorigen Paragraphen gezeigt ist. Hernach wenn es plus 1 heißt, rechnet man den Multiplicandus zur letzten Reihe zu; heißt es minus 1, so zieht man den Multiplicandus von der letzten Reihe ab. Heißt es aber plus 2, plus 3 2c., oder minus 2, minus 3 2c., so multiplicirt man den Multiplicandus (nicht die letzte Reihe) mit 2 oder 3 2c., und zieht, wenn es minus heißt, das Factum ab, wenn es aber plus heißt, rechnet man es zu. Z. E. Zweyte Art vermittelst des Zerfällens durch plus u. minus.

```
  984376 × 73.
 7875008 (8.
70875072 (9.
71859448 (+ 1.

   1958497 × 53
  11750982 (6
 105758838 (9
 103800341 (— 1
```

89746532 × 83
807718788 (9
7269469092 (9
179493064 (+ 2
7448962156

9843765283 × 47
68906356981 (7
482344498867 (7
19687530566 (— 2
462656968301

98437648 × 123
1082814128 (11
11910955408 (11
196875296 (+ 2
12107830704

93785469 × 651
844069221 (9
7596622989 (9
60772983912 (8
281356407 (+ 3
61054340319

3576842593 × 389
28614740744 (8
200303185208 (7
1402122296456 (7
10730527779 (— 3
1391391768677

Ob diese practische Art durch plus und minus in unbenannten Zahlen gleich fast eben so weitläuftig, zu-
weilen

weilen gar weitläuftiger ist, als die ordentliche Multiplication, so ist sie doch nicht ohne Nutzen. Zuerst übt man sich hier im Voraus zu dem Multipliciren benannter Zahlen, wo das Multipliciren mit plus und minus viele Vortheile schafft. Zum andern hat man oft mit einer Zahl multiplicirt, und soll gleich darauf den Multiplicandus mit einer andern multipliciren, die nicht viel größer oder kleiner ist; da kann man sich alsdenn mit dem plus und minus gleich helfen. Z. E. man hätte 3576842593 mit 392 multiplicirt, und 1402122296456 heraus bekommen; nun sollte man eben dieselbe Zahl mit 389 multipliciren: so multiplicirt man sie mit 3 und zieht das Factum von 1402122296456 ab, so hat man seinen Endzweck ohne viele Mühe erreicht.

Man kann das plus oder minus auch in der Mitte eines Beyspiels anbringen. Z. E. weil 124 aus 2 und 62 zusammen gesetzt ist, 62 aber aus 7 × 9 — 1, so würde man mit 124 auf folgende Art multipliciren können.

398765432 × 124.
2791358024 (7.
25122222216 (9.
24723456784 (— 1.
49446913568 (2.

Dahin gehört auch, wenn das plus oder minus zwar am Ende steht, sich aber doch nicht auf die oberste Reihe oder den Multiplicandus, sondern auf eine der darunter stehenden bezieht. Z. E.

398765432 × 124.
797530864 (2.
5582716048 (7.
50244444432 (9.
49446913568 (— 1.

Hier ist nämlich die zweite Reihe von der vierten abgezogen, weil sich minus 1 nicht auf den Multiplicandus bezieht (denn dieser wird nicht mit minus zerfällt, sondern in 2 und 62), sondern auf das Factum mit 2, welches noch mit 62 (oder 7 × 9 — 1) zu multipliciren ist.

§. 4.

Dritte Art durch die verhältnißmäßige Zerfällung.

Bey dem Multipliciren vermittelst der verhältnißmäßigen Zerfällung (Hauptst. 6. §. 6.) macht man zwischen den Reihen keine Striche, weil man am Ende alles addiren muß. Sonst aber wird, wie bey den vorigen Arten, immer die zunächst vorhergehende Reihe (und nicht die oberste) multiplicirt. Z. E.

```
   894376 ×  356.
        (1 |   1.
  4471880 (5 |   5.
 44718800 (10|  50.
268312800 (6 | 300.
---------
318397856
```

Hier ist selbst unter dem Multiplicandus nicht einmal ein Strich gemacht, weil der erste Multiplicator 1 ist, und also der Multiplicandus zu den addirenden Zahlen zugezogen werden muß.

```
   894376 × 356
---------------
  3577504 (4 |   4
 39352544 (11|  44
275467808 (7 | 308
---------
318397856
```

Zu dieser Art gehört auch einigermaßen folgendes. Wenn man ein Beyspiel nach der ordentlichen Art macht, und es finden sich ein paar Zahlen, die aus der vorhergehenden zusammengesetzt sind, so kann man mit einer Reihe anstatt zweyer auskommen. Beyspiele werden dies am besten deutlich machen. Gesetzt, mir wird folgender Multiplicator gegeben: 64324, so ist 32 8 mal so viel als 4, 64 aber noch einmal so viel als 32. Man wird also das Beyspiel so aufsetzen können:

```
      89437625
         64324
--------------
     357750500
    2862004000 (8
   5722008000  (2
--------------
 5752985790500
```

In

In der Zahl 749 ist 49 7 mal so viel als 7. Man wird also mit 749 auf folgende Art multipliciren können:

```
   78943769
        749
 ----------
 552606383
  38682244681
 ------------
 59128882981
```

In der Zahl 175735 ist 35 5 mal so viel als 7, und 175 5 mal so viel als 35. Man multiplicirt also auf folgende Art:

```
      9876352
       175735
   ----------
    69134464
      345672320 (5
 1728361600     (5
 -------------
 1735620718720
```

§. 5.

Zuweilen kann man sich auch durch Dividiren die Multiplication erleichtern. Dies findet besonders bey den Zahlen 25 und 125 statt. 25 ist der 4te Theil von 100. Wenn ich also den Multiplicandus in Gedanken mit 100 multiplicire (d. i. mir zwey Nullen daran denke), und ihn dann mit 4 dividire, so wird es so gut seyn, als wäre er mit 25 multiplicirt. Z. E. Vierte Art durch Dividiren.

```
4) 8947365   × 25
   ---------
   223684125
```

125 ist der 8te Theil von 1000. Wenn ich mir also an dem Multiplicandus 3 Nullen denke, und ihn mit 8 dividire, so wird es so gut seyn, als hätte ich ihn mit 125 multiplicirt. Z. E.

```
8) 984372    × 125
   ---------
   123046500
```

Man kann den Gebrauch davon aber auch auf andere Zahlen ausdehnen. Z. E. wenn man mit

mit 35 multipliciren will, kann man den Multiplicandus mit 7 multipliciren, eine Null hinzusetzen (oder auch nur hinzudenken), und dann mit 2 dividiren; z. E.

```
      38947    × 35
      -------
      2726290  (7
  2)  -------
      1363145
```

Der Hauptnutzen der Multiplication vermittelst der Division zeigt sich in dem Multipliciren mit Brüchen. Z. E. $33\frac{1}{3}$ ist der 3te Theil von 100. Wenn also jemand etwas mit $33\frac{1}{3}$ multipliciren soll, so denkt er sich zwey Nullen daran, und dividirt mit 3, so wird er weit geschwinder fertig, als nach der ordentlichen Art. $14\frac{2}{7}$ ist der 7te Theil von 100; hier wird also auf gleiche Art mit 7 dividirt, u. s. w.

Man kann die Division auch zuweilen mitten in einem Beyspiel gebrauchen. Z. E. man sollte mit 459 multipliciren, so darf man (weil 45 die Hälfte von 90 ist) nur erst mit 9 multipliciren, sich an das Factum eine Null denken und dann mit 2 dividiren; doch muß man sich wohl in Acht nehmen, nicht falsch unterzuschreiben. Z. E.

```
        347976
           459
     ---------
       3131874
  2)  15659370
     ---------
     159725574
```

Mit 945 wird es nicht schwerer seyn.

```
        897563
           945
     ---------
       8078067
  2)  40390335
     ---------
     848197035
```

In folgendem Beyspiele ist die Division und die verhältnißmäßige Multiplication vereinigt. Man bemerke nur, daß 35 die Hälfte von 70, und 175 5 mal so viel ist, als 35.

987/

```
            9876352
             175735
          ---------
          69134464   (7
a)       345672320
       1728361600    (5
       -------------
       1735620718720
```

§. 6.

Eine Art von Multiplication durch minus, wobey das Subtrahiren das Hauptstück ist, besteht darin, wenn man an eine Zahl einige Nullen hängt, und sodann mit einer gewissen Zahl multiplicirt, davon aber wieder ein andres Factum subtrahirt, und so das Verlangte herausbringt. Diese Art läßt sich bey allen Multiplicatoren anbringen, die nahe unter einem Hundert, Tausend rc. sind. Z. E. 396 ist nahe unter 400, 3993 nahe unter 4000, 59988 nahe unter 60000. Will man nun mit einer solchen Zahl eine andere (z. E. 984376) multipliciren, so multiplicirt man zuerst mit 400, 4000, 60000, welches bald geschehen ist, hernach mit der Zahl, die noch zu derjenigen fehlt, mit welcher man zuerst multiplicirt hat. (Z. E. an 396 fehlen 4, ehe es 400 werden; an 3993 fehlen 7; an 59988 fehlen 12.) Diese letzte Reihe subtrahirt man von der ersten, und so erhält man, was man suchte. Z. E. Fünfte Art durch Subtrahiren.

```
    9 8 4 3 7 6 × 3 9 6.
   ---------------------
3. 9. 3. 7 5. 0. 4. 0. 0  (400
      3 9 3 7 5 0 4  (4
---------------------
3 8 9 8 1 2 8 9 6.

    9 8 4 3 7 6 × 3993
   --------------------
3 9 3 7. 5. 0 4. 0. 0. 0  (4000
    6 8 9 0 6 3 2  (7
------------------------
3 9 3 0 6 1 3 3 6 8
```

$$\begin{array}{r} 984376 \times 59988 \\ \hline 5906256.0.0.0.0 \ (60000 \\ 11812512 \ (12 \\ \hline 5905074748 8. \end{array}$$

Wenn sowohl der Multiplicandus als der Multiplicator nicht weit von 100, 1000, 10000, 100000 oder sonst einer ähnlichen Zahl, die aus einer 1 und mehrern Nullen bestehet, entfernt ist, so kann man sich die Mühe des Multiplicirens noch mehr erleichtern. Z. E. man sollte 93 mit 92 multipliciren, so siehet man, daß das erstere 7, das andere 8 von 100 differire. Man setzt dies so auf:

$$\begin{array}{r|l} \multicolumn{2}{c}{100.} \\ \hline 93 & 7. \\ 92 & 8. \end{array}$$

Nun multiplicirt man die beyden Differenzen (7 und 8) mit einander (7 mal 8 ist 56), setzt das Factum grade unter die Factoren, subtrahirt die kleinere Differenz (7) von dem kleinern Factor 92 *), und setzt den Rest (85) neben das vorher geschriebene Factum zur Linken, doch so, daß die letzte Ziffer gerade unter der oben hingesetzten 1 zu stehen kömmt. Bleiben Stellen leer (welches aber in diesem Beyspiel nicht ist), so füllt man sie durch eingerückte Nullen. Das ganze Beyspiel würde also so aussehen:

$$\begin{array}{r|l} \multicolumn{2}{c}{100.} \\ \hline 93 & 7. \\ 92 & 8. \\ \hline 8556 & \end{array}$$

Noch

*) Oder auch die größere Differenz von dem kleinern Factor. Der Rest ist in beyden Fällen gleich.

Noch einige Beyspiele. Zuerst 995 × 982.

```
   1000.
   ----
    993 |  7.
    982 | 18.
  ------
 975126
```

Ferner 9998 × 9993.

```
  10000.
  -----
   9998 | 2.
   9993 | 7.
 ------
99910014.
```

In diesem Beyspiel sind 2 Nullen eingerückt, weil 2 Stellen leer bleiben.

Endlich 99982 × 99880.

```
   100000
   ------
    99982 |  18.
    99880 | 120.
 --------
9986202160
```

Hier ist nur Eine Null eingerückt.

Achtes Hauptstück.

Vom practischen oder verkürzten Dividiren.

---

§. 1.

Die beyden vornehmsten Arten des practischen Dividirens geschehen durch das Zerfällen und durch die Multiplication. Man kann aber auch drittens durch die Aufhebung des Divisors und Dividendus gegen einander, und viertens durch die Vergrößerung des Dividendus oft auf eine leichte Art zu seinem Zwecke gelangen. Arten des practischen Dividirens.

§. 2.

§. 2.

Erste Art durch Zerfällen.

Im practischen Dividiren läßt sich nur die eigentliche Zerfällung (Hauptst. 6. §. 4.), nicht aber die verhältnißmäßige oder durch plus, selten die durch minus gebrauchen. Zu bemerken ist, wenn der Dividendus aufgeht, weiter nichts; man dividirt mit einer der zerfällenden Zahlen nach der andern. Z. E. 24 : 7869432

24 : 7869432
3) 2623144
8) 327893.

Oder: 24 : 7869432
4) 1967358
6) 327893.

36 : 854445541554756
9) 94938393506084
4) 23734598376521

Oder: 854445541554756
6) 142407590259126
6) 23734598376521.

128 : 44500276391296
4) 11125069097824
8) 1390633637228
4) 347658409307.

576 : 88138642309056
8) 11017330288632
9) 1224147809848
8) 153018476231.

```
3528 : 1219623497138592
   7) ────────────────
        174231928162656
   7) ────────────────
         24890275451808
   8) ────────────────
          3111284431476
   9) ────────────────
           345698270164.
```

Hat man (nach Hauptst. 5. §. 16.) mit zwey Ziffern anstatt Einer dividiren gelernt, so läßt sich auch dies mit Vortheil in der Zerfällung anbringen. Z. E.

```
576 : 88138642309056
 24) ──────────────
        3672443429544
 24) ──────────────
         153018476231

 55 : 8379684257010
  5) ─────────────
       1675936851402
 11) ─────────────
        152357895582.
```

Wenn in den Reihen etwas übrig bleibt, so macht das, wenigstens Anfängern, einige Schwierigkeit, und giebt Gelegenheit, leicht zu irren. Wir wollen zuerst bey solchen Beyspielen stehen bleiben, deren Divisor in zwey andere Zahlen zerfällt ist. Da sind 3 Fälle zu unterscheiden.

1) Wenn nur bey der Division mit der ersten Zahl etwas übrig bleibt, so ist dies der wahre und ganze Rest, oder wenn man einen Bruch haben will, so wird dies Uebriggebliebene der Zähler, und der große Divisor, welcher zerfällt worden, der Nenner; z. E.

```
24 : 384536286
 8) ─────────
      48067035. 6.
 3) ─────────
      16022345.
```

Hier kann man sagen: 16022345 kömmt heraus, und 6 bleibt übrig; oder, wenn es nicht auf das Uebrigbleibende, sondern auf den zum Quotienten gehörigen Bruch ankömmt, so ist der Quotient $16022345\frac{6}{24}$.

2) Wenn nur bey der Division mit der zweyten Zahl etwas übrig bleibt, so multiplicirt man das Uebrigbleibende mit dem ersten Divisor, und was dann heraus kömmt, wird als übrig geblieben angegeben. Will man aber einen Bruch bey dem Quotienten haben, so unterläßt man die Multiplication, und macht das Uebriggebliebene zum Zähler, zum Nenner aber den letzten Divisor. Z. E.

24 : 384536286
3) ―――――――
 128178762
8) ―――――――
 16022345. 2. (6.

Hier bleibt bey der Division mit der zweyten Zahl 2 übrig. Man multiplicirt also entweder mit der ersten Zahl (3), und sagt, 6 bleibt übrig, oder man setzt zu dem Quotienten noch $\frac{2}{8}$, d. i. $\frac{1}{4}$.

3) Wenn bey beyden Reihen etwas übrig bleibt, so multiplicirt man das zuletzt Uebriggebliebene mit dem ersten Divisor, und rechnet das zuerst Uebriggebliebene dazu. Was heraus kömmt, wird entweder als das Uebriggebliebene angegeben, oder zum Zähler eines Bruchs gemacht, dessen Nenner der große Divisor ist; z. E.

24 : 384536286
4) ―――――――
 96134071. 2.
6) ―――――――
 16022345. 1. (6.

Hier bleibt bey der ersten Reihe 2, bey der letzten 1 übrig. Man sagt also 1 mal 4 (4 ist der erste Divisor) ist 4 und 2 ist 6. Also bleibt 6 übrig, oder man setzt $\frac{6}{24}$ zum Quotienten hinzu.

Wie es mit den übrig bleibenden Zahlen zu halten sey, wenn die Zerfällung durch mehr als zwey Zahlen geschieht, wird sich am besten durch Beyspiele zeigen lassen.

245 : 2198543029
5) ―――――――
 439708605. 4.
7) ―――――――
 62815515.
7) ―――――――
 8973645.

Hier bleibt nur 4 übrig, oder $\frac{4}{245}$ werden zum Quotienten geschrieben.

336 : 317104057
7) ―――――――
 45300579. 4.
6) ―――――――
 7550096. 3.
8) ―――――――
 943762.

Hier heißt es: 25 bleiben übrig (denn 3 mal 7 ist 21 und 4 ist 25), oder $\frac{25}{336}$ werden zum Quotienten geschrieben.

378 : 37209444867
9) ―――――――
 4134382763
7) ―――――――
 590626109
6) ―――――――
 98437684. 5. (315.

Hier bleiben bey der letzten Reihe 5 übrig. Man sagt also: 5 mal 7 ist 35, und 9 mal 35 ist 315. So viel bleiben übrig. Will man aber einen Bruch bey dem Quotienten haben, so braucht man nicht zu multipliciren, sondern setzt schlechtweg $\frac{5}{6}$.

512 :

```
512:87654321
  8) ─────────
     10956790. 1.
  8) ─────────
      1369598. 6.
  8) ─────────
       171199. 6. (433.
```

Hier sagt man: 6 mal 8 ist 48 und 6 ist 54, 8 mal 54 ist 432 und 1 ist 433.

```
108:984736958
  9) ─────────
     109415217. 5.
  3) ─────────
      36471739
  4) ─────────
       9117934. 3. (86.
```

Hier heißts: 3 mal 3 ist 9, 9 mal 9 ist 81 und 5 ist 86.

```
1728:9849636845
   9) ──────────
      1094415205
   6) ──────────
       182402534. 1.
   4) ──────────
        45600633. 2.
   8) ──────────
         5700079. 1. (333.
```

Hier heißts: 1 mal 4 ist 4 und 2 ist 6, 6 mal 6 ist 36 und 1 ist 37; 9 mal 37 ist 333.

§. 3.

Wenn ein Divisor eine zusammen setzende Zahl oder ein Stück von 10, 100, 1000, 10000 u. s. w. ist, so braucht man anstatt des Dividirens nur mit derjenigen Zahl zu multipliciren, mit der man den gegebnen Divisor multipliciren muß, um 10, 100, 1000, 10000 u. s. w. heraus zu bekommen; davon streicht man so viel Ziffern hinten ab, als eine solche Zahl (10, 100 ꝛc.) Nullen hat, so ist es so gut, als hätte man dividirt. Z. E. man sollte mit 5 dividiren, so multiplicirt man mit 2. Man streicht sodann die Null am Ende (wenn eine da ist) weg, so hat man den verlangten Quotienten; z. E.

Zwenhte Art durch Multipliciren.

Division mit Theilen von 10, 100, 1000 ꝛc.

```
5 : 8453675  (2
    ────────
    16907350
```

25 ist der 4te Theil von 100; anstatt also mit 25 zu dividiren, multiplicirt man mit 4, und 2 Nullen werden hinten abgestrichen; z. E.

```
 25 : 984376875
      ─────────── (4
      39375075ØØ
```

125 ist der 8te Theil von 1000. Man multiplicirt also mit 8, und streicht 3 Nullen ab; z. E.

```
125 : 845764625
      ────────── (8
      6766117ØØØ
```

625 ist der 16te Theil von 10000. Man multiplicirt also mit 16 (oder 4 mal 4) und streicht 4 Nullen ab; z. E.

```
625 : 4968564375
      ─────────── (4
      19874257500
      ─────────── (4
      79497030ØØØØ
```

Wenn man merkt, daß 5 mal 625 (d. i. 3125) der 32ste Theil von 100000, 5 mal 3125 (d. i. 15625) der 64ste Theil von 1000000 sey, und daß dies immer auf gleiche Art fortgehe, so wird man leicht beurtheilen können, in welchen Fällen sich diese Abkürzung anbringen lasse, oder nicht, und wie dabey zu verfahren sey.

In den bisherigen Beyspielen ist nichts übrig geblieben, sondern man hat nur die Nullen durchstreichen müssen. Wenn aber hinten gültige Ziffern sind, so dividire man dieselben wieder mit der Zahl, womit man multiplicirt hat, so bekömmt man den Rest, oder den Zähler des Bruchs; z. E.

```
25 : 8473694
     ──────── (4
     338947|76
            ──
            19/25
```

Hier wurden die beyden letzten Ziffern 76 abgestrichen, mit 4 dividirt, und gaben den Zähler zu dem Bruch $\frac{19}{25}$.

```
625 : 984376
      ─────── (4
      3937504
   ────────── (4
   1575|0016
        ────
        1/625
```

Hier sind von den 4 abgestrichenen Ziffern nur die beiden letzten gültig, die man mit 16 dividirt, und so den Rest 1 oder den Zähler zu dem Bruch $\frac{1}{625}$ herausbekömmt.

3125:

```
3125 : 98769437
       ---------- (8
       790155496
      ----------- (4
      31606|21984
            -----
             2748
               687
              ----
              3125
```

Hier werden 21984 abgestrichen, und mit 32 (oder 8 mal 4) dividirt; 687 kömmt heraus; dies ist der Rest oder der Zähler des Bruchs $\frac{687}{3125}$.

Man siehet nun leicht, wie man sich verhalten müsse, wenn man mit einer Zahl zu dividiren hat, die zwar nicht ein zusammensetzender Theil von 100, 1000, 10000 ꝛc., aber wohl von 200, 300, 400 u. s. w. 2000, 3000 ꝛc. 20000 u. s. w. ist. Hier muß man nämlich nicht bloß mit der gehörigen Zahl multipliciren, sondern auch mit der gültigen Zahl, die den Nullen vorsteht, hernach dividiren. Beyspiele werden die Sache deutlicher machen. Division mit Theilen von 200, 300 ꝛc. 2000 ꝛc. 20000 ꝛc.

```
   900
   ---
4) 225 : 967381425
         --------- (4
9)       38695257|00
         ---------
         4299473
```

Hier ist über den Divisor 225 die Zahl 900 gesetzt, und zur Seite eine 4, um anzuzeigen, daß 225 der 4te Theil von 900 sey. Der Dividendus ist erst mit 4 multiplicirt, wobey 2 Nullen abgestrichen worden, nachher mit 9 dividirt, und so ist der Quotient gefunden.

Wenn etwas übrig bleibt, so wird es gehalten wie im Vorigen. Das Uebriggebliebene wird nämlich mit der Zahl, womit man vorher multiplicirt hatte, dividirt; dies kann aber nicht eher geschehen, als bis alles Uebrige zu Ende ist. Z. E.

```
   700
   ---
4) 175 : 8974632
         ------- (4
7)       358985|28
         ------
         51283 107/175
```

Hier wurde 28 abgestrichen (weil 700 zwey Nullen am Ende hat). Beym Dividiren mit 7 bleiben 4 übrig. Wenn man diese 4 dem 28 vorsetzt, so entsteht 428. Dies mit 4 dividirt, giebt den Rest oder Zähler 107.

Noch einige Beyspiele.

```
     1100
4) 275 : 9 3 7 6 4 5 6 8 3 2
         ---------------------  (4
  11)    3 7 5 0 5 8 2 7 3|2 8
         ---------------------
           3 4 0 9 6 2 0 6 182/275.

     1500
4) 375 : 9 8 7 4 6 9 1 8 2
         -------------------  (4
         3 9 4 9 8 7 6 7|2 8
   3)    -------------------
         1 3 1 6 6 2 5 5. 2.
   5)    -------------------
           2 6 3 3 2 5 1 57/375
```

Hier bleiben beym Dividiren mit 15 (welches in 3 × 5 zerfällt ist) 2 übrig; diese gaben, wenn man sie mit 28 zusammensetzte, 228, und diese mit 4 dividirt 57.

```
8) 3000
   375 : 9 8 7 4 6 9 1 8 2
         -------------------  (8
         7 8 9 9 7 5 3|4 5 6
   3)    -------------------
         2 6 3 3 2 5 1   57/375.

8) 21000
   2625 : 3 4 5 6 8 9 7 4
          ---------------  (8
          2 7 6 5 5 1|7 9 2
   3)     -----------------
            9 2 1 8 3
   7)     -----------
            1 3 1 6 9    349/2625

16) 250000
    15625 : 8 9 4 3 7 6 2
            -------------  (4
            3 5 7 7 5 0 4 8
          -----------------  (4
          1 4 3 1 0|0 1 9 2
   5)     -----------------
            2 8 6 2         100192
   5)     ---------         ------
              5 9 2 2        25048
                             -----
                           6202/15625
```

Anstatt

Anstatt 16 ist hier mit 4 mal 4 multiplicirt, anstatt 25 mit 5 mal 5 dividirt. 10 bleibt übrig.

```
4) 8100000
   -------
   2025000
8)
   253125 : 9 7 6 3 4 8 2 3 5
            -----------------  (4
            3 9 0 5 3 9 2 9 4 0
          -------------------  (8
          3 1 2 4 3 1|4 3 5 2 0
9)        ---------------------
            3 4 7 1 4.5.
9)        -------------
              3 8 5 7.1.
                                4) 1443520
                                   -------
                                    360880
                                8) -------
                                     45110
                                    253125
```

Auch wenn man mit Zahlen zu dividiren hat, die aus einem Theile von 100, 200 300 u. s. w. 1000, 2000 3000 ꝛc. 10000, 20000 ꝛc. zusammengesetzt sind, lassen sich die in diesem Paragraphen gezeigten Vortheile, jedoch mit einiger Veränderung, gebrauchen. Man setzt nämlich unter einen solchen Divisor denjenigen Theil von 100, 200 ꝛc. woraus er entstanden ist, addirt beyde zusammen, und schreibt in einem Haken dabey, wie vielmal die Eine Zahl grösser ist, als die andre. Mit eben dieser in dem Haken stehenden Zahl dividirt man den Dividendus, addirt beydes, und streicht hinten so viel Ziffern ab, als die Anzahl der Nullen, die unter dem Divisor stehen, es erfordert. Steht vor den Nullen eine andre Zahl als 1, so wird damit noch besonders dividirt. Z. E. Division mit mehr als Einem Theile von 100, 1000 ꝛc. 2000 ꝛc.

```
     75     1385760375
3)   25      461920125
    ---     ----------
    100     18476805ØØ
```

Hier sagt man: Von 75 ist der 3te Theil 25. Beyde zusammen machen 100; man nimmt also den 3ten Theil des Dividendus, addirt ihn zu dem Ganzen, und streicht hinten die beyden Nullen weg.

```
     75 : 8 7 6 9 4 3 8 4 7
3)   25   2 9 2 3 1 4 6 1 5.  T.
    ---   -----------------
    100 1 1 6 9 2 5 8 4|6.2
                       |1 5.  T
                        ---
                        4 7
                        ---
                        7 5
```

Hier bleiben (im Dividiren mit 3) 2 übrig, die man daneben setzt. Von der Summe streicht man die beyden letzten Zahlen (62) ab. Diese dividirt man mit 1 mehr, als

als womit vorher dividirt worden (also mit 4). 2 bleiben übrig; und weil oben auch zwey übrig bleiben, so werden beyde Zweyen gegen einander weggestrichen. Der Quotient wird von den abgestrichnen Zahlen abgezogen, und der Rest ist der Zähler des Bruchs.

```
    875 : 9 8 4 3 7 6 5 4 8
 7) 125   1 4 0 6 2 5 2 2 1.  X.
   ----  -------------------
   1000 1 1 2 5 0 0 1|7.6 9
                     |  9 6.  X.
                     --------
                      6 7 3
                      -----
                      8 7 5
```

Da hier der Dividendus mit 7 dividirt war, blieb 1 übrig. Von der Summe wurden 3 Ziffern abgestrichen. Diese dividirt man mit 1 mehr, als womit man oben dividirt hatte (also mit 8). Es bleibt wieder 1 übrig. Weil nun oben auch 1 übrig geblieben war, so werden beyde Einsen gegen einander weggestrichen *). Darauf zieht man den Quotienten von den abgestrichnen Zahlen ab, wobey 673 übrig bleibt, welches der Zähler des Bruchs wird.

```
    525 : 8 7 6 9 4 3 8 6
 3) 175   2 9 2 3 1 4 6 2
    ---  -----------------
    700 1 1 6 9 2 5 8|4 8
  7)   --------------
          1 6 7 0 3 6      648
                        4) 162
                           ---
                           486
                           525
```

Beym Dividiren mit 7 bleibt 6 übrig; diese zu 48 gesetzt geben 648, davon den 4ten Theil abgezogen, bleibt 486.

```
    7875 : 9 8 4 3 7 6 8 4
 7) 1125   1 4 0 6 2 5 2 6.  X.
    ----   ----------------
    9000 1 1 2 5 0 0|2.1.0
  9)    ------------
           1 2 5 0 0   2 6.  X.
                     ------
                        184
                       7875
```

§. 4.

*) Das Uebriggebliebene muß oben und unten immer gleich seyn, oder es ist falsch gerechnet worden.

§. 4.

Wenn man gewahr wird, daß Divisor und Dividendus sich durch einerley Zahl dividiren lassen, so muß man dies nicht verabsäumen, indem dadurch die Division zuletzt viel kleiner, oft ganz klein wird. Woran man sehen könne, mit welcher Zahl etwas sich dividiren lasse, davon steht Hauptstück 6. §. 3. Z. E. Dritte Art durch Aufhebung gegen einander.

```
    576 : 873649368
8)  ---------------
     72 : 109206171
9)  ---------------
      8 :  12134019
    ---------------
           1516752 3/8
```

Hier sind Divisor und Dividendus erst mit 8, hernach mit 9 aufgehoben worden. Zuletzt bleibt der Divisor 8 übrig, durch welchen sich der Quotient leicht finden läßt.

```
    3432 : 8976436968
3)  -----------------
    1144 : 2992145656
8)  -----------------
     143 : 374018207 | 2615511
            88283774(4|
             27712(3
                (1
```

```
     49896 : 1358418600
8)   -------------------
      6237 : 169802325
9)   -------------------
       693 : 18866925
9)   -------------------
        77 : 2096325
11)  -------------------
         7 : 190575
             ------
              27225
```

Weil das Aufheben des Divisors und Dividendus gegen einander eine gute Vorbereitung zu dem Aufheben der Brüche ist, so will ich noch einige Beyspiele hieher setzen, woran man sich üben kann. Ein Lehrer muß aber seinem Schüler nicht sagen, mit welcher Zahl er aufheben könne, sondern sie von ihm selbst aufsuchen lassen. Zu des Lehrers Nachricht füge ich jedem Beyspiele die aufhebenden Zahlen bey.

349272 : 19724238072 = 56472 $\frac{3}{7}$. Die Aufhebung geschieht mit 7, 9, 9, 8, und 11.

266112 : 201852362880 = 758524 $\frac{1}{11}$. Wird aufgehoben mit 8, 8, 9, 6, 7.

144128 : 139964055552 = 971109 $\frac{225}{563}$. Wird aufgehoben mit 8, 8, 4.

26424 : 2317264102944 = 87695432 $\frac{108}{367}$. Wird aufgehoben mit 8 und 9.

42525 : 257318775 = 6051. Wird aufgehoben mit 5, 5, 9, 9, 7.

193536 : 48412062720 = 250145. Wird aufgehoben mit 9, 8, 8, 8, 6 oder auch anstatt Einer von diesen Zahlen mit 7.

41286 : 4062593178 = 98401 $\frac{226}{983}$. Wird aufgehoben mit 6 und 7.

99999999 : 2875359712464 = 28753 6. Wird aufgehoben mit 9.

§. 5.

Vierte Art durch Vergrößerung des Dividendus.

Wenn ein Divisor nahe an 100, 200, 300 ꝛc. 1000, 2000 ꝛc., kurz nahe an eine Zahl gränzt, die aus Einer gültigen Ziffer mit angehängten Nullen besteht, so kann man sich dadurch eine Mühe im Dividiren ersparen, wenn man den Divisor so viel über eine solche Zahl erhöht, als er vorher darunter erniedrigt war. Das ist, man macht z. E. aus 97 (welches 3 weniger als 100 war) 103, aus 996 (4 weniger als 1000) 1004, aus 9994 (6 weniger als 10000) 10006 u. s. w. Die Verfahrungsart dabey ist, daß man den Factor der letzten Ziffer allemal addirt, anstatt ihn zu subtrahiren, den Factor der ersten aber subtrahirt, wiewohl er, wenn der Divisor mit 1 anfängt, selten einen Rest läßt. Z. E.

```
 97 |73482693|757553 52/97
----|721
103 | 558
      515
      ---
       732
       721
       ---
        536
        515
        ---
         519
         515
         ---
          343
          309
          ---
           52
```

Man sieht, daß hier der Quotient ordentlich so genommen worden, als wenn man mit 103 dividirte. Ferner ist 103 immer ordentlich mit jeder Ziffer des Quotienten multiplicirt. Anstatt aber die beyden letztern Ziffern abzuziehen, sind sie immer zuaddirt. Z. E. es heißt in der ersten Zeile nicht 21 von 34 bleibt 13, sondern 21 und 34 ist 55, in der zweyten 58 und 15 ist 73 u. s. w.

Nach der ersten Art zu dividiren (Hauptst. 5. §. 12.) würde dieses Beyspiel also aussehen:

```
      7553(5
     553314(2
  97|73482693|757553.
     10333333|
     100000
     1111
```

und nach der dritten (Hauptst. 5. §. 14.) so:

```
  97 |73482693|757553.
 103   553314(2
        7553(5
```

Die einzige Schwierigkeit, die in dieser Art von Verkürzung vorfallen kann, ist, daß man zuweilen eins mehr nehmen muß, als man dem ersten Anschein nach nehmen kann. Z. E.

```
 97 |94381|973
----|217
103 | 708
      721
      ---
       291
       309
       ---
       000
```

Hier scheint es, als könnte man zur zweyten Ziffer des Quotienten nur 6 nehmen, weil 103 in 708 nicht 7 mal enthalten ist; allein man muß bedenken, daß wenn nur 7 abgezogen werden kann, man alsdenn für die folgenden Zahlen nicht besorgt seyn dürfe, weil da nicht subtra-

subtrahirt, sondern addirt wird. Bey der nächstfolgenden Multiplication ist der Fall noch sonderbarer; die erste Zahl des Untergeschriebenen (3) ist sogar größer, als die darüber stehende (2); allein wenn man 9 zu 91 addirt, so bekommt man eine 1, wodurch die 2 der 3 gleich gemacht wird, so daß also das Beyspiel aufgeht. wenn man aber auch allenfalls zu wenig genommen hat, so kann man es leicht sehen; denn wenn so viel, als der eigentliche Divisor (hier 97) oder mehr übrig bleibt, so streicht man die falsche Ziffer des Quotienten aus, setzt Eins mehr darüber, und zieht von dem zu großen Rest den Divisor noch einmal ab (entweder 103 vermittelst des Addirens, oder 97 mit bloßem Subtrahiren), und fährt alsdenn weiter fort. Z. E.

```
                    9  9
 97 | 887453842 | 8148008
----
103 | 824
      ---
      111
      103
      ---
       144
       103
       ---
        475
        412
        ---
         873
         824
         ---
          97
          97
          ---
           842
           824
           ---
            66
```

Hier war gleich im Anfange zu wenig genommen, welches sich daraus zeigte, daß zu viel (111) übrig blieb. Daher ist 8 ausgestrichen, und 9 darüber gesetzt, von 111 aber noch einmal 103 auf gehörige Art abgezogen. Bey der vierten Multiplication bleibt 97 übrig. Daher ist wieder die 8 im Quotienten ausgestrichen, von 97 aber 97 (als der eigentliche Divisor) abgezogen.

Je größer der Divisor ist, desto größer ist auch der Nutzen dieser Art der Abkürzung, und desto weniger hat sie Schwierigkeiten, wie man in folgenden Beyspielen bemerken wird.

```
493 |694367259|1408452.
507 |507
     2013
     2028
      4167
      4056
       2232
       2028
        2605
        2535
         1409
         1014
          423
```

Was beym Subtrahiren zu merken ist, wird man leicht gewahr werden. Gleich beym ersten Abziehen muß man nicht sagen, 5 von 6, sondern 5 von 7, weil man 1 zur 6 zuzurechnen hatte; denn 7 und 94 ist 101. Bey der dritten Multiplication sagt man auf gleiche Art: 40 von 42 bleibt 2, ob gleich nur 41 da steht.

```
 994 |45983642|46261
1000 |4024
       6223
       6036
        2596
        2012
         6084
         6036
          1202
          1006
           208
```

```
4982 |8473692|1700
5018 |5018
      34916
      35126
       4292
```

```
 99981 |845736982|8458
100019 |800152
         458889
         400076
          589658
          500095
           897532
           800152
            97684
```

69993

```
69993 | 78051714048 | 1115136
------  70007|||||
70007   -----
         80587
         70007
         ------
         105941
          70007
         ------
         359484
         350035
         ------
          95190
          70007
         ------
         251974
         210021
         ------
          419958
          420042
          ------
           00000
```

Eine andre Art der Division durch Vergrößerung.

Einige halten, wenn der Divisor nicht viel kleiner ist, als 100, 200 rc. 1000, 2000 rc. folgende Verfahrungsart für bequemer, wo man den Divisor nur bis auf das nächste Hundert vergrössert; z. E. 96: 14556256.

```
  96  :  145562 | 56
-----------      ----
100—4     5822 | 48
           232 | 88
             9 | 28
               | 36
        ------   --
        151627 | 56
               |  8
               | --
               | 64
```

Man streicht hier von dem Dividendus hinten zwey Ziffern durch einen langen Strich ab. (Stände 1000 anstatt 100, so würde man 3 Ziffern abstreichen müssen.) Was vor dem Strich stehet, multipliciret man mit 4 (weil 96 so viel ist, als 100 minus 4). Das Factum schreibt man so, daß die 2 letzten Ziffern immer hinter dem Strich zu stehen kommen. Dies setzt man so lange fort, bis vor dem Striche keine Zahlen mehr sind. Hernach addirt man ordentlich, giebt aber Acht, wie viel man von den Zahlen hinter dem Striche zu der ersten Reihe vor dem Striche zurechnet (hier sind es 2) Diese zugerechnete Zahl multiplicirt man noch einmal mit 4, und setzt also noch eine 8 hinter den Strich, die von Neuem addirt werden muß. Wenn alles addirt ist, so hat man die ganze Zahl des Quotienten 151627, und dahinter den Zähler des Bruchs $\frac{64}{96}$.

Kömmt hinter dem Striche nach vollendetem Addiren eine Zahl heraus, die dem wahren Divisor gleich ist,

ist, so streicht man sie aus, und fügt noch eins zum Quotienten hinzu. Z. E.

Divisor	Dividendus	
992 :	8574595	040
1000—8	68596	760
	548	768
	4	384
		32
	8643744	984
	1	8
	8643745	~~992~~

Hier kommen hinten 992 heraus. Das wären $\frac{992}{992}$ oder ein Ganzes, also muß man 1 Ganzes mehr nehmen. Kommen nach dem Strich lauter Nullen, so kömmt hernach an deren Stelle eine durch Multiplication des Zugerechneten entstandene gültige Zahl; z. E.

Divisor	Dividendus	
9993 :	15364	2382
10000—7.	10	7548
		70
	15375	0000
		7
		7

Wenn der Divisor nahe an 200, 300 ꝛc. gränzt, so wird diese Art sehr weitläuftig und verwirrt. Z. E.

Divisor	Dividendus		Quotient
698 :	624235	36	89176
700—2	3	36	
	1783	52	
	1786	88	255
	1	88	
	5	10	
	~~698~~		1
			89432

Der einfache Strich dient hier zur Abschneidung; der doppelte, um den Quotienten vom Dividendus zu unterscheiden. Man dividirt mit 7 ordentlich, doch nicht weiter bis an den Abschneidungsstrich. So bekömmt man in der ersten Reihe 89176 heraus; 3 bleiben übrig; diese setzt man unter die letzte Zahl des Dividendus dicht vor den Abschneidungsstrich, und daneben hinter den Strich 36, welche schon oben gestanden.

Den

Den Quotienten (89176) multiplicirt man mit 2 (weil es heißt 700 weniger 2). So kömmt 178352 heraus, welches man mit 336 zusammenaddirt. Nun dividirt man 1786 mit 7, und bekömmt 255. 1 bleibt übrig, und wird vor dem Striche hingeschrieben, 88 aber daneben heruntergesetzt. 255 mit 2 multiplicirt giebt 510; dies zu 188 addirt. 698. 698 machen ein Ganzes, das also noch zum Quotienten gesetzt, und dieser darauf zusammen addirt wird.

7993 :	85439	642	10679
8000—7	7	642	
	74	753	
	82	395	10
	2	395	
		70	
	2	465	$10689\frac{2465}{7993}$.

Folgende Beyspiele zur Uebung kann man nun machen, nach welcher Art man will.

92 : 80678774 = 876943 2. 393 : 386859780 = 984376 $\frac{12}{393}$. 997 : 3856991209 = 3868597. 3994 : 3222310240770 = 806787741 $\frac{3216}{3994}$. 9982 : 845276384967 = 84680062 $\frac{6083}{9982}$. 79993 : 7548459452 = 94364. 99986 : 857649328694 = 8577694 $\frac{16410}{99986}$. 299995 : 8765347968 = 29218 $\frac{94058}{299995}$. 999991 : 897445190920588 = 897453268.

Neun=

Neuntes Hauptstück.

Von benannten Zahlen überhaupt.

§. 1.

Eine Anzahl benannter Sachen pflegt mit einem einfachen besondern Namen benannt zu werden, z. E. 24 Groschen heißen ein Thaler, 110 Pfunde ein Centner. Wenn man sich also mit benannten Zahlen beschäftigen will, so muß man vorläufig folgendes lernen. 1) Wie viel Stücke von einer Art oder Sorte zu der andern Art oder Sorte gehören; z. E. wie viel Pfennige auf einen Groschen, wie viel Loth auf ein Pfund gehen; oder umgekehrt, wie viel Stücke einer kleinern Art die größere Art unter sich enthalten; z. E. wie viel der Gulden Groschen, und der Wispel Scheffel habe. 2) Wenn man eine Anzahl Stücke einer größern Art oder mehrerer Arten hat, wie man die Summe der darin enthaltenen Stücke der kleinsten Art finden könne, z. E. wie viel 36 Centner an Quentchen betragen, oder wie viel 13 Thaler 16 Groschen und 9 Pfennige zusammen Pfennige sind. 3) Wenn man eine Anzahl Stücke von kleinerer Art hat, wie man die darin enthaltenen Stücke von größerer Art herausbekommen könne; z. E. wie viel 91872 Pfennige Thaler und Groschen enthalten. Wie viel von einer jeden kleinern Art Stücke auf die größere gehen, oder wie viel Stücke einer kleinern die größere enthalte, Was dabey zu bemerken ist.

 wird

wird in den nächstfolgenden Paragraphen angezeigt werden.

Welcher Abkürzungen in Buchstaben oder Zeichen man sich bediene, um die verschiedenen Benennungen der Dinge anzuzeigen, wird sich aus den folgenden Tabellen gleich miterkennen lassen. Man muß aber, sobald Zweydeutigkeit zu besorgen ist, keine Abkürzungen gebrauchen, sondern die Benennungen lieber ganz ausschreiben.

§. 2.

Benennungen gewisser Zahlen.

Es giebt einige Benennungen, die man anstatt gewisser Zahlen eingeführt hat. Dahin gehören folgende:

10 Stück heißen ein Decher. Dch.
12 Stück ein Dutzend. Dz.
15 Stück ein Mandel (nicht eine Mandel). Md.
20 Stück eine Stiege oder Steige. St.
40 Stück ein Zimmer. Z.
60 Stück ein Schock. Sch. Ein Schock hat 3 Stiege, 4 Mandel oder 5 Dutzend.

Verschiedene von diesen Benennungen werden von allerley Sachen gebraucht, z. E. Dutzend, Mandel, Schock. Andre gelten nur von einigen Sachen, z. E. Decher und Zimmer vornehmlich von Fellen. Stiege oder Steige ist an manchen Orten gar nicht bekannt. Wo man es kennt, da gehört es zu der erstern Art, außer daß man 30 Stiegen bloß, wenn von Schollen die Rede ist, eine Kieve nennt, und darunter 600 Stück versteht. Eben so heißen 60 Schock eine Tonne, aber bloß wenn man von Heringen spricht.

§. 3.

Man hat zweyerley Längenmaß, nämlich das Ellenmaß und das Fußmaß. Bey dem Ellenmaß ist weiter nichts zu bemerken, als eine jede Elle (E.) hat 4 Viertel, 1 Viertel 2 Achtel,

tel, 1 Achtel 2 Sechzehntheile, 1 Sechzehntheil 2 Zweyunddreißigtheile, welches alles man aber am gewöhnlichsten bruchmäßig zu schreiben pflegt ($\frac{1}{8}$, $\frac{1}{16}$, $\frac{1}{32}$), so daß es eigentlich nicht einmal hieher gehört. Eine gewisse Anzahl Ellen machen ein Stück (St.). Das Fußmaß ist doppelt, entweder gemein, oder geometrisch.

Gemeines Fußmaß.

12 Linien (Lin.) machen einen Zoll. Z. Ruthen, Fuß, Zoll rc.
6 Zolle eine Viertelelle.
12 Zolle einen Fuß oder Schuh. F. oder Sch.
2 Fuße oder Schuhe eine Elle.
12 Fuße oder Schuhe eine Ruthe.
6 Fuße oder Schuhe, oder 3 Ellen, eine Klafter.

Von einigen wird der Zoll nur in 4 Striche eingetheilt. An einigen Orten besteht die Ruthe aus 16 Fußen oder 292 Zollen. Anderswo rechnet man 182 Zoll oder 15⅛ Fuß, anderswo noch anders.

Geometrisches Fußmaß.

10 Scrupel machen eine Linie.
10 Linien einen Zoll.
10 Zolle einen Fuß.
10 Fuße eine Ruthe.

Barometermaß.

16 Scrupel machen eine Linie.
12 Linien einen Zoll.

Die Geometer oder Meßkünstler bedienen sich zur Bezeichnung ihres Längenmaßes der Zeichen $^{\circ}\ '\ ''\ '''\ ^{\text{IV}}\ ^{\text{V}}$ u. s. w. $^{\circ}$ bedeutet Ruthen, $'$ Fuß oder Schuhe, $''$ Zolle, $'''$ Linien, ^{IV} Zehntellinien oder Scrupel, ^{V} Hundertellinien, ^{VI} Tausendtellinien rc. Z. Exemp. $6^{\circ}5'4''3'''2^{\text{IV}}8^{\text{V}}9^{\text{VI}}$ würde heißen: 6 Ruthen, 5 Fuß, 4 Zoll, 3 Linien, 2 Zehntel, 8 Hundertel und 9 Tausendtellinien. Sie pflegen aber nur das letzte Zeichen hinzusetzen, weil man alsdenn die übrigen leicht hinzu denken kann; z. E. $365''$ heißt 3 Ruthen, 6 Fuß und 5 Zoll, 3258497^{VI} 3 Ruthen, 2 Fuß, 5 Zoll, 8 Linien,

4 Zehntel-, 9 Hundertel-, 7 Tausendtellinien, wofür man kurz 3258497 Linien sagen kann; denn weil im geometrischen Maß alles zehnfach ist, so bedarf es dabey weiter keines Multiplicirens, um größere Benennungen in kleinere zu verwandeln

Die Größe des geometrischen Zolls ist bestimmt, folglich auch der übrigen daraus entspringenden größern und kleinern Benennungen. Hingegen sind im gemeinen Maße die Zolle, Fuß ꝛc. sehr von einander verschieden. Das gewöhnlichste Maß ist das Rheinländische.

Das Ellenmaß eines jeden Orts paßt nicht immer so genau zu dem daselbst gebräuchlichen Fußmaße, daß gerade 1 Schuh eine halbe Elle ausmachen sollte. Wenn aber Ellen und Schuhe neben einander gesetzt werden, so gehen immer 2 Schuhe auf 1 Elle, und das kann dem Rechner genug seyn.

Zu dem Längenmaß gehört auch

das Französische Längenmaß.

12 Punkte (Points) machen eine Linie (Ligne).
12 Linien einen Zoll (Pouce).
12 Zoll einen Fuß (Pied).
6 Schuh eine Ruthe (Toise).
3 Ruthen eine Stange (Perche).

Beyläufig kann hier auch bemerkt werden

das Meilenmaß.

Meilenmaß. Eine geographische Meile enthält 22842 Französische, oder 23628 Rheinländische Schuhe, oder 1969 Rheinländische Ruthen.

Die Deutschen Meilen sind nach Verschiedenheit der Provinzen auch sehr verschieden; gewöhnlich aber rechnet man eine Deutsche Meile einer geographischen gleich. Die Schlesischen Meilen sind kleiner, als die geographischen, und enthalten nur ohngefähr 20850 Rheinländische Schuhe.

Eine Schwedische Meile enthält 33750 Rheinländische Schuhe.
Eine Hungarische Meile 26580.
Eine Spanische Meile etwa 19700.
Eine Niederländische 18000.

Eine

Eine Niederländische, Englische und große Französische Seemeile 17700.
Eine gemeine Französische Meile 14000.
Eine Italiänische Meile 5900.
Eine Türkische Meile 5300.
Eine Englische Meile 5060.
Eine Russische Meile oder ein Werst 1695.

Auf eine Deutsche Meile rechnet man 12000 Schritte oder 24000 Tritte. Ein Tritt würde also etwas weniger seyn, als 1 Rheinländischer Fuß, ein Schritt aber etwas weniger, als eine Elle. Diejenigen, welche 4000 Schritte oder 8000 Ellen auf eine Meile rechnen, nehmen den Schritt zu 4 Schuhen an. Es kommen aber Schritte so leicht nicht in der Rechenkunst vor.

Es ist eine Einbildung, wenn manche glauben, 15 Meilen werden ein Grad genannt, und nun z. E. sagen: Halle ist von Berlin 1 Grad und 5 Meilen entfernt. Man muß die mathematische Geographie lernen, um diesen Irrthum einzusehen.

§. 4.

Wenn man die Größe des Platzes bestimmen will, den ein Haus, ein Garten, ein Feld, eine Stadt, oder ein ganzes Land einnimmt, so bedient man sich dazu des Quadrat- oder Kreuzmaßes. Ein Fleck, der einen Zoll lang und einen Zoll breit ist, heißt ein Quadratzoll. Flächenmaß.

10 Quadratzoll machen einen Riemfuß. Wenn □ einen Quadratzoll anzeigte, so wäre  ein Riemfuß.

10 Riemfuße oder 100 Quadratzolle machen einen Quadratfuß. Wenn  einen Riemfuß anzeigte, so wäre

ein Quadratfuß.

10 Quadratfuß machen eine **Riemruthe**.

10 Riemruthen, oder 100 Quadratfuße, oder 10000 Quadratzolle machen eine **Quadratruthe**.

Zeichen des Flächenmaßes.

Man zeichnet das Flächenmaß gewöhnlich ganz wie das Längenmaß. ° bedeutet Quadratruthen, ′ Quadratfuß, ″ Quadratzoll. Man setzt bloß das Zeichen □ oder Q. davor. Z. E. □36° 26′ 35″ würde heißen: 36 Quadratruthen, 26 Quadratfuß, 35 Quadratzoll. □6° 15′ 3″: 6 Ruthen, 15 Fuß, 3 Zoll.

300 Quadratruthen machen einen **Morgen Land**. An andern Orten werden nur 120, an andern 180 u. s. w. dazu erfordert.

30 Morgen machen an vielen Orten eine Hufe; doch ist auch das Hufenmaß sehr verschieden.

§. 5.

Körpermaß.

Um die Größen der in die Länge, Breite und Dicke ausgedehnten Dinge (d. i. der Körper, sie mögen fest oder flüssig seyn) zu messen, bedient man sich des **Cubikmaßes**, nach welchem zum Exempel die zu allerley Arten des Bauwesens nöthigen Werkstücke berechnet werden. Ein **Cubikzoll** ist ein Körper, der einen Zoll lang, einen Zoll breit und einen Zoll dick ist.

10 Cubikzoll machen einen **Balkenfuß**. Man nehme zehn gewöhnliche Spielwürfel und lege sie in Eine Reihe dicht neben einander, so hat man eine Vorstellung von einem Balkenfuß.

10 Balkenfuße machen einen **Schachtfuß**. So wie ein Balkenfuß ein Körper war, der einen Zoll breit und dick, aber einen Fuß lang ist, so wird nun ein Schachtfuß ein solcher Körper seyn, der einen Fuß lang und breit, aber nur einen Zoll dick ist.

10 Schachtfuße oder 1000 Quadratzolle machen einen **Cubikfuß** oder einen Körper, der einen Fuß lang und breit und dick ist.

10 Quadratfuße machen eine **Balkenruthe**.

10 Balkenruthen machen eine **Schachtruthe**.

10 Schachtruthen machen eine **Cubikruthe**.

Zeichnung des Körpermaßes.

Auch das Cubikmaß wird am gewöhnlichsten wie das Längemaß bezeichnet; um es aber doch von demsel-

demselben zu unterscheiden, so setzt man ein C vor; z. E. C. 36° 638′ 903″ heißt: 36 Cubikfuß, 638 Fuß, 903 Zoll.

§. 5.

Die verschiedenen Arten des Gewichts sind folgende. Gewicht.

1. Kramergewicht.

2 Hellergewichte (H. Gew.) machen ein Pfenniggewicht (₰ Gew.)
4 Pfenniggewichte ein Quentchen (Q.).
4 Quentchen ein Loth (L.).
2 Loth eine Unze (Unz.).
32 Lothe oder 16 Unzen ein Pfund (Pf oder ℔.).
11 Pfunde einen kleinen Stein (kl. St.).
14 Pfunde ein Ließpfund (Lpf.).
22 Pfunde einen (großen) Stein (gr. St.).
110 Pfunde oder 5 Stein einen Centner (C. od. Ct.).

Die gewöhnlichsten von diesen Benennungen sind Centner, Pfund, Loth, Quentchen, Pfennig- und Hellergewicht; die übrigen sind Nebengewichte.

Im Fleischergewicht wird der Centner zwar in 5 Steine eingetheilt; weil die Pfunde aber schwerer sind, als im Kramergewicht, so gehn nur 18 Pfunde auf einen Stein, und 90 auf einen Centner. An andern Orten werden 100 Pfund auf einen Centner gerechnet.

Ein Ließpfund, wird von einigen zu 15 Pfund gerechnet.

2. Schiffsgewicht.

20 Ließpfunde machen ein Schiffspfund (Sch. ℔). Rechnet man 14 Pfunde auf ein Ließpfund, so hat also ein Schiffspfund 280 gewöhnliche Pfunde; werden aber 15 dazu gerechnet, so hält ein Schiffspfund 300.
12 Schiffspfunde machen eine Last; doch wird die Last nicht immer gleich gerechnet.
2000 Pfund, oder 20 Centner, jeder jedoch nur von 100 Pfund, machen eine Tonne. Zwey Tonnen

nen oder 4000 Pfunde werden auch oft für eine Last von 40 Centnern, jeden zu 100 Pfunden, gerechnet.

3. Apothekergewicht.

3 Gräne machen einen Gran.
20 Grane einen Scrupel (Scr.).
3 Scrupel eine Drachme oder ein Quentchen (Dr. Q.)
4 Drachmen ein Loth.
8 Drachmen eine Unze.
12 Unzen oder 24 Drachmen ein Pfund.

4. Silbergewicht.

3 Gräne machen einen Gran.
6 Grane ein Loth.
2 Loth eine Unze.
8 Unzen oder 16 Loth eine Mark (M. od. mk.).

5. Goldgewicht.

3 Gräne machen einen Gran.
4 Grane oder 12 Gräne ein Karat (Kar.).
24 Karat eine Mark. (M. od. mk.)

Das kleinste Gold- und Silbergewicht ist das Aß, 4864 solcher Asse gehn auf eine Kölnische Mark, 5120 aber auf ein Mark Holländisch Troysch. Nach Kölnischem Gewicht gehen also 19 Asse auf ein Pfenniggewicht, nach Holländischem aber 20. Auf einen Ducaten rechnet man 64 Asse.

§. 7.

Getreidemaß. Beym Getreide und ähnlichen Sachen (z. E. Obst) bedient man sich folgender Maße.

4 Mäßchen, Mäßel (Ml.) oder Viertelmezzen machen eine Metze (M.)
4 Metzen ein Viertel (V.).
16 Metzen oder 4 Viertel einen Scheffel (Sch.).
12 Scheffel einen Malter (M.). Viele sprechen das Malter, andre gar die Malter.
2 Malter oder 24 Scheffel einen Wispel (nicht Winspel). Wird gezeichnet W.
3 Wispel oder 6 Malter eine Last (L.).

Die

Die Scheffel sind nicht an allen Orten gleich. Der Dresdner Scheffel ist z. E. fast 2 Berlinern gleich: Die Last wird nach einer sehr ungleichen Anzahl von Pfunden, Maltern oder Wispeln gerechnet.

§. 8.

Von den Biermaßen können wegen der großen Ungleichheit, die darin herrscht, hier nur folgende bemerkt werden. Biermaß.

4 Pegel machen 1 Pott.
2 Nößel ein Quart (Q.).
100 Quart machen im Brandenburgischen eine Tonne.
75 Kannen machen an andern Orten eine Tonne, 2 solcher Tonnen ein Viertel, 2 Viertel ein Faß, welches also aus 300 Kannen besteht.
2 Fässer machen eine Kufe.

Ein Gebräude besteht an einigen Orten aus 9 Kufen, 18 Fässern oder 36 Tonnen, an andern aus 16 Fässern, an noch andern aus 24.

§. 9.

In Ansehung des Weins sind folgende Maße gebräuchlich. Weinmaß.

4 Quartierchen (Qch.) machen einen Nößel, N.
2 Nößel eine Kanne, K.
4 Kannen ein Stübchen, Stb.
16 Stübchen oder 64 Kannen einen Eimer, E.
3 Eimer einen Anker, A.
5 Eimer ein Faß, F.
4 Anker oder 12 Eimer oder $2\frac{2}{5}$ Faß ein Fuder, F.
$9\frac{1}{5}$ Ohm machen ein Fuder, so daß also ein Ohm etwas mehr ist als 1 Eimer und 4 Stübchen (eigentlich $667\frac{21}{23}$ Quartierchen).

Das Visirmaß ist vom Schenkmaß so zu unterscheiden, daß nur 54 Kannen auf einen Eimer gehen, $1\frac{5}{27}$ Eimer Visirmaß einen Eimer Schenkmaß, $14\frac{2}{9}$ Eimer aber ein Fuder machen.

Andre Eintheilung des Weinmaßes.

4 Quartierchen ein Nößel.
2 Nößel eine Kanne.
72 Kannen einen Eimer.
2 Eimer ein Ohm.

Noch Anders.

40 Bouteillen (Bout.) machen einen Anker.
6 Anker (A.) machen einen Oxthoft (Oxh.).

§. 10.

Zeitmaß. In Ansehung der Zeit sind folgende Maße zu bemerken.

3 Augenblicke (Aug.) machen ein Tertie (Tert.).
60 Tertien eine Secunde, Sec.
60 Secunden eine Minute, Min.
60 Minuten eine Stunde, St.
24 Stunden einen Tag, T.
7 Tage eine Woche, W.
4 Wochen einen Mond
28, 29, 30, oder 31 Tage einen Monath, Mon.
13 Monden, 12 Monathe, 52 Wochen, 365 oder 366 Tage ein Jahr, J.

Es ist hier von dem Zeitmaße des gemeinen Lebens, nicht von dem astronomischen die Rede; in dem letztern ist die Bestimmung der Jahre und Monden viel genauer.

Eine Zeit von 15 Jahren macht sonst eine Indiction oder Römerzinszahl, von 19 Jahren eine goldene Zahl, und von 28 Jahren einen Sonnenzirkel aus.

Was von der Berechnung der Tage und Monathe zu merken ist, wird sich am besten bey der Subtraction beybringen lassen, wo man also von der Länge und Berechnung der Monathe mehrere Nachricht finden wird.

§. 11.

Bergtheile. In der Berechnung des Einkommens der Bergwerke kommen folgende Eintheilungen vor.

Was

Was man in Handlungssachen eine Actie nennt, heißt bey Bergwerken ein Kux. Ein Kux ist der 128ste Theil von den Einkünften des ganzen Bergwerks oder einer Zeche.

32 Kuxe machen eine Schicht.
4 Schichten eine Zeche.

Obgleich ein Besitzer eines Kuxes eigentlich den 128sten Theil des Gewinnstes zu fordern hätte, so wird ihm doch nur der 131ste gegeben, weil Einen Kux die Kirche, Einen die Gemeine, und Einen der Besitzer des Grundes und Bodens erhält, wo man eingeschlagen hat.

§. 12.

Im Papier pflegt man Schreib- und Druckpapier zu unterscheiden. Papier.

1 Schreibpapier.

24 Bogen (Bog.) ein Buch, B.
20 Bücher ein Ries, R.
10 Ries oder 4800 Bogen einen Ballen, Ball.

2. Druckpapier.

25 Bogen ein Buch.
20 Bücher ein Ries (andre schreiben Rieß).
10 Ries oder 5000 Bogen einen Ballen.

§. 13.

Das Garn pflegt nach folgenden Eintheilungen verkauft zu werden. Garn.

1. Beym Garn selbst.

40 Fäden machen ein Gebinde oder eine Fitze.
10 Gebinde eine Zaspel.
2 Zaspeln eine Strehne.
6 Strehnen ein Stück.

2. Beym Zwirn.

20 Fäden eine Fitze oder ein Gebinde.
20 Fitzen eine Strehne.
3 Strehnen oder 60 Gebinde ein Stück.

Andere theilen es so ein: 20 oder 40 Fäden machen ein Gebinde, 20 Gebinde eine Zaspel, 3 Zaspeln eine Strehne, und 4 oder 6 Strehnen ein Stück.

§. 14.

Münzsorten. Keine Eintheilung macht mehr Schwierigkeit im Rechnen, als die verschiednen Münzsorten. Der Grund davon ist vornehmlich dieser, daß man den eigentlichen Werth der Münzsorten, den sie an dem Orte, wo sie geprägt werden, nach des Schlageherren Absicht haben sollen, nicht von dem Preise unterscheidet, den sie im Handel und Wandel haben. So ist z. E. der eigentliche Werth eines alten Louisd'ors, eines Friedrichsd'ors, Augustd'ors, u. s. w. 5 Thaler, und eines Ducatens 2 Rthlr. 18 gr., hingegen kann der äußerliche Preis sehr verschieden seyn. Im Jahr 1763 ist ein Louisd'or oft mit 20 Thalern, ein Ducaten mit mehr als 11 Thalern bezahlt worden. Im Jahr 1773 galt der Louisd'or in einem gewissen Niedersächsischen Lande 6 Rthlr. 20 gr., und in einem andern nicht weit davon nur 4 Rthlr. 12 gr., endlich in einer angränzenden Obersächsischen Provinz 5 Rthlr. 8 gr. Ein Reisender konnte diese verschiednen Preise an Einem Tage erfahren. Hieher gehört nur der eigentliche Werth einer jeden Münzsorte. Was aber den äußerlichen Lauf oder Cours derselben betrifft, so muß man ihn nach den Umständen der Zeit und des Orts jedesmal ausrechnen, so oft man ihn zu wissen bedarf, wozu unten in den Hauptstücken von der Regel de tri und der Kettenregel Anleitung gegeben werden wird.

1. Die gewöhnlichsten Silbermünzen.

2 Heller (H.) machen einen Pfennig, Pf. od. ₰.

$1\frac{1}{2}$ Pfennig einen Witten (W.) der jedoch da, wo er gebräuchlich ist, zu drei leichten Pfennigen gerechnet wird. S. hernach unter den seltnern Münzen.

$2\frac{2}{5}$ Pf. einen Gröschel (Grl.) oder eine Fledermaus.

$3\frac{1}{5}$ Pfennig einen Kaiserkreuzer, (Kk.).

4 Pfennige einen guten Kreutzer (K.).

6 Pfennige einen Schilling, (ßl.).

8 Pfennige einen Mariengroschen (Mgr.) oder Lübschilling (Lbßl.), oder halben Batzen.

$9\frac{3}{5}$ Pfennige oder 4 Gröschel oder 3 Kaiserkreuzer einen Kaisergroschen (Kgr.).

12 Pfennige einen Groschen oder guten Groschen, Gr. oder Ggr., worauf auch 2 Schillinge 3 gute Kreuzer 5 Gröschel oder 3 Kaiserkreuzer nebst einer Fledermaus gehen,

4 Kaiserkreuzer einen leichten Batzen.

16 Pfennige oder 4 gute Kreuzer einen guten oder schweren Batzen, den man hin und wieder unrichtig einen Doppelbatzen nennt.

5 Kaisergroschen (ein Wurf) oder 15 Kaiserkreuzer oder 6 Mariengroschen 4 gute Groschen.

5 doppelte Kaisergroschen 8 gute Groschen.

6 Groschen einen Ort oder Ortsthaler.

8 Groschen oder 16 Schillinge eine Mark, Mk.

16 gute Groschen, 20 Kaisergroschen, 24 Mariengroschen, 12 gute Batzen, 15 leichte Batzen oder 2 Mark einen Reichs- oder Kaisergulden, G., wofür man auch Floren, Fl., sagt.

20 gute Groschen, 25 Kaisergroschen oder 15 schwere Batzen einen Fränkischen Gulden.

21 gute Groschen einen Meißnischen Gulden (Mfl.), der an einigen Orten auch Gülden genannt wird.

24 gute Groschen, 30 Kaisergroschen, 36 Mariengroschen,

groschen, 48 Schillinge, 72 gute Kreuzer, 90 Kaiserkreuzer oder 3 Mark machen einen Reichsthaler.

32 gute Groschen, 40 Kaisergroschen, 2 Gulden rc. machen einen Speciesthaler.

2. Die gewöhnlichsten Goldmünzen.

Eine Pistole *), alter Louisd'or, Friedrichd'or, Carldor rc. gilt 5 Thaler.

Ein Ducaten 2 Thaler 18 Groschen.

Ein Séverin oder Souverain 3 Ducaten od. 8 Thaler 6 Groschen, ein halber 4 Thaler 3 Groschen.

Ein Carolin 6 Thaler und 1 bis 2 Groschen gegen andres Gold. Eben so viel ein neuer Louisd'or.

Eine Mark löthigen Goldes ist so viel als 64 Ducaten, obgleich 66 Ducaten zusammen nur erst eine Mark wiegen.

3. Namen der seltner vorkommenden Münzen mit der Bestimmung ihres eigentlichen Werths.

(Mehrentheils wird man von selbst sehen, ob eine Münze silbern oder golden sey; wenn es zweifelhaft seyn könnte, so steht es jedesmal dabey.)

Albertusthaler oder Albertiner in Holland, 50 Stüver. In Curland 90 Albertsgroschen, deren jeder 4 Pohlnische Schillinge hat.

Albus oder Weißpfennig, im Reich, hält 2 Kaiserkreuzer oder Reichspfennige. 1½ Albus macht einen Kaisergroschen, 2 einen leichten Batzen, 10 ein Kopfstück, 30 einen Gulden und 45 einen Thaler. — Im Kölnischen hat ein Albus 12 Heller; 8 Heller machen ein Fettmännchen, 16 einen (Clevischen) Stüver, 20 ein Göschen; 2 Stüver oder 32 Heller einen Groschen oder Räderalbus; 48 Heller, 4 Albus, 5 leichte Albus oder 3 Stüver einen Blaffert;

---

*) Siehe eine Anmerkung darüber in Pistole unter den seltnern Münzen.

fert; 10 Albus $2\frac{1}{2}$ Blafferte oder 6 Göschen einen Schilling; 2 Schillinge oder 5 Blafferte einen Ort oder Ortsthaler; 6 Blafferte einen Kölnischen Floren, 2 Ort oder 10 Blafferte oder 15 Räderalbus einen Herrnfloren, 20 Räderalbus einen Speciesfloren, 24 Räderalbus oder 16 Blafferte einen Räderfloren, 78 Albus einen Thaler Courant, 80 Albus einen Speciesthaler. Ein Louisd'or gilt nach diesem Gelde 9 Floren und ein Ducaten 5 Floren. — In Hessen ist ein Albus 9 Pfennige oder 12 Heller.

Altin, in Rußland, Silber, hat 3 Kopeken.

Angster, s. Batzen.

Asper, zu Constantinopel, hat 4 Mankir oder Gieduck y; 3 Asper machen eine Para, 5 einen Beslik, 10 einen Olik oder Onlik, 80 eine neue Solota, 90 eine alte Solota, 100 Asper einen Rechnungspiaster, 120 einen Türkischen Piaster oder Löwenthaler. 100000 heißen ein Jux oder Jück. Ein Beutel Löwenthaler sind 500 Stück, ein Beutel Gold 30000 Piaster.

Bajocho zu Rom hat 5 Quatrini. Vgl. Paolo.

Batzen, schwerer, s. unter den gewöhnlichen Silbermünzen. — Leichte, bestehend aus 10 Kaisergroschen oder 60 Kreuzern; deren machen im Reich 15 einen Gulden, $22\frac{1}{2}$ aber einen Thaler. — Zu St. Gallen in der Schweiz gehen solcher Batzen $1\frac{1}{2}$ auf einen Schilling, 10 Schillinge aber machen einen Gulden. — Zu Zürch hat ein Batzen 30 Heller oder 15 Angster; 16 Batzen machen einen Zürchischen Floren; 9 Zürchische Florene aber machen 5 Thaler.

Beslik, s. Asper.

Beutel, s. Asper.

Blaffert, s. Albus, vgl. Plappert.

Bluzger in Graubünden hat 6 Heller; 70 Bluzger machen einen Gulden.

Böhme, ein Name des Silber- oder Kaisergroschens.

Brummer oder Brommer, s. Groschen.

Busch zu Achen hat 4 Heller; 6 Büsche machen ein Petermännchen oder eine Mark; 6 Mark einen Gulden,

den, 9 Mark einen Schilling, 26 Mark einen Achnischen, und 54 Mark einen Reichsthaler.

Carlino, eine Neapolitanische Münze, deren 10 einen dortigen Ducaten, 45½ aber einen Louisd'or ausmachen, 1 Carlino hat 4 Cinquini und 10 Grani. In Malta machen 24 Carlini einen Scudo.

Carolin, s. die gewöhnlichen Goldmünzen. — Von Schwedischen Carolinen siehe Thaler.

Cavallo, die kleinste Neapolitanische Münze. 120 Cavalli machen 1 Carlino, s. Grano.

Cinquino, s. Carlino.

Copeke, s. Kopeke.

Creuzer, s. Kreuzer.

Crone, s. Krone.

Crusado, neuer, in Portugall, in Gold und Silber, gilt 480 Rees, alter 400 Rees.

Daler in Holland, ein 1½ Guldenstück.

Denar, s. Pfennig.

Denaro, Italien. 3 Denari machen zu Turin und anderswo einen Quatrino, 4 Quatrini oder 12 Denari einen Soldo, 10 Soldo einen Paolo, 20 Soldi eine Lira, und 6 Lire einen Scudo. 37 Soldi machen einen Kaisergulden. — Zu Venedig gelten 62 Denari, deren sonst ebenfalls 12 einen Soldo machen, 12 Grossette oder einen Grosso, 24 Grossi einen Venetianischen Ducaten.

Denier, in Frankreich und Genf, Kupfer. 12 Deniers machen einen gewöhnlichen Sou. 3 gewöhnliche Deniers machen einen sogenannten Denierdor oder Liard, so wie drey Sous einen Soudor. 20 Sous machen einen Livre, und drey Livres einen Ecu oder Französischen Thaler (halben Laubthaler). 13 Deniers sind so gut als in Deutschland 4 Pfennige, ein Sou ist also etwas weniger als 4 Pfennige, ein Livre etwas über 6 Gr. und ein halber Laubthaler etwa 18 Gr. 6 ₰. — In Bern gehn ebenfalls 12 Deniers auf einen Sou, 9 auf einen Schilling, 6 auf einen Kreuzer, 24 auf einen Batzen. 2 Sous sind ein Schweizerbatzen, 4 Kreuzer ein guter Batzen. — In den Niederlanden besteht ein Denier aus 3 Myten oder Hellern; 3 Denier machen einen Ortsliard, 6 einen Groot Flämisch, 12 einen Stüver.

De-

Deņuschke, in Rußland, Kupfer, hat 2 Poluschken. 2 Denuschken machen eine Kopeke.

Deut, in Holland, Kupfer, 8 machen einen Stüver und einer hält 2 Holländische Pfennige. 2 Deute machen einen Ort oder Fuchs.

Dinero. S. Maravedi.

Dobble. S. Doppia.

Dobra, in Portugall, Gold, 12800 Rees.

Dobraon, in Portugall, Gold, 24 Millerees oder 24000 Rees.

Doppia, Gold, zu Venedig, nach altem Preise 29 Lire, nach neuem Courant oder Piccolo 37 Lire 10 Soldi. — Zu Genua 18 Lire 16 Soldi oder in dortigem Piccolo 23 Lire 12 Soldi. In Spanien und Mailand, s. Duplone. — Eine Neapolitanische Doppie hat 46 Carlini.

Dreyling ist in Hamburg und Lübeck ein Wittem oder $1\frac{1}{2}$ gewöhnliche Pfennige. 2 Dreylinge machen einen Sechsling.

Dubbeltje, in Holland, 2 Stüver.

Dublon; s. Duplone.

Ducaten, im Deutschen Reich, s. oben — in Holland 5 Gulden, 4 Stüver — in Rußland 4 Rubel 50 Kopeken — in Dänemark, neue 12 Mark oder 2 Thaler — in Florenz 7 Lire, oder 20 Soldi corrente, ein solcher Soldo hat 84 Crazie, oder 12 Denari corrente — in Spanien 11 Reales oder 374 Maravedis; der Wechselducaten wird daselbst zu 11 Reales und 1 Maravedi gerechnet, — in Neapolis (Silber) 10 Carlini, wovon $46\frac{1}{2}$ einen Louisd'or ausmachen, — im ehemaligen Groß-Pohlen 8 Gulden, in Klein-Pohlen 4 Gulden.

Ducaton, Silber in Holland 63 Stüver; auch die Laubthaler nennt man in Holland Ducatons; — in Gold rechnet man einen Ducaton zu 6 Thalern. — Von Schwedischen Ducatonen siehe Thaler.

Duplone, Gold, zu Mailand 25 Lire und 5 Soldi, — in Spanien von 8 Escudos (sonst Quadruple genannt) 160 Realen.

Düttchen, in Westphalen, Bremen, am Niederrhein und in Dänemark so viel als 1 Gr. 6 ₰. 16 Dütt-

 chen

chen machen einen Thaler. 1 Düttchen hat 3 Schillinge. — Zuweilen bedeutet Düttchen auch so viel, als ein Deut. — In Danzig und Preußen ist ein Düttchen 3 dortige Groschen.

Ebräer oder Justus judex, in Dänemark, 28 Schillinge.

Ecu. S. Thaler und Denier.

Farthing, in England, Kupfer, ¼ Pfennig Sterling.

Ferding, in Liefland. 60 Ferdings machen einen Thaler und 80 einen Albertsthaler; also beträgt einer 4½ Pfennig. Ein Mark Ferding ist doppelt so viel. 1½ Groschen rechnet man da auf einen ordentlichen Ferding.

Fettmännchen. S. Albus.

Fick ist ein halber Dänischer Schilling, folglich so viel als in Hamburg ein Witten.

Flabbe, Groninger Flabbe, in Holland, 4 Stüver.

Fledermaus. S. unter den gewöhnlichen Silbermünzen.

Flinrich oder Flinderke in Bremen und Ostfriesland. 18 Flinriche machen einen Thaler, also einer 1 Gr. 4 ₰. In Bremen hat ein Flinrich 4 Groot, und ein Groot 5 Schwar. In Ostfriesland hat ein Flinderke 1½ Schaap oder 4 Groot; 1 Schaap 2 Stüver; 1 Stüver 2 Syferts; 1 Syfert 2 Oertchen oder 5 Witten.

Floren. S. Gulden.

Fuchs, in Cleve hat 3 dortige Pfennige oder 4 Heller. 4 machen einen Stüver, und 10 einen guten Groschen.

Genovine, zu Genua, Gold und Silber, 9 Lire.

Giulio, zu Rom, ist mit Paolo einerley.

Gjedücky. S. Asper.

Goldgülden oder Goldgülden. Darunter versteht man gewöhnlich 2 Rthl. Ein Rheinischer ist eigentlich nur 1 Rthlr. 16 Gr. und bey Strafgeldern rechnet man einen Rheinischen Goldgulden zu 1 Rthl. 20 Gr.

Gr. 6 Pf. In Holland ist ein gestempelter Goldgulden 28 Stüver, ein ungestempelter 26.

Gösch en, s. Albus. — In Braunschweig 6 ℌ.

Grano, in Neapel, Silber, hat 12 Cavalli oder 6 Piccioli; 10 Grani machen einen Carlino.

Grive oder Griewe, in Rußland, hat 10 Kopeken; 10 machen einen Rubel. In Liefland gilt die Grive 8 Ferdings oder Witten.

Groat in England, Silber, 6 Pfennige Sterling.

Groot, s. Grot.

Gröschel hat 3 Schlesische Pfennige; 4 Gröschel machen einen Kaisergroschen, 5 einen guten Groschen.

Groschen, s. die gewöhnlichen Silbermünzen. — Kölnischer Groschen oder Räderalbus, s. Albus. — Zu Basel hat ein Groschen 3 Kreuzer, 15 Pfennige oder 20 Deniers. 20 machen einen Gulden, und 36 einen Thaler. — Ein Pohlnischer Groschen hat in Danzig und Königsberg 3 Schillinge, ein Schilling aber 6 Pohlnische Pfennige; 90 Groschen machen in Danzig, Königsberg und Liefland einen Thaler, und 30 einen Gulden. In Warschau und dem größten Theil des ehemaligen Pohlens war der Groschen nur halb so viel, und es gingen 180 auf den Thaler. 1½ Danziger Groschen macht einen Brommer, Brummer oder Poltrak, 5 Brummer aber 2 gute Groschen. In Warschau rechnet man auf den Groschen 9 Pfennige, in Danzig aber 18. — Ein Russischer Groschen ist 2 Kopeken. — Vgl. auch Grot.

Grosso und Grossette, s. Denaro.

Grot oder Groot, Silber, s. Flinrich. — Ein Grot Flämisch in Holland hat 8 Pfennige Holländisch. 2 Grote machen 1 Stüver, 20 einen Holländischen Gulden, und 50 einen Holländischen Thaler.

Guinee, Gold, in England, ist 21 Schillinge, d. i. ein Pfund Sterling und ein Schilling.

Gulden oder Floren, s. oben unter den gewöhnlichen Silbermünzen. — Von Kölnischen Gulden, s. Albus. Vom Speciesfloren, Herrenfloren und Räderfloren, ingleichen vom Zürchischen Floren, s. Batzen. Ein Clevischer Gulden ist ein halber Reichsgulden. — Ein Holländischer Gulden hat 20 Stüver; 2⅝ gehen auf einen Speciesthaler, 6 auf ein Pfund Flämisch. — Ein Pohlnischer Gulden ist in Preußen und Liefland 8 Gr., in Warschau 4 Groschen. In Liefland hat der Gulden 5 Mark.

Hapeny, in England, Kupfer, ein halber Pfennig Sterling.

Heller, ist an den meisten Orten ein halber Pfennig, obgleich die Pfennige nicht von gleichem Werthe sind. — In Köln machen 8 Heller ein Fettmännchen, s. Albus. — In Hessen sind 4 Heller 3 Pfennige, und 384 gehn auf einen Thaler. — In der Schweiz gehn 8 Heller auf einen Kreuzer, und 480 auf einen dortigen Gulden. — Allenthalben, wo Kaisergroschen gebräuchlich sind, gehen darauf 24 Heller, wenn man sie hat, folglich 720 auf einen Reichsthaler.

Herrenfloren, s. Albus.

Imperial, in Rußland, Gold, 10 Rubel.

Justus judex, s. Ebräer.

Jux oder Jück, s. Asper.

Kaisergroschen, s. die gewöhnlichen Silbermünzen. Vgl. Albus.

Kopeke, in Rußland, Silber. 100 machen einen Rubel, 10 eine Grive, 3 einen Altin. Auf eine Kopeke gehen 2 Denuschken oder Moschofsken, auf eine Denuschke 2 Poluschken.

Kopfstück, im Reich, s. Albus. — In Bremen gehen 3 Flinriche auf ein Kopfstück, und 6 Kopfstücke machen einen Thaler. — Ein Dänisches Kopfstück hat 20 Schillinge.

Kreuzer hat 4 Pf. s. die gewöhnlichen Silbermünzen, ingl. Albus. In Zürch und Basel gehn 108 Kreuzer auf einen Thaler, und 36 auf einen Livre. In Bern hingegen hat der Livre 40 Kreuzer (oder 10 Batzen), 100 Kreuzer aber machen eine Krone. An vielen Orten in der Schweiz rechnet man den Gulden zu 60 Kreuzern oder 15 Batzen.

Kreuzthaler ist ein Name des Albertsthalers.

Krone, in England, 5 Schillinge. — In Dänemark 2 Mark, 2 Schillinge in Courant; in Kronengeld aber nur 2 Mark. — In Holland 40 Stüver. In Bern 25 Batzen oder 100 Kreuzer.

Kronenthaler, Französischer, gilt in Holland, wie eine Englische Krone, 57 Stüver.

Krumstert, in Ostfriesland, gilt 4 dortige Witten.

Laubthaler, s. Denier. Er gilt in Holland 56 Stüver.

Liard oder Denierd'or, Kupfer, s. Denier.

Lira, in Italien hat mehrentheils 20 Soldi, s. Doppia.

Lisbonin oder ½ Dobrao in Portugall, 4800 Rees. In London gelten sie 1 Pfund 7 Schillinge.

Livre, s. Denier und Kreuzer.

Löwenthaler, in Holland, 42 Stüver. Vgl. Asper.

Lübschilling, s. die gewöhnliche Silbermünze und Schilling.

Mankir, s. Asper.

Maravedi, Spanien. Ein kupferner Maravedi hält 10 Dineros, als die kleinste Spanische Münzsorte; ein silberner aber 18$\frac{1}{1}\frac{1}{7}$. 20 Dineros oder 2 kupferne Maravedis machen einen Ochavo, 2 Ochavos einen Quarto. 1 Real Kupfermünze hat 34 kupferne Maravedis, und eben so viel silberne gehen auf einen silbernen Real. 8 silberne Reale machen einen Peso, und 4 Pesos einen alten Dublon.

Mariengulden zu Braunschweig besteht aus 20 Mariengroschen, d. i. aus 13 Gr. und 4 Pf.

Mark, in Hamburg, Bremen, und dem Mecklenburg Schwerinschen, gilt den 3ten Theil eines Thalers; in Dänemark und Schwedisch Pommern halb so viel. Eine Mark hat 16 Schillinge. — In Danzig rechnete man die Mark zu 20 Preußischen Groschen, 1½ Mark auf einen Gulden, 4½ Mark auf einen Thaler. — In Liefland gehn 15 gewöhnliche Marken auf einen Alberts Thaler; Marke Ferding aber 40. — In Schweden gehn 4 Mark Silbermünze auf einen Thaler Silbermünze. Der Thaler Kupfermünze hat 1⅓ Mark Silbermünze und 4 Mark Kupfermünze. 1 Mark Silbermünze hat 8 Oere Silbermünze, die auch Stüver oder Witten heißen, und 24 Oere Kupfermünze, die auch Rundstücke genannt werden. 1 Oer hat in beyderley Münze 4 Oerlein. 1 Oerlein Silbermünze hat 6 Pfennige, Kupfermünze nur 2 Pfennige. — In England, siehe Nobel.

Matthier, in Niedersachsen, besonders im Braunschweigischen, 4 Pfennige oder einen halben Mariengroschen.

Maxdor, bairisch, ist ohngefähr 1⅜ Ducaten.

Millerees in Portugal, s. Ree.

Meodor ist ein Name aller Portugiesischen Goldmünzen. Insbesondre werden in England die Lisboninen so genannt.

Moschafske oder Denuschke, s. Denuschke.

Myt, ein Niederländischer Heller, deren 3 auf einen Brabander Pfennig und 4 auf einen Denier gehen.

Nobel, Silber, in England, hat 80 Pfennige Sterling. 2 Nobel machen eine Mark, und 3 ein Pfund Sterling.

Olik oder Onlik, Türkey, s. Asper.

Oncia, in Sicilien, Gold und Silber, hat 30 Tari.

Oer, Kupfer und Silber, in Schweden, s. Mark.

Oerlein, gehen ebendaselbst 4 auf ein Oer, s. Mark.

Ort; s. Albus. In Liefland hat ein Ort 20 Ferdinge, und 4 Orten machen einen Thaler.

Oertchen, Ostfriesland, s. Flinrich.

Ortje, im Lüttichschen, ist der vierte Theil eines Stüvers. Ein Ortje hat 4 Lüttichische Pfennige.

Ortsthaler heißt ein Viertelthaler oder 6 Groschen.

Palmkronthaler, in Frankreich, 3 Livres 14 Sous.

Paolo oder Giulio, zu Florenz, hat 8 Crazie. 1⅓ Paoli machen eine Lira, 3 aber einen Testone. — Zu Rom hat 10 Bajocchi.

Paveto zu Rom hat 2 Paoli; 5 Papeti machen einen Scudo.

Para

Para, in der Türkey, hat 3 Asper. 40 Para machen einen Piaster.

Patacca in Neapel hat 5 Carlini; 2 Pataccas machen einen Neapolitanischen Ducaten.

Patacon, Patagon oder Ecu Patagon zu Genf 3 Livres oder 10 Floren 6 Sous; zu Bern 3 Livres 6 Sous oder 33 Batzen. — Ein Spanischer oder Holländischer Patacon ist im Lüttichschen 4 Lüttichische Gulden und $2\frac{1}{2}$ Stüver. Jeder Gulden besteht aus 20 Stüvern, und der Stüver hat 16 Pfennige. — In den Oesterreichischen Niederlanden gilt ein Patacon 2 Floren 16 Stüver oder 8 Schillinge.

Pence, in England, gehen 12 auf einen Schilling.

Permißschilling, in Braband, 6 Stüver 12 Pfennige.

Peseta, Spanien, hat 4 Reales de Vellon.

Peso duro, Spanien, Silber und Gold, besteht aus 20 Realen, s. Maravedi.

Petermännchen, großes, im Trierischen besteht aus 5 Kreuzern; 3 kleine Petermännchen machen ein großes; 12 große einen Reichsgulden.

Pezza, ist der Name des Genuesischen Piasters. — Im Florentinischen gilt die Pezza 6 Lire zu Livorno, zu Florenz aber $5\frac{3}{4}$. Vergl. Soldo.

Pfennig oder Denar, s. gewöhnliche Silbermünzen. — In Holland machen 8 gewöhnliche oder Brabandische Pfennige 1 Groot Flämisch, 16 einen Stüver. — In Basel gehn 9 Pfennige oder 12 Deniers auf einen Sou. — Im Clevischen hat der Pfennig 2 Heller; 4 Pfennige machen 1 Fettmännchen, 8 einen Stüver, und 480 einen Thaler. — In Dänemark ist ein Pfennig der vierte Theil eines Wittens, 288 Witten aber machen einen Thaler. — Im Schwedischen Pommern, Hamburg und Lübeck ist der Lübische Pfennig gebräuchlich, deren 3 auf einen Witten, 6 auf einen Sechsling oder Flämischen Pfennig, 12 auf einen Schilling, 142 auf eine Mark und 576 auf einen Thaler gerechnet werden. — In Preußen machen 6 Pfennige einen Schilling, 18 einen Groschen, 540 einen Preußischen Gulden. — Der eigentliche Pohlnische Pfennig ist von gleichem Werth, obgleich in Großpohlen nur 3 auf einen Schilling, 9

 auf

auf einen Groschen und 270 auf einen Gulden gehen, weil nämlich Schillinge, Groschen und Gulden nur halb so groß sind. — In Wien, und wo sonst die Kaiser- oder Silbergroschen gelten, machen 12 Pfennige oder Denare einen Kaisergroschen, und folglich 360 einen Thaler, 3 Denar einen Gröschel, 4 einen Kreuzer. Vergl. Albus. — In Schweden machen 2 Pfennige 1 Oerlein, 8 ein Oer, 64 eine Mark, 256 einen Thaler aus; alles in Kupfermünze. In Silbermünze beträgt jedes dreymal so viel. — In England machen 12 Pence oder Pfennige einen Schilling, 240 aber ein Pfund Sterlings; ein Pence ist also etwas mehr, als bey uns 6 Pfennige.

Pfund Flämisch, in Holland, hat 6 Gulden, 2⅔ Reichsthaler oder 20 Schillinge. —

Französisches Pfund, s. Livre. — Pfund Sterling in England hat 20 Schillinge. — Es ist an Werth gewöhnlich 24 Französischen Pfunden gleich.

Piaster hat in Konstantinopel 120 Asper. Doch werden auch die Holländischen Löwenthaler Piaster genannt, die um die Hälfte mehr werth sind, als die Türkischen. — In Florenz ist ein Piaster und ein Ducaten einerley, und wird zu 7 Lire gerechnet. — In Genua rechnet man den Piaster oder die Pezza zu 5 Lire 15 Soldi. — In Rom 10½ Paoli. — Spanisch, s. Stück von Achten.

Piastrino, Florenz, 1 Lire, 8 Soldi und 8 Denari.

Picciolo, in Neapel, hat 2 Cavalli. 2 Piccioli machen einen Quartino.

Pieta ist in Malta ein halber Grano.

Pistole, ein Name der goldenen 5 Thalerstücke. Doch hat man hin und wieder Pistolen von geringerm Werthe. So hat z. B. die päbstliche Pistole 30 Paoli; d. i. sie gilt wenig über 4 Reichsthaler.

Plaquette, in den Oesterreichischen Niederlanden, alte 2½ Stüver. — Neue 3½ Stüv.

Plappert, ist in Basel der Name eines Schillings, s. Schilling.

Poltinik, eine Russische Münze von 50 Kopeken. Einer gilt in Liefland 20 Mark-Ferdings.

Polturak oder Poltrak oder Brummer, in Pohlen, siehe Groschen.

Polu-

Polupoltinik, eine Russische Münze von 25 Kopeken, gilt in Liefland 10 Mark-Ferdings.

Poluschke, Kupfer, in Rußland. 2 machen einen Denuschke, 4 eine Kopeke. In Liefland gilt ein Poluschke einen ordentlichen Ferding.

Ponti, in Sicilien, hat 8 Piccioli. 15 Pontis machen einen Taro.

Portugaleser, wird in Deutschland zu 10 Dukaten gerechnet, s. Ree.

Quadrupel, eine vierfache Duplone, s. Duplone.

Quart, zu Genf, hat 3 Genfische Deniers; 4 Quarts machen einen Genfischen Sou, 12 Sous einen Genfer Gulden, 42 Sous einen Französischen Livre.

Quarto, in Spanien, s. Real.

Quartino, in Neapel, hat 2 Piccioli oder 4 Cavalli. 3 Quartini machen einen Grano.

Quatrino, s. Denaro. Zu Rom machen 50 Quatrini einen Paolo.

Räderalbus, in Köln, welcher auch Groschen heißt, hat 2 Clevische Stüver, 3 Kreuzer oder 4 Fettmännchen.

Rappe, Silber, hat 2 Baselsche Pfennige; 5 Rappen machen einen Albus, 6 einen Schilling.

Real, Silber in Spanien. 1) Reale de Plata oder Real in Silbermünze hat 16 Quartos oder 640 Dineros. 2) Reale de Vellon oder Real in Kupfermünze hat 8½ Quarto oder 340 Dineros.

Ree ist die allgemeine Portugiesische Münze, indem alles nach Rees gerechnet wird. Tausend Rees heißen Millerees. Es ist aber zu merken, daß die geprägten Millerees seit 1722 1200 Rees gelten. Millerees sind der 20ste Theil eines Dabraons als der größten Portugiesischen Goldmünze, die 100 und einige 60 Thaler nach Louisd'or austrägt. 4 Millerees heißen eine Lisbonine, auswärts ein Portugaleser. Ein Crusado ist vor 1722 zu 400 Rees ausgeschlagen, gilt aber jetzt 480.

Rosenobel, eine ältere Englische Goldmünze, die man nach Louisdor gemeiniglich 5 Rthlr. 20 gr. rechnet, die man aber richtiger 6 Rthlr. rechnen würde, ob sie gleich der Seltenheit wegen höher bezahlt wird.

Rubel in Rußland, Silber und Gold, hat 10 Griwen oder 100 Kopeken. Man rechnet sie nach Deutschem Gelde gemeiniglich zu 1 Rthl. 6 gr.

Rundstück, s. Mark.

Rupie, eine Asiatische Silber-Münze, die nach Deutschem Gelde etwa einen Gulden oder drüber ausmacht. Eine goldene Rupie, in Ostindien, ist eine ohngefähr 10 Reichsthaler in Silbergeld betragende Münze.

Rusvone in Florenz gilt 3 Zechinen, oder 60 Paoli oder 40 Lire.

Ruyder oder Neue Ruyder, eine Holländische Goldmünze, hat 14 Holländische Gulden. Man hat auch andre, die halb so viel betragen.

Schaav, s. Flinrich.

Schiffnobel, eine ältere jetzt seltnere Englische Goldmünze, wird gemeiniglich nur zu 4 Rthl. 20 gr. gerechnet, könnte aber fast einem Louisdor gleich gerechnet werden, der nicht viel über 1 Groschen besser seyn wird.

Scherf, eine ganz kleine Münze im Lüneburgischen, wovon 8 einen Witten oder Dreyer, 32 aber einen Groschen machen.

Schildlouisd'or, s. Vertügadin.

Schilling, eine Silbermünze, die an verschiedenen Orten von sehr verschiedenem Gehalte ist. In Hamburg, Meklenburg und dem Schwedischen Pommern wird ein Schilling, wovon 6 auf einen Schilling Flämisch, 16 auf eine Mark und 48 auf einen Thaler gehen, in 2 Sechslinge (Dreyer), der Sechsling in 2 Witten getheilt, ein Witten aber ist so viel als anderswo anderthalb Pfennige. In Dänemark ist ein Schilling halb so viel, und hat 3 Witten, 1 Witten aber 4 Dänische Pfennige. Ein Schilling Sundisch ist im Schwedischen Pommern einem Sechsling oder 2 Witten gleich. Der Bremische Schilling, welcher ebenfalls der 48ste Theil eines Thalers ist, hat $1\frac{1}{2}$ Grot, 1 Grot aber 5 Schwar. — In Preußen hat der Schilling 6 Pfennige; 3 Schillinge gehn auf einen Preußischen Groschen, 270 auf einen Thaler; im Grospohlen aber

aber 540. — In Wien ist ein Schilling 2 Groschen; denn 12 machen einen Thaler. — In Nürnberg ist ein Schilling so viel als ein Kaisergroschen; denn 30 machen einen Thaler. — In Straßburg gehn 5 auf einen Livre und 15 auf einen Ecü. — In Basel gehn 15 Plapperte oder Schillinge auf einen Livre, 45 auf einen Thaler. Ein Plappert hat 6 Rappen, 12 Pfennige oder 16 Deniers. In Zürch 40 auf einen Zürcher Floren, 72 aber auf einen Reichsthaler. Ein Schilling hat daselbst $1\frac{1}{2}$ Kreuzer, 4 Angster oder 8 Heller. — Im Clevischen und Lüttichschen gehn 8 Schillinge auf einen Thaler, in Ostfriesland aber 9. — $8\frac{1}{2}$ Schillinge Flämisch machen in Holland einen Reichsthaler, 20 aber ein Pfund Flämisch. Auf einen gestempelten Schilling gehen 6 Stüver, 12 Grot oder 96 Pfennige. — 20 Englische Schillinge machen 1 Pfund Sterling; also beträgt ein Schilling noch mehr als 7 Groschen Deutschen Geldes; 21 Schillinge machen eine Guinee.

Schlantz, ein 3 Oerstück Kupfermünze in Schweden.

Schock (nämlich Groschen). Ein neues (Meißnisches) Schock ist 60 Groschen, ein altes nur 20 Groschen.

Schostak, s. Szostak.

Schwar, s. Flinrich.

Schweizerbatzen hat 3 Sous oder 18 Pfennige, zu Basel, 10 davon machen 9 gute Batzen, und 30 gehn auf einen Ecü oder Thaler.

Scudo hat zu Rom 10 Paoli — in Sicilien und Malta 12 Tari oder 24 Carlini; doch gilt ein solcher im Neapolitanischen nur 17 Carlini. — Zu Bologna $4\frac{1}{4}$ Lire, $8\frac{1}{2}$ Giuli, 85 Soldi. — Zu Florenz der ordentliche Scudo Ducaten oder Piaster (in Silber) 7 Liren oder 20 ordentliche Soldi, der goldene Scudo $7\frac{1}{2}$ Lire oder 20 goldene Soldi. Vgl. Soldo. — In Venedig hat der Scudo della Croce oder Kreuzscudi 9 Lire 12 Scudi in Courant oder 12 Lire 8 Soldi in Moneta picola. — In Mailand 5 Lire und 15 Soldi. — Im Piemontesischen 6 Lire oder 120 Soldi. — In Genua gilt ein Scudo d'argento, der auch eine Genovine genannt wird, in Courant 9 Lire 10 Soldi, der goldene Scudo oder die halbe Dorpie 11 Lire 16 Scudi. Die Genovine macht nach Deutschem Gelde 2 Thaler und 6 bis 7 Groschen.

Sechs-

Sechser. So nennt man an vielen Orten die 6 ₰ Stücke. In Danzig heißt der Szostak so.

Sechsling ist ein Dreyer. S. Schilling und Witten.

Séverin, s. die gewöhnlichen Goldmünzen.

Siebener oder Siebenkreuzer sind theils alte 5 Kreuzerstücke, die auf 7 Kreuzer erhöht worden, theils neue seit 1750 im Oesterreichschen wirklich zu 7 Kreuzern ausgeschlagene.

Siebenzehner oder Siebzehner entweder alte 15 Kreuzerstücke, die auf 17 Kreuzer erhöht worden, theils neue zu 17 Kreuzern ausgeschlagene.

Silbergroschen heißt in Schlesien so viel, als ein Kaisergroschen.

Slot, s. Zlotus.

Slota oder Solota, in der Türkey, alte, 90 Asper; neue 80 Asper.

Sol oder Sou, in Frankreich, s. Denier. Zu Bern, wo der Sou dem Französischen gleich ist, machen deren 50 eine Krone, zu Basel 33⅓ einen Gulden, wovon 1½ auf einen Ecu gehen. 2 Sous machen einen Batzen, 1 Sou hat 2 Kreuzer oder 12 Deniers. Zu Genf machen machen 42 Sous so viel als 20 Französische, nämlich 1 Livre. Ein solcher Sous hat 4 Quarts.

Soldo (lateinisch Solidus, französisch Sou, deutsch Schilling). Zu Florenz giebt es viererley Soldi, Soldi d'oro, corrente, Pezzi und Lire oder Piccoli, auf jeden gehen 12 Denari von eben der Gattung. 20 Soldi von der erstern Art machen einen Scudo d'oro, von der zweyten einen Scudo in Courant oder Ducaten, von der dritten eine Pezza da otta Reali, von der vierten eine Lira. Der Unterschied aller dieser vier verschiedenen Münzsorten ist leicht zu sehen, wenn man weiß, daß der Scudo d'oro 90, der Scudo corrente 84, die Pezza 69 und die Lira 12 Crazie hält. — In Livorno machen 20 Soldi di Lira eine Lira, 20 Soldi di Pezza eine Pezza; 6 Soldi di Lira aber, oder 3⅓ Crazie machen einen Soldo di Pezza. — In Bologna, Venedig, Genua, Mailand, Turin &c. gehn 20 Soldi auf eine Lira, auf den Soldo aber 12 Denari. — In Rom besteht der Soldo oder Grosso aus 12 Denari, und 20 Soldi gehen auf einen Scudo, 2 aber auf einen Paolo oder Giulio.

Solota, alte, in der Türkey, hat 90 Asper; neue hat 80 Asper.

Souverain, s. die gewöhnlichen Goldmünzen.

Stooter, in Holland, 2½ Stüver.

Stück von Achten, oder Spanische Piaster in Deutschem Gelde ohngefähr 1 Thl. 10 gr.

Stüver, in Holland, hat 16 Pfennige oder 2 Groot Flämisch. In Cleve machen 5 Stüver 2 gute Groschen.

Sultanin, s. Zechine.

Syfert, s. Flinrich.

Szostak oder Schostak, in Pohlen, hat 12 Pohlnische oder 6 Preußische Groschen, 15 aber machen einen Thaler.

Taro, in Sicilien, Neapel und Malta, hat 2 Carlini.

Testone, in Portugall, hat 100 Rees; Testons zu Rom und Florenz 3 Paoli.

Thaler. Speciesthaler ist 1 Rthlr. 8 Gr. Dickthaler 1 Rthlr. 3 Gr; Kreuz- oder Löwenthaler 1 Rthlr. 6 Gr.; 1 Schlesischer Thaler hat 19½ Gr. oder 24 Kaisergroschen. 2 Clevische Thaler machen einen Reichsthaler 1 Thaler Schwedische Silbermünze ist gleich 3 Thalern Kupfermünze. Der Thaler Kupfermünze kann jetzt nach Deutschem Gelde fast nicht höher gerechnet werden, als zu 2 Groschen, indem der Speciesducaten zu 35½ Thaler gerechnet wird. Der Thaler hat dort 4 Mark.

Timpf, deren 5 einen Thaler ausmachen, hat in Preußen und Kleinpohlen 18 Groschen, in Großpohlen 3 Szostak oder 36 Groschen.

Torneso, zu Neapel, hat 3 Piccioli oder 1½ Quartini. 2 Tornesi machen einen Grano.

Trojak, in Pohlen, ein halber Szostak.

Verding, s. Ferding

Vertugadin, Französische Goldmünze, sonst Schildlouisd'or genannt, sind ohngefähr 6 Thaler am Werth, die Pistole zu 5 Thalern gerechnet.

Weißpfennig, s. Albus.

Weiß-

Weißgroschen ist in Schlesien der 45ste Theil eines Thalers, und besteht aus 2 Kreuzern, 4 Dreyern, 8 Pfennigen oder 12 Hellern. 1½ weiße Groschen machen 1 Silber- oder Kaisergroschen, 36 aber einen Schlesischen Thaler.

Witten ist in Meklenburg, Hamburg und Lübeck so viel, als 3 leichte oder 1½ schwere Pfennige. 2 Witten machen einen Sechsling oder Dreyer. — In Dänemark gehen 3 Witten auf einen Schilling oder Dreyer; folglich ist da ein Witten so gut, als ein Sächsischer Pfennig. Man rechnet 4 Dänische Pfennige auf einen solchen Witten. — Im Lüneburgischen ist ein Witten so viel, als 1 Dreyer; 4 gehn auf einen Groschen und 96 auf einen Thaler. — In Ostfriesland gehn 540 Witten auf einen Reichsthaler, 5 machen einen Sechsling oder Syfert. — In Reval machen 10 Kopeken 8 Witten oder eine Grive, 64 Witten aber 1 Thaler. — In Stockholm werden die Oere in Silbermünze, deren 32 auf einen Thaler Silbermünze gehen, Witten genannt.

Zechine, eine goldene Münze, gilt in Venedig 22 Lire, in Rom 20½ Paoli, in Florenz 13⅓ Lire oder 20 Paoli. — In der Türkey hat eine Zechine 5 Piaster. Die Kremnitzer Ducaten heißen daselbst Ungarische Zechinen.

Zlotus ist der einheimische Name des Pohlnischen Guldens.

§. 15.

Anmerkungen v. der genauern Berechnung der Münzsorten und andrer Benennungen.

Wenn jemand es ganz genau wissen will, wie sich die Münzen sowohl, als die verschiedenen Arten von Mäßen oder andere Benennungen gegen einander verhalten, so sind demselben vornehmlich folgende Bücher zu empfehlen:

Krusens Gold- und Silbertabellen.
Beuthers Münzlexicon. Augsb. 1774. 8.
Nelkenbrechers Taschenbuch eines Banquiers und Kaufmanns. Berlin 1775. Neueste Ausgabe 1798.

Das letztere Buch ist besonders brauchbar, weil es nicht bloß die Münzsorten, die an jedem berühmten Handelsorte gewöhnlich sind, sowohl un-

unter sich als mit den vornehmsten daselbst gangbaren fremden Münzen vergleicht, sondern auch das Ellen=, Korn=, Wein= und Biermaß, ingleichen das Gewicht kurz beschreibt, und sein Verhältniß gegen Berlinisches Maß und Gewicht angiebt, woraus man das Verhältniß zu den übrigen von selbst leicht finden kann.

§. 16.

Möglichkeit zu wissen, wie viel von einer Sorte auf die andre gehen.

Alle Verzeichnisse reichen indessen nicht hin, um gleich bey dem ersten Anblicke zu erkennen, wie viel Stücke der geringern Sorte an jedem Orte und zu jeder Zeit zu einem Stücke der höhern Sorte gerechnet werden. Es kann z. E. eine alte Rechnung gefunden werden, worin eine Geldsumme nach Gulden, Groschen, Pfennigen und Hellern berechnet ist. Da kann mir nun vielleicht kein Rechenbuch eigentlich zurecht helfen, um zu wissen, wie viel Heller damals auf einen Pfennig, wie viel Pfennige auf einen Groschen, und Groschen auf einen Gulden gegangen. Man wird aber vermittelst der Addition, Subtraction, Multiplication oder Division gemeiniglich im Stande seyn, genau anzugeben, wie viel damals dazu gehörten. Wie dies aber geschehe, kann nicht eher, als am Ende einer jeden Species gezeigt werden. Man sehe daher die letzten Paragraphen des Addirens, Subtrahirens und Dividirens mit benannten Zahlen.

§. 17.

Wie man große Benennungen in kleine resolvire.

Die Resolvirung (Auflösung) oder Verwandlung großer Benennungen in kleinere geschieht vermittelst der Multiplication. Man fragt, wie viel Stücke der größern Art auf die nächste klei-

kleinere gehe, und multiplicirt mit der Anzahl der letztern. Alsdenn geht man auf gleiche Art zu einer kleinern; dann, wenn es nöthig ist, zu einer noch kleinern. Mehrentheils wird man sich der Multiplication durch Zerfällen, ingleichen zuweilen der Multiplication vermittelst des großen Ein mal Eins dabey mit vielem Vortheile bedienen können. Z. E. man wollte wissen, wie viel 213 Thaler Pfennige enthalten, so sagt man, ein Thaler hat 24 Groschen, ein Groschen hat 12 Pfennige, und alsdann setzt man es also auf:

Nach der gewöhnlichen Multiplication.

213 Rthl.
24
852
426
5112 Gr.
12
10224
5112
61344

Nach der Zerfällung.

213 Rthl.
852 (4
5112 Gr. (6
15336 (3
61344 ₰ (4

Mit dem großen Ein mal Eins.

213 Rthl.
5112 (24
61344 (12

1213 Centner, wie viel sind es Pfennigsgewichte? (S. oben S. 135.).

1213 Ct.
110
12130
1213
133430 ℔ × 32
533720 (4
4269760 L. (8
17079040 Q. (4
68316160 ₰ G. (4

Wenn

Wenn außer der großen Benennung auch Stücke von der kleinern da sind, so müssen dieselben am gehörigen Orte zugerechnet werden. Will man (vornehmlich bey Anfängern) alle Irrungen vermeiden, so geschieht das Zurechnen jedesmal nach Vollendung der dahin gehörigen Multiplication. Die Groschen z. E. werden zugerechnet, nachdem man mit 24, die Pfennige, nachdem man mit 12 multiplicirt hat. Z. E. es würde gefragt, wie viel Pfennige sind in der Summe 23 Rthl. 15 Gr. 9 Pfennige? wie viel Bogen (Schreibpapier S. S. 139.) in 3 Ballen 5 Ries 15 Buch und 23 Bogen enthalten?

23 Rthl. 15 Gr. 9 Pf.
92 (4
552 (6
15
567 Gr.
6804 (12
9
6813 Pf.

3 B. 5 R. 15 B. 23 B.
30 (10.
5
35 R.
700 (20
15
715 Buch
2860 (4
17160 (6
23
17183 Bogen.

Man kann aber die Zurechnung auch auf andre Art vornehmen. Erstlich durch Unterschreiben. Z. E.

39 ℔ 29 Loth, wie viel sind es Loth?

```
   39
   32
  ---
   78
 117⁹
    2
 ----
 1277
```

Zweytens kann man die Ziffern, die man würde unterschreiben müssen, gleich beym Multipliciren zunehmen, welches das kürzeste ist, aber einige Aufmerksamkeit und Genauigkeit erfodert. Z. E.

```
  39 Ct. 103 ℔. 23 L.          39 Ct. 103 ℔. 23 L.
  110                          110
  ---                          ---
  393                Oder:    4393 (8
 40                          -----
 ----                        35144 (4
 4393                       ------
   32                       140599
 ----
 8789
13181
------
140599
```

Im letzten Fall hieß es bey den Centnern 11 mal 9 ist 99 und 10 (die beyden ersten Ziffern von 103) ist 109; 9 hin, 10 im Sinn. Bey den Lothen geschah die Zurechnung bey der letzten Multiplication mit 4. 4 mal 4 ist 16 und 23 ist 39; 9 hin, 3 im Sinn; oder (welches aber unbequemer ist): 4 mal 4 ist 16 und 3 ist 19; 9 hin, 1 im Sinn, und die 2 von 23 dazu, 3 im Sinn.

Wenn man nichts zuzurechnen hat, kann man sich zuweilen die Arbeit noch mehr erleichtern, wenn man die größte Sorte gleich in die kleinste verwandelt. Z. E. es ist bekannt, daß der Reichsthaler aus 288 gewöhnlicher Pfennige besteht, deren 12 auf einen Groschen gehen. Wenn man nun wissen wollte, wie viel 16 Thaler Pfennige enthalten, so thut man ja unstreitig besser, wenn man 288 mit 16 multiplicirt, als wenn man 16 erst mit 24 zu Groschen und das Herauskommende mit 12 zu Pfennigen machen wollte. Um diesen Vortheil erhalten zu können, der auch dazu dient, die Reduction allenfalls ohne Aufschreiben bloß mit dem Kopfe vorzunehmen, muß man sich Tabellen folgender Art aufsetzen, und sich dieselben zu künftigem Gebrauche bekannt machen.

1 Tha-

Thaler.	Groschen.	Pfennige.	Heller.
1.	24.	288.	576.
	1.	12.	24.
		1.	2.

Centner	Stein.	Pfund.	Mark.	Loth.	Quentchen.	Pfeniggewicht.
1.	5.	110.	220.	3520.	14080.	56320.
	1.	22.	44.	704.	2816.	11264.
		1.	2.	32.	128.	512.
			1.	16.	64.	256.
				1.	4.	16.
					1.	4.

Mehrere von dieser Art wird man zu seiner Uebung aus obigen Verzeichnissen leicht verfertigen können.

Der Nutzen dieser Resolution zeigt sich schon bey dem Multipliciren und Dividiren benannter Zahlen, vornehmlich aber in der Regel de Tri.

§. 18.

Wie man kleine Benennungen auf große reducire.

Das Reduciren oder Verwandeln der kleinern Benennungen in größere geschieht vermittelst der Division. Wenn jemand mir sagte, ich bin 757 Pfennige schuldig, so würde ich sogleich zu wissen verlangen, wie viel das Thaler und Groschen wären, oder wie viel Thaler und Groschen darin enthalten wären. Das läßt sich nun vermittelst der Division leicht erfahren. Man verwandelt die Pfennige zuerst in Groschen, als in die erstere höhere Sorte. Was beym Dividiren mit 12 heraus kömmt, sind Groschen; was übrig bleibt, sind Pfennige. Die Groschen dividirt man mit 24, um sie zu Thalern zu machen. Was heraus kömmt, sind Thaler; was übrig bleibt, sind Groschen. So wird es nun mit

mit allen Arten von Benennungen gehalten. Z. E. Quentchen werden mit 4 zu Lothen, Lothe mit 32 zu Pfunden, Pfunde mit 110 zu Centnern gemacht. Das Uebrigbleibende ist allemal von eben der Sorte, als der Dividendus, der jedesmalige Quotient aber giebt die neuere höhere Sorte, und wird, wenn es noch nicht die höchste Sorte ist, immer wieder zum Dividendus gemacht. Die practische Division leistet hier denjenigen, die darin geübt sind, große Vortheile.

```
       ℊ.  24 Gr.
12 | 7̸5̸7̸ | 6̸3̸ | 2 Thl.
      3(1 ℊ 15 Gr.
```

Oder:

```
      ℊ 24
12 | 757 | 6.3 | 2 Rthl.
     72  | 48
     --    --
     37    15 Gr.
     36
     --
      1 ℊ.
```

Oder practisch:

```
      ℊ
     757
3)   ---
     252. 1 ℊ.
4)   ---
      63.
4)   ---
      15. 3.
6)   ---
     2 Rthl. 3. 15 Gr.
```

Quentchen.

```
      9 8 7 2 3 5
4)    -----------
      2 4 6 8 0 8. 3 Q.
4)    -----------
        6 1 7 0 2.
8)    -----------
          7 7 1|2. 24 L.
110)  -----------
            7 0 Ct. 12 ℔.
```

Metzen.

Metzen.

```
4) 987343.
4) 246835. 3.
2) 61708. 3. 15 Metzen.
6) 30854.
2) 5142. 2 Scheffel.
   2571 Wisp. 0 Malter.
```

```
5) 8 9 7 2 4 4 Bogen Druckpapier.
5) 1 7 9 4 4 8. 4.
2|0) 3 5 8 8|9. 3. 19 Bogen.
1|0) 1 7 9|4 9 Buch.
     1 7 9 Ballen, 4 Ries.
```

Will man nur wissen, wie viel eine Summe der kleinsten Benennungen in der größten ausmacht, ohne daß es auf die Anzahl der Stücke von kleinerer Benennung ankömmt, so muß man sich nach den oben Seite 163. angeführten und vorgeschlagnen Tabellen gleich den größten Dividendus suchen. Z. E man weiß, daß ein Thaler 288 Pfennige hat. Will man nun wissen, wie viel 28323936 Pfennige Thaler ausmachen, so dividirt man 28323936 mit 288 auf die möglichst kürzeste Art.

```
288|28323936|98347 Rthl.
   | 240951 |
      930
      12
```

Weil es auf das Uebrigbleibende nicht ankommt, so erspart man sich die Mühe, mit der letzten Ziffer des Quotienten wirklich zu multipliciren (obgleich in diesem Beyspiele die Division gerade aufgehen würde).

Ein Centner hat 14080 Quentchen; wie viel Centner sind nun in 3021984 Quentchen enthalten?

```
1408|0|302198|4|214 Ct.
      | 2051  |
        65
```

 Zehn-

Zehntes Hauptstück.

Vom Addiren benannter Zahlen.

§. 1.

Welche benannte Zahlen man zu einander addiren könne.

Wenn benannte Zahlen zu einander sollen addirt werden, so müssen sie von solcher Art seyn, daß sie mit einander überein kommen, und die größern aus den kleinern zusammengesetzt sind. Z. E. es ist nicht möglich, daß man folgende Geldsummen addiren kann. 7 Floren 25 Kreuzer. 89 Thaler 15 Groschen 2 Pfennige. 57 Mark. 6 Schillinge 1 Witten; sondern wenn die erste Reihe Kreuzer und Theile von Kreuzern hat, so müssen die folgenden Reihen es eben so haben. Folglich müssen die übrigen Reihen erst in eben solche Münzsorten verwandelt werden, ehe man sie summiren kann.

Es giebt Leute, welche zuweilen Dinge zusammenaddiren, die ihrer Natur nach nicht bestimmt sind, zusammenaddirt zu werden. Z. E. ein großer Herr hat 12 alten Männern die Füße gewaschen. Davon ist der erste alt 84 Jahr 9 Monath 5 Tage 4 Stunden, der zweite 93 Jahr 7 Monath 18 Tage 23 Stunden u. s. w. Wozu könnte das dienen, wenn man das Alter dieser Männer zusammen rechnete, wie die Zeitungsschreiber ehemals gewöhnlich zu thun pflegten? Jener sagt von einer Reihe Bücher: diese Bücher sind zusammen 20000 Jahr alt: läßt sich dabey etwas denken? Das würde nicht viel besser seyn, als wenn jemand sich alle Jahre wiegen ließe, und nach Verlauf von 20 Jahren nun ausrechnen wollte, wie viel er diese 20 Jahre über zusammen gewogen hätte, oder als wenn er im Winter täglich den Grad der Kälte bemerkte, und am Ende desselben die Summe davon zöge.

§. 2.

§. 2.

Die Regeln des Addirens benannter Zahlen sind nur kurz. 1) Man setze Sorte unter Sorte; übrigens nach den Regeln der Addition unbenannter Zahlen Einer unter Einer, Zehner unter Zehner ꝛc. s. S. 22. 2) Man fange mit der Addition von der kleinsten Sorte an, verwandle die Summe durch Dividiren in die voranstehende größere; was übrig bleibt, setze man unter die kleine Sorte als Summe; was heraus kömmt, rechne man zu der nächsten Zahlensäule der größern Sorte zu, und so fahre man fort bis zu der letzten oder größten Sorte. Z. E. Regeln dieses Addirens.

Rthl.	Gr.	Pf.	
38 —	15 —	9	
79 —	18 —	7	12 | 50 | 4
83 —	15 —	2	2 Pf.
123 —	9 —	10	
8 —	15 —	7	24 | 110 | 4
9 —	23 —	4	14 Gr.
723 —	11 —	11	
4	4		
1067 Rthl.	14 Gr.	2 Pf.	

Die Pfennige geben hier zusammen 50. Diese sind an der Seite hingesetzt, und mit 12 zu Groschen gemacht worden. 2 Pfennige bleiben übrig; diese werden in die Summe geschrieben. 4 Groschen kamen heraus, diese schreibt man klein unter die Säule der Groschen, um sie zuzurechnen. Die Summe der Groschen war 110. Diese mit 24 zu Thalern gemacht, geben 4 Rthl. 14 Groschen. 14 Groschen werden untergeschrieben, 4 Thaler aber zum Folgenden zugerechnet.

W.	Sch.	V.	M.
28 —	19 —	2 —	3
23 —	18 —	3 —	1
89 —	6 —	2 —	3
47 —	18 —	1 —	2
19 —	3 —	1 —	3
18 —	21 —	2 —	2
23 —	20 —	3 —	3
19 —	17 —	2 —	1
18 —	16 —	3 —	2
6	6	5	
290 W. —	—	—	—

Es kamen hier 20 Metzen; diese gaben 5 Viertel, ohne daß Metzen übrig blieben. Viertel waren 24, die grade 6 Scheffel machten. Scheffel sind 144, diese machen grade 6 Wispel.

℔.	L.
18 —	13
29 —	17
57 —	28
33 —	19
102 —	15
39 —	31
72 —	18
53 —	6
26 —	8
29 —	19
93 —	8
57 —	—
12 —	20
23 —	14
83 —	17
84 —	5
83 —	6
72 —	18
73 —	22
74 —	16
82 —	19
94 —	16
83 —	26
12 Ct. 62 ℔	9 L.

361 Loth machen 11 Pfund und 9 Loth. Die herauskommenden 1382 Pfunde müssen mit 110 zu Centnern gemacht werden. So erhält man 12 Ct. 62 ℔.

§. 3.

Vom Transportiren.

Wenn ein Additionsbeyspiel dieser Art so lang wird, daß man es nicht auf Eine Seite brin=

bringen kann, so wird jede Seite für sich gerechnet unten summirt, und was herausgekommen, zu Anfang der folgenden Seite angemerkt, welches man transportiren nennet, auf diese Art kömmt zuletzt die allgemeine Summe. Zu einem Beyspiele davon mag ein Theil eines Ausgabebuches dienen.

Jan.		Rth.	Gr.	₰
3	Kosten für den Hausverkauf	17	9	6
4	An die Bedienten laut des Vermächtnisses	54	12	—
5	Der Köchinn zur Wirthschaft	10	17	—
	Die Brauerrechnung bezahlt	23	15	—
	Taxirung des Gartens	11	9	6
	Dem Maurer, das Grab auszumauern	2	16	—
6	Den Garten in die Zeitungen setzen lassen	—	18	—
7	Brief nach Petersburg franco Memel	—	18	—
	Brief nach Frankfurt am Mayn franco Duderstadt	—	8	—
	7 Briefe nach Stettin	—	21	—
8	Dem Schmiede Koch die Rechnung bezahlt	37	18	—
12	Der Köchinn zur Wirthschaft	10	—	—
13	Eine Reise nach Merkdorf gethan	1	17	6
15	Ausbesserung des Daches	—	15	—
16	Feuerkassengeld	2	14	8
17	Zur Armenkasse	2	—	—
18	Buchhändlerrechnung	43	—	—
19	Der Köchinn zur Wirthschaft	7	13	6
20	Ein Anker Wein	7	16	—
	3 Briefe aus Leipzig, Nachschuß	—	1	6
21	Die Auction in die Intelligenzblätter und Zeitungen zu setzen	1	18	—
23	Für das Ausräumen der Auctionsstube	—	15	—
24	Dem Ausrufer für seine Gänge	—	16	—
25	Den Soldaten für Herunterbringung der Kasten und Schränke	—	7	6
26	Zur Wirthschaft	5	14	9
27	Dem Bruder einen Wechsel von 300 Mark übersandt	127	9	4
		372	8	9

		Rtl.	Gr.	Pf.
Jan.	Transport	372	8	9
28	Dem Auctionscommissar	8	—	—
	Dem Ausrufer	2	16	—
29	Räumung und Reinmachen des zweiten Stockwerks	1	17	—
30	Die Geräthschaften aus dem Gartenhause hereinzufahren	—	5	—
31	Dem Bruder einen Wechsel von			
Feb.	600 Mark	253	21	9
1	Dem Briefträger	—	3	6
	Der Armencasse	—	4	—
	Der alten Hauchinn	1	12	—
	Dem Schornsteinfeger	—	16	—
2	Zur Wirthschaft	3	19	8
	Der Schwester baar mitgegeben 100 Thaler in Gold und 50 Thaler in Courant.	157	6	—
	Reisegeld noch besonders 7 Thaler Preußisches Geld und 3 Thaler Sächsisches	10	4	6
		812	14	2

Proben einer Addition mit Transporten.

Man rechne die erste Seite nach, so wird man finden, daß sie 372 Rthl. 8 Gr. 9 Pf. giebt. Diese sind auf die zweyte transportirt oder übergetragen, und so findet sich endlich die Hauptsumme.

Es ist ganz natürlich, daß, wenn ein einziger Transport falsch ist, alsdenn alle folgende, und folglich auch die Hauptsumme, falsch werden. Will man also verhuten, daß keine falsche Summe auf die folgende transportirt werde, so rechne man die Seite, von der man übertragen will, ohne den obenstehenden Transport zusammen, und ziehe die herauskommende Summe von derjenigen, welche zum Transport-auf die folgende Seite bestimmt ist, ab, so muß alsdenn der obenstehende Transport herauskommen, oder die Addition ist falsch. (Weil auf der ersten Seite noch kein Transport steht, so muß man diese auf die gewöhnliche Art nach S. 37. Hauptst. 2. §. 11, probiren, damit nicht gleich der erste Transport falsch werde.) Z. E. in vorstehendem Beyspiel giebt die zweite Seite, wenn man den darüber stehenden Transport nicht mitrechnet, 440 Rthl. 5 Gr. 5 Pf. Dies von der drunter stehenden Hauptsumme, 812 Rthl. 14 Gr. 2 Pf. abgezogen, läßt 372 Rthl. 8 Gr.

9 ₰. als den obenstehenden Transport; folglich ist alles richtig.

Wenn man eine von einem andern gemachte Transportrechnung prüfen will, so rechnet man jede Seite für sich ohne Transport zusammen, und aus diesen Summen zieht man dann eine Hauptsumme, die der Hauptsumme des andern gleich seyn muß, wenn richtig gerechnet ist. Sind die Summen nicht gleich, so läßt sich bald entdecken, auf welcher Seite der Fehler steckt. Z. E. die Rechnung bestände aus sechs Seiten, so wird die Probe so aussehen:

		Rthl.	Gr.	₰.
S. 1	beträgt:	43 —	16 —	9
S. 2	—	83 —	19 —	2
S. 3	—	89 —	12 —	8
S. 4	—	76 —	13 —	5
S. 5	—	89 —	12 —	2
S. 6	—	49 —	13 —	5
		432 —	15 —	7

Gesetzt nun, die Hauptsumme des andern hieße 432 Rthl. 14 Gr. 7 ₰, so addirt man den Betrag der ersten Hälfte, das ist hier der ersten 3 Seiten, nun sieht man zu, ob die in der Rechnung des andern unter der dritten Seite stehende Summe mit unsrer stimmt. Ist das nicht, so liegt der Fehler in einer von den Seiten der ersten Hälfte; sonst aber in der letzten. In einer von denselben muß er also aufgesucht werden.

§. 4.

Folgende Beyspiele kann man nun zur Uebung nachrechnen. Exempel zur Uebung.

Der Lehrer läßt sich bey allen Beyspielen in benannten Zahlen von dem Lernenden ausdrücklich sagen, wie viel von einer gegebenen Sorte auf die andre gehe, um zu sehen, ob er es recht wisse. Weiß er es nicht, so muß es ihm jederzeit gesagt werden, damit er es allenfalls dabey schreiben könne.

1.

1.

Von Benennungen gewisser Zahlen.

(S. Hauptst. 9 §. 2.)

1) 1 Schock 40 Stück + 2 Sch. 33 St. = 4 Sch. 13 St. 2) 8 Sch. 12 St. + 9 Sch. 13 St. + 8 Sch. 14 St. + 19 Sch. 23 St. + 48 Sch. 16 St. + 19 Sch. 30 St. + 59 Sch. 2 St. + 38 Sch. 12 St. + 49 Sch. 17 St. = 259 Sch. 19 St. 3) 15 Schock 3 Mandel 4 Stück + 18 Sch. 1 M. 12 St. + 19 Sch. 3 St. + 28 Sch. 2 M. + 59 Sch. 3 M. 5 St. = 141 Sch. 2 M. 9 St. *) 4) 2 Schock 2 Stiege 5 Stück + 8 Sch. 1 St. 9 St. + 3 Sch. 2 St. 3 St. + 2 Sch. 5 St. + 3 Sch. 1 Stiege. + 5 Sch. 2 St. 6 St. = 26 Sch. und 8 Stück. 5) 1 Schock 3 Dutzend 10 Stück + 4 Sch. 4 Dz. 11 St. + 3 Sch. 4 Duz. 9 St. + 12 Sch. 3 Dz. 5 St. + 9 Sch. 4 Dz. 10 St. = 33 Sch. 1 Dz. 9 St. 6) 3 Kiepen 16 Stiege 5 Stück. + 19 Kiep. 18 St. 15 St. + 19 K. 13 St. 15 St. + 23 K. 25 St. 19 St. = 66 K. 14 St. 14 St. 7) 18 Zimmer 3 Decher 8 Stück. + 19 Z. 2 Dch. 1 St. + 7 Z. 3 Dch. 5 St. + 10 Z. 3 Dch. 3 St. = 57 Z. und 7 Stück. 8) 5 Tonnen 9 Schock Heringe. + 7 T. 5 Sch. + 9 T. 36 Sch. + 58 T. 58 Sch. + 37 T. 37 Sch. + 98 T. 7 Sch. + 25 T. 36 Sch. = 242 T. 8 Sch.

2.

Vom gemeinen Fußmaße.

(S. S. 131.)

1) 9 Ruthen (die Ruthe zu 12 Fuß gerechnet) 7 Fuß 3 Zoll + 8 R. 11 F. 2 Z. + 19 R. 5 F. 4 Z. +

23

*) Man kann diese Schocke, Mandeln und Stücke entweder von Korngarben oder von Stücken Holz verstehen.

23 R. 6 F. 2 Z. + 8 R. 9 F. 6 Z. + 17 R. 10 F. 7 Z. = 88 R. 2 F. 2) 1 Elle 1 Fuß 9 Zoll + 3 E. 1 F. 7 Z. + 8 E. 9 Z. + 5 E. 7 Z. + 6 E. 1 F. 3 Z. = 25 E. 1 F. 11 Z. 3) 9 Ruthen (die Ruthe zu 16 Fuß gerechnet) 12 Fuß 4 Zoll. + 8 R. 7 Fuß 3 Z. + 19 R. 15 F. 11 Z. + 19 R. 13 F. 7 Z. + 23 R. 6 F. 8 Z. + 5 R. 14 F. 4 Zoll. + 29 R. 6 F. 8 Z. = 106 R. 12 F. 9 Zoll.

3.

Vom geometrischen Fußmaße.

(S. S. 131.)

Wenn hier nur die letzte Zahl gezeichnet ist, so geht alles nach der gewöhnlichen Addition. Z. E. 19 Ruthen 8 Fuß 7 Zoll + 9 R. 6 F. 8 Z. + 16 R. 9 Z. + 5 R. 3 F. + 8 R. 7 F. 9 Z. würde man so aufsetzen und ausrechnen.

19	8	7″
9	6	8
16	0	9
5	3	0
8	7	9
59	7	3″.

Weil es nemlich einerley ist (S. S. 131), ob man eine Summe bloß als Zoll, oder als Ruthen, Fuß und Zoll ausspricht, so kann man hier auch die Ausrechnung bloß als Zolle machen; denn 5973 Zoll sind eben so viel als $59^{\circ}7'3''$.

4.

Vom Französischen Långenmaße.

(S. S. 132.)

1 Perche 2 Toises 4 Pieds 10 Pouces 9 Lignes 8 Points + 3 Perch. 2 Tois. 5 Pieds 11 Pouc. 4 Lign. 10 P. + 14 P. 1. Tois. 3 Pieds 9 Pouc. 11 Lign. 9 P. + 15 P. 2 T. 5 P. 10 Pouc. 3 L. 8 P. + 22 P. 1 T. 4 P. 5 Pouc. 4 L. 9 P. = 60 Perches 11 Pouces 10 Lignes 8 Points.

5.

5.
Vom Meilenmaße.

Gesetzt man wollte genau wissen, wie weit es von einer gewissen Stadt bis zur andern wäre, deren Entfernung man gemeiniglich 10 Meilen rechnet, und man wüßte nur die Entfernung aller einzelnen Dörfer und Städte, zugleich auch die Weite des Weges, den ein Reisender durch die Dörfer und Städte selbst zu thun hat; so ließe sich die Zusammenrechnung leicht machen. Die erste Stadt mag A, die andre B heißen, so würde man die Berechnung auf folgende Art aufsetzen können. Die Ruthe wird zu zwölf Fuß gerechnet, der Fuß zu 12 Zoll.

	Ruthen.	Fuß.	Zoll.
Von A bis zum Dorfe C	825 —	10 —	6
Das Dorf C, oder der Weg durch dasselbe	120 —	ſ —	ſ
Von C bis zum Vorwerke D	908 —	11 —	ſ
Das Vorwerk	9 —	6 —	8
Bis zur Wassermühle bey R	924 —	3 —	6
Bis zum Städtchen E .	1817 —	9 —	8
Weg durch das Städtchen	128 —	5 —	6
Bis zur Meyerey M .	1080 —	6 —	ſ
Bis zum Zollhause F .	982 —	7 —	8
Bis zum Flecken N .	1842 —	7 —	6
Der Flecken	58 —	9 —	ſ
Bis an die Brücke bey O	523 —	8 —	6
Bis an das Dorf G .	872 —	5 —	3
Das Dorf	27 —	3 —	9
Bis an das Dorf P .	584 —	6 —	ſ
Das Dorf	40 —	ſ —	ſ
Bis an das Städtchen H	692. —	9 —	6
Das Städchen . .	110 —	6 —	ſ
Bis an das Dorf K . .	592 —	ſ —	ſ
Das Dorf	5 —	9 —	6
Bis an die Schäferey D .	842 —	5 —	ſ
Bis an die Mühle bey N .	842 —	6 —	ſ
Bis an die Dörfer K und Z	934 —	6 —	6
Der Weg durch beyde Dörfer	93 —	7 —	ſ
Bis zur Stadt D . . .	923 —	11 —	ſ
Die Stadt	213 —	9 —	4
Bis zum Vorwerke W .	914 —	3 —	6
Das Vorwerk .	17 —	ſ —	ſ
Bis zum Dorfe S	573 —	10 —	6
Das Dorf . .	95 —	ſ —	ſ
Bis zur Stadt B	875 —	ſ —	ſ
	18484 R.	4 F.	4 Z.

Diese

Diese 18484 Ruthen mit 1969 zu Meilen gemacht geben noch nicht völlig 10 Meilen, sondern nur 9 Meilen und 763 Ruthen.

6.

Vom Flächen- oder Quadratmaß.

(S. S. 133.)

Hiemit wird es gehalten wie vorher mit dem Längenmaße. Man zeichnet nur die letzte Ziffer, und addirt hernach ordentlich. Z. E.

$$
\begin{array}{r}
+\ 2837687^{IV} \\
984376 \\
5000320 \\
68500 \\
300306 \\
\hline
+\ 9191189^{IV}
\end{array}
$$

d. i. 919 Quadratruthen 11 Quadratfuß und 89 Quadratzoll.

7.

Vom Körper- oder Cubikmaß.

(S. S. 134.)

Auch hier ist die bloße Addition hinreichend; z. E. 3 Cubikruthen 371 Cubikfuß und 27 Cubikzoll + 9 Cubikruthen 3 Cubikfuß und 700 Cubikzoll wird so aufgesetzt:

$$
\begin{array}{r}
C.\ 3^{\circ}371'027'' \\
9\ 003\ 700 \\
\hline
12^{\circ}374'727''
\end{array}
$$

d. i. 12 Cubikruthen 374 Cubikfuß 727 Cubikzoll.

8.

Vom Kramergewicht.

(S. S. 135.)

1) 3 Ct. 108 ℔. 19 L. 3 Q. 3 ℈ Gew. 1 H. Gew. + 9 Ct. 98 ℔. 13 L. 2 Q. 2 ℈ Gew. 1 H. Gew. + 8 Ct.

8 Ct. 79 ℔. 23 L. 3 Q. 1 ₰ Gew. + 9 Ct. 83 ℔. 31 L. 1 Q. 3 ₰ Gew. 1 H. Gew. + 10 Ct. 103 ℔. 23 L. 2 Q. 3 ₰ Gew. 1 H. Gew. + 11 Ct. 109 ℔. 31 L. 3 Q. 3 ₰ Gew. 1 H. Gew. = 55 Ct. 34 ℔. 16 L. 2 Q. 1 Pf. Gew. 1 H. Gew. 2) 89 Ct. 83 ℔. 14 L. + 75 Ct. 79 ℔. 13 L. + 83 Ct. 89 ℔. 25 L. + 87 Ct. 79 ℔. 23 L. + 83 Ct. 80 ℔. 16 L. + 26 Ct. 104 ℔. 19 L. + 23 Ct. 103 ℔. 24 L. + 24 Ct. 94 ℔. 30 L. + 32 Ct. 81 ℔. 31 L. + 39 Ct. 77 ℔. 29 L. + 29 Ct. 89 ℔. 24 L. + 24 Ct. 39 ℔. 28 L. + 28 Ct. 76 ℔. 3 L. + 79 Ct. 55 ℔. + 85 Ct. 16 L. + 83 Ct. 89 ℔. 27 L. + 27 Ct. 65 ℔. 18 L. + 58 Ct. 19 ℔. 30 L. + 79 Ct. 30 ℔. 8 L. + 73 Ct. 79 ℔. 17 L. + 22 Ct. 27 ℔. 27 L. + 39 Ct. 36 ℔. 11 L. + 101 Ct. 49 ℔. 7 L. + 55 Ct. + 83 Ct 97 ℔. 29 L. + 89 Ct. 83 ℔. 19 L. = 1530 Ct. 67 ℔. 8 L. *) 3) 47 Ct. 3 St. **) 14 ℔. + 38 Ct. 4 St. 10 ℔ + 56 Ct. 2 St. 21 ℔. + 19 Ct. 4 St. 9 ℔. + 75 Ct. 1 St. 18 ℔. + 80 Ct. 4 St. 12 ℔. + 38 Ct. 3 St. 14 ℔. + 54 Ct. 4 St. 17 ℔. + 23 Ct. 3 St. 19 ℔. + 24 Ct. 2 St. 21 ℔. = 461 Ct. 2 St. 1 ℔.

9.

Vom Schiffsgewicht.

(S. S. 135.)

9 Lasten 8 Sch. ℔. 16 Lpf. 10 ℔. + 18 L. 9 Sch. ℔. 12 Lpf. 8 ℔. + 29 L. 11 Sch. ℔. 19 Lpf. 23 ℔. + 30 L. 10 Sch. ℔. 13 Lpf. 12 ℔. + 13 L. 9 Sch.

*) Wenn man in diesem Beyspiel den Centner nur zu 100 Pf. rechnen will, so muß man in der sechsten Reihe 27 Ct 4 Pf. anstatt 26 Ct. 104 Pf., und in der siebenten 24 Ct. 3 Pf. setzen. Die Summe wird alsdenn 1532 Ct. 17 Pf. 8 L. seyn.

**) Wenn man Stein schlechtweg sagt, so versteht man den großen Stein zu 22 Pf.

9 Sch. ℔. 18 Lpf. 11 ℔. + 27 L. 2 Sch. ℔. 18 Lpf. 9 ℔. + 27 L. 6 Sch. ℔. 13 Lpf. 8 ℔. + 19 L. 11 Sch. ℔. 13 Lpf. 10 ℔. = 178 Lasten, 7 Liespfd, 11 Pfund. Dies kömmt heraus, wenn man das Liespfund zu 14 ℔ rechnet. Rechnet man aber 15 ℔. darauf, so kommen 178 Lasten 7 Lpf. 6 ℔.

10.

Vom Apothekergewicht.

(S. S. 136.)

7 ℔. 4 Unzen, 4 Drachmen, 2 Scrupel, 16 Gran, 2 Grän + 9 ℔. 11 Unz. 7 Dr. 2 Scr. 15 Gr. 1 Grän + 19 ℔. 8 Unz. 5 Dr. 2 Scr. 16 Gr. 2 Grän. + 21 ℔. 9 Unz. 7 Dr. 1 Scr. 18 Gr. 1 Grän. + 29 ℔. 10 Unz. 1 Dr. 2 Scr. 15 Gr. 2 Grän. + 29 ℔. 6 Unz. 7 Dr. 2 Scr. 19 Gr. 2 Grän = 118 ℔. 4 Unz. 4 Dr. 1 Scr. 2 Gran, 1 Grän.

11.

Vom Silbergewicht.

3 mℒ. 15 L. 5 Gran, 2 Grän. + 19 mℒ. 13 L. 4 Gr. 1 Grän. + 9 mℒ 10 L. 4 Gr. 1 Grän. + 2 mℒ. 11 L. 5 Gr. 2 Grän. + 18 mℒ. 12 L. 4 Gr. 2 Grän. + 15 mℒ. 13 L. 4 Gr. 2 Grän. + 24 mℒ. 15 L. 2 Gr. 1 Grän. + 13 mℒ. 13 L. 3 Gr. 1 Grän. + 17 mℒ. 9 L. 4 Gr. 1 Grän. + 18 mℒ. 12 L. 3 Gr. 1 Grän. = 146 mℒ. 2 L. 2 Grän.

12.

Vom Goldgewicht.

(S. S. 136.)

42 mℒ. 2 Kar. 1 Gran. 1 Grän + 37 mℒ. 7 Kar. 2 Gr. 1 Grän. + 27 mℒ. 15 Kar. 1 Gr. 1 Grän. +

32 mk. 11 Kar. 3 Gr. 2 Grän. + 17 mk. 23 Kar. 3 Gr. 2 Grän. + 22 mk. 19 Kar. 2 Gr. 1 Grän. + 43 mk. 19 Kar. 3 Gr. 2 Grän. + 19 mk. 15 Kar. 2 Gr. 1 Grän. = 243 mk. 21 Kar. 2 Grän.

13.

Vom Getreidemaß.

(S. S. 136.)

1) 13 W. 1 M. 4 Sch. 3 V. 1 M. 2 Ml. + 12 W. 1 M. 9 Sch. 2 V. 3 M. 3 Ml. + 13 W. 1 M. 8 Sch. 2 V. 2 M. 2 Ml. + 23 W. 1 M. 7 Sch. 3 V. 1 M. 1 Ml. + 29 W. 9 Sch. 1 V. 3 M. 2 Ml. + 48 W. 1 M. 7 Sch. 3 V. 1 M. 3 Ml. = 142 W. 1 M. 1 V. 2 M. 1 Ml. 2) 18 W. 9 Sch. 7 M. + 54 W. 18 Sch. 13 M. + 24 W. 13 Sch. 12 M. + 28 W. 10 Sch. 12 M. + 19 W. 14 Sch. 14 M. + 21 W. 10 Sch. 1 M. + 19 W. 12 Sch. 1 M. + 18 W. 13 Sch. 12 M. + 29 W. 13 Sch. 15 M. + 29 W. 16 Sch. 11 M. + 83 W. 19 Sch. 4 M. + 83 W. 5 Sch. 9 M. + 58 W. 20 Sch. 4 M. = 490 W. 11 Sch. 3 M.

14.

Vom Biermaß.

(S. S. 137)

3 Tonnen (die Tonne zu 100 Quart gerechnet) 19 Quart. + 17 T. 36 Q. + 18 T. 48 Q. + 19 T. 56 Q. + 23 T. 86 Q. + 27 T. 19 Q. + 48 T. 96 Q. + 54 T. 19 Q. + 87 T. 87 Q. + 13 T. 90 Q. + 9 T. 99 Q. + 4 T. 74 Q. + 83 T. 17 Q. + 87 T. 54 Q. = 500 T.

15.

Vom Weinmaß.

(S. S. 138.)

1) 2 F. 7 E. 41 K. + 3 F. 4 E. 8 K. + 4 F. 5 E. 19 K. + 5 F. 6 E. 30 K. + 6 F. 8 E. 52 K. + 7 F. 9 E. 42 K. + 3 F. 11 E. 28 K. + 15 F. 6 E. 36 K. = 50 F. 2) 5 F. 2 E. 8 Stb. + 9 F. 3 E. 15 Stb. + 1 F. 6 E. 13 Stb. + 8 F. 11 E. 10 Stb. + 9 F. 4 E. 6 Stb. + 13 F. 5 E. 9 Stb. + 18 F. 5 E. 3 St. + 9 F. 11 E. 15 Stb. + 18 F. 5 E. 9 Stb. + 3 F. 6 E. + 4 F. 6 Stb. + 8 F. 9 E. + 7 F. 6 E. 12 Stb. + 9 F. 10 E. 13 Stb. = 128 F. 6 E. 7 Stb.

16.

Vom Zeitmaß.

(S. S. 138.)

3 Jahre 2 Monath 1 Woche 3 Tage. + 7 J. 4 T. + 2 J. 3 Mon. 5 T. + 1 J. 1 M. 3 W. 2 T. + 2 J. 4 W. = 15 J. 8 Mon. 2 W.

Es ist aber zu bemerken, daß solche Zeitrechnungen am besten bloß nach Tagen, oder auch nach Jahren und Tagen gemacht werden, weil sonst keine vollkommene Genauigkeit zu erwarten ist. Denn weil manche Monathe 30, manche 31 Tage haben, auch der noch kürzere Februar gemeint seyn kann; ferner weil 4 Wochen nicht genau einen Monath ausmachen: so wird immer etwas zu viel oder zu wenig herauskommen, man mag die Monathe so hoch oder so niedrig rechnen als man will. Das vorhergehende Beyspiel würde nach Jahren und Tagen oder bloß nach Tagen (die Jahre bald zu 365 bald zu 366 Tagen, den Monath verschiedentlich zu 28, 29, 30 und 31 Tagen gerechnet) auf folgende Art müssen aufgesetzt werden.

J. T.		
3 — 69		1165
7 — 4		2561
2 — 97	oder	827
1 — 52		418
2 — 28		759
15 J. 250 T.		5730

17.

Vom Papier.

a.

Schreibpapier.

1 R. 3 B. 5 Bog. + 2 S. 19 B. 3 Bog. + 4 R. 17 B. 18 Bog. + 5 R. 2 B. 19 Bog. + 28 R. 5 B. 18 Bog. + 3 R. 15 B. 13 Bog. + 19 R. 16 B. 14 Bog. + 19 B. 21 Bog. + 15 R. 13 B. 4 Bog. + 15 R. 9 Bog. + 19 R. 5 B. 4 Bog. + 12 R. 13 Buch. + 12 R. 9 B. 19 Bog. = 14 Ball. 2 R. 2 B. 3 Bog.

b.

Druckpapier.

1 Ball. 3 R. 5 B. 4 Bog. + 2 Ball. 1 R. 15 B. 24 Bog. + 1 Ball. 5 R. 9 B. 12 Bog + 3 R. 17 B. 11 Bog. + 1 Ball. 13 B. 20 Bog. + 1 Ball. 9 R. 3 B. 14 Bog. + 2 Ball. 5 R. 24 Bog. + 9 B. 5 R. + 5 Ball. 9 R. 9 B. 1 Bog. = 26 Ball. 3 R. 15 B. 10 Bog.

18.

Vom Garn.

a.

Garn selbst.

1 Stück 5 Strehnen 1 Zaspel 5 Gebinde + 2 St. 3 Str. 1 Zasp. 4 Geb. + 1 St. 4 Str. 1 Zasp. 9 Geb.

Geb. + 1 St. 4 Str. 3 Geb. + 5 St. 3 Str. 1 Zasp. 2 G. + 3 St. 4 Str. 1 Zasp. 8 Geb. = 17 St. 3 Str. 1 Geb.

b.

Zwirn.

1 St. 2 Str. 18 Fitz. + 3 St. 2 Str. 12 Fitz. + 9 St. 2 Str. 15 Fitz. + 4 St. 1 Str. 9 Fitz. + 5 St. 2 Str. 18 Fitz. + 10 St. 1 Str. 15 Fitz. = 36 St. 2 Str. 7 Fitz.

19.

Von Münzsorten.

a.

Nach Thalern, Groschen, und Pfennigen.

1) 429 Rthl. 19 Gr. 5 Pf. + 372 Rthl. 16 Gr. 11 Pf. + 131 Rthl. 8 Gr. + 104 Rthl. 19 Gr. 3 Pf. + 29 Rthl. 8 Gr. 4 Pf. + 95 Rthl. 18 Gr. 6 Pf. + 28 Rthl. 2 Gr. + 51 Rthl. 14 Gr. + 177 Rthl. 4 Gr. + 209 Rthl. 21 Gr. 6 Pf. + 21 Rthl. 20 Gr. + 28 Rthl. 18 Gr. 8 Pf. + 89 Rthl. 11 Gr. + 23 Rthl. 23 Gr. + 47 Rthl. 12 Gr. 6 Pf. + 135 Rthl. 20 Gr. 4 Pf. = 1977 Rthl. 21 Gr. 5 Pf. 2) 36 Rthl. 18 Gr 9 Pf. + 50 Rthl. 20 gr. 10 Pf. + 75 Rthl. 22 Gr. 11 Pf. + 120 Rthl. 23 Gr. 3 Pf. + 13 Gr. 6 Pf. + 20 Gr. 9 Pf. + 5 Gr. 10 Pf. + 21 Gr. 11 Pf. + 9 Gr. 8 Pf. + 1 Rthl. 18 Gr. 6 Pf. + 1 Rthl. 10 Gr. 10 Pf. = 290 Rthl. 18 Gr. 9 Pf. 3) 19 Rthl. 8 Gr. 4 Pf + 125 Rthl. 19 Gr. 10 Pf. + 42 Rthl. 15 Gr. 8 Pf. + 132 Rthl. 15 Gr. + 19 Rthl. 23 Gr. + 5 Rthl. 8 Gr. 4 Pf. + 19 Rthl. 22 Gr. 4 Pf. + 15 Rthl. 19 Gr. 4 Pf. + 18 Rthl. 22 Gr. 5 Pf. + 19 Rthl. 17 Gr. 6 Pf. + 15 Rthl. 22 Gr. 6 Pf. + 19 Rthl. 13 Gr. 8 Pf. + 24 Rthl. 5 Gr. 4 Pf. + 28 Rthl. 17 Gr. 5 Pf.

+ 19 Rthl. 22 Gr. 6 Pf. + 18 Rthl. 12 Gr. 4 Pf. + 17 Rthl. 15 Gr. 9 Pf. + 8 Rthl. 7 Gr. 4 Pf. + 19 Rthl. 22 Gr. 7 Pf. + 20 Rthl. 13 Gr. 8 Pf. + 13 Rthl. 5 Gr. 4 Pf. + 24 Rthl. 9 Gr. 7 Pf. + 18 Rthl. 15 Gr. 9 Pf. = 670 Rthl. 5 Gr. 6 Pf. 4) 5159 Rthl. 6 Gr. 4 Pf. + 7531 Rthl. 11 Gr. + 3680 Rthl. 12 Gr. + 3794 Rthl. 6 Pf. + 6009 Rthl. 15 Gr. 4 Pf. + 3290 Rthl. 16 Gr. 4 Pf. + 3463 Rthl. 16 Gr. 8 Pf. + 7145 Rthl. 8 Gr. 10 Pf. + 5128 Rth. 19 Gr. 2 Pf. + 3975 Rthl. 19 Gr. 8 Pf. + 1251 Rthl. 13 Gr. 6 Pf. + 1097 Rthl. 21 Gr. 10 Pf. = 51528 Rthl. 17 Gr. 2 Pf.

b.

Nach Gulden, Kreuzern und Pfennigen, oder Thalern, Kaisergroschen und Pfennigen.

(S. S. 151.)

1) 18 Floren 37 Xer 3 Pf. + 13 Fl. 58 Xer 2 Pf. + 19 Fl. 38 Xer 1 Pf. + 9 Fl. 15 Xer 2 Pf. + 16 Fl. 15 Xer + 38 Fl. 27 Xer 2 Pf. + 3 Fl. 18 Xer + 17 Fl. 54 Xer + 19 Fl. 2 Pf. + 28 Fl. 51 Xer 2 Pf. + 8 Fl. 7 Xer 1 Pf. + 9 Fl. 38 Xer 3 Pf. = 203 Fl. 2 Xer 2 Pf. 2) 6 Fl. 37 Xer 7 Heller + 9 Fl. 8 Xer 6 H. + 23 Fl. 15 Xer 4 H. + 37 Fl. 6 H. + 28 Fl. 4 H. + 45 Fl. 18 Xer 2 H. + 17 Fl. 13 Xer + 18 Fl. 25 Xer 9 H. + 19 Fl. 56 Xer = 204 Fl. 56 Xer 6 H. 3) 3 Rthl. 27 Kgr. 11 Pf. + 12 Rthl. 19 Kgr. 8 Pf. + 43 Rthl. 8 Kgr. 9 Pf. + 59 Rthl. 14 Kgr. 7 Pf. + 13 Rthl. 5 Kgr. 10 Pf. + 18 Rthl. 29 Kgr. + 11 Rthl. 24 Kgr. 7 Pf. = 163 Rthl. 10 Kgr. 4 Pf. 4) 18 Rthl. 19 Kgr. 2 Xer 1 Pf. + 19 Rthl. 14 Kgr. 3 Pf. + 11 Rthl. 18 Kgr. 1 Xer 2 Pf. + 12 Rthl. 14 Kgr. 1 Xer 3 Pf. = 62 Rthl.

Rthl. 7 Kgr. 0 Xer 1 Pf. 5) 19 Rthl. 76 Xer 3 Pf. + 85 Rthl. 17 Xer 1 Pf. + 20 Rthl. 60 Xer 3 Pf. + 21 Rthl. 15 Xer 2 Pf. + 57 Rthl. 80 Xer 3 Pf. + 18 Rthl. 81 Xer 3 Pf. = 223 Rthl. 62 Xer 3 pf.

c.

Nach Thalern, Mariengroschen und Pfennigen.

13 Rthl. 30 Mgr. 7 Pf. + 18 Rthl. 19 Mgr. 6 Pf. + 3 Rthl. 32 Mgr. 4 Pf. + 5 Rthl. 28 Mgr. 5 Pf. + 14 Rthl. 31 Mgr. 3 Pf. + 9 Rthl. 18 Mgr. 7 Pf. + 11 Rthl. 35 Mgr. + 1 Rthl. 17 Mgr. 6 Pf. + 12 Rthl 19 Mgr. 4 Pf. + 18 Rthl. 29 Mgr. 3 Pf. + 15 Rthl. 31 Mgr. 3 Pf. + 19 Rthl. 28 Mgr. 4 Pf. + 19 Rthl. 15 Mgr. 1 Pf. = 166 Rthl. 14 Gr 5 Pf.

d.

Nach Thalern, Schillingen und Witten oder Marken, Schillingen und Witten.

(Der Witten wird immer als 3 Pf. angesetzt. 12 solcher Pfennige aber werden auf einen Schilling gerechnet.)

1) 19 Rthl. 40 ßl. 3 pf. + 15 Rthl. 42 ßl. 9 pf. + 1 Rthl. 4 ßl. 3 pf. + 15 Rthl. 47 ßl. 6 pf. + 23 Rthl. 19 ßl. 6 pf. + 43 Rthl. 2 ßl. + 15 Rthl. 4 ßl. + 23 Rthl. 18 ßl. 3 pf. + 19 Rthl. 46 ßl. + 15 Rthl. 29 ßl. 6 pf. + 18 Rthl. 14 ßl. 9 pf. = 211 Rthl. 28 ßl. 9 pf. 2) 24 mk 3 ßl. 3 pf. + 16 mk 4 ßl. 9 pf. + 48 mk 9 ßl. 3 pf. + 36 mk 6 ßl. + 15 mk 13 ßl. 6 pf. + 18 mk 15 ßl. 9 pf. + 59 mk 11 ßl. + 16 mk 8 ßl. + 39 mk 17 ßl. 6 pf. + 38 mk 9 ßl. 9 pf. + 27 mk 2 ßl. 6 pf. + 21 mk 15 ßl. 3 pf. = 364 mk 4 ßl. 6 pf.

Die hier nicht mit Beyspielen erläuterten Münzsorten und Benennungen andrer Dinge wird man, wenn man in diesen geübt ist, leicht in Rechnung zu bringen im Stande seyn.

* §. 5.

Wie man das Verhältniß unbekannter Sorten erkennen könne.

Man findet oft Berechnungen benannter Zahlen vor sich, die man zu beurtheilen hat, ohne daß man weiß, wie viel Stücke der kleinern Sorte jedesmal auf die größere gerechnet worden. Ich will also hier ein Mittel an die Hand geben, wodurch man ziemlich leicht erkennen kann, wie viel Stücke einer gewissen kleinern Sorte auf eine gewisse größere gehen. Z. E. es kömmt mir eine Rechnung in Thalern, Kreuzern und Pfennigen vor, die zu Basel gemacht worden:

Rthlr.		Xer.		Pf.
5	—	83	—	1
6	—	101	—	2
7	—	72	—	1
9	—	83	—	1
10	—	101	—	2
10	—	72	—	1
10	—	83	—	1
11	—	101	—	2
10	—	72	—	2
28	—	29	—	1
24	—	83	—	2
138	—	19	—	1

Hier entsteht die Frage: wie viel Kreuzer rechnet man zu Basel auf einen Thaler, und wie viel Pfennige auf einen Kreuzer? Ich addire die Thaler für sich, und bekomme 130 heraus. Daraus folgt, es müssen von den Kreuzern her 8 Thaler zugerechnet seyn. Ich addire ferner die

die Pfennige, und bekomme 16 heraus; weil nun 1 ℔ in der Summe steht, so folgt, daß 15 Pfennige zu den Kreuzern zugerechnet worden. 15 ist mit 3 und 5 theilbar; folglich müssen entweder 3 oder 5 Pfennige auf einen Baselschen Kreuzer gehen, und zu den Kreuzern muß entweder 3 oder 5 zugerechnet seyn. Welches von beyden wahr sey, erkennt man auf folgende Art. Man addirt zuerst die Kreuzer und bekömmt 880 heraus, davon zieht man die in der Summe stehenden 19 ab, so bleiben 861. Nun sagt man so: Es waren von den Kreuzern 8 Thaler zugerechnet worden; die Summe der Kreuzer muß also mit 8 theilbar seyn, wenn 19 abgezogen, und 5 oder 3 von den Pfennigen zuaddirt worden. Addirt man 5 zu 861, so ist die Zahl (866) nicht mit 8 theilbar; addirt man hingegen 3, so ist der achte Theil 108. Folglich gehen 108 Kreuzer auf einen Thaler, und nicht 3 sondern 5 Pfennige auf einen Kreuzer.

Wenn eine Rechnung nur aus zwey Säulen besteht, so ist dieses Mittel untrüglich und ohne alle Schwierigkeit. Z. E. wenn man folgende Ausrechnung in Stücken und Ellen hätte:

St.		E.
9	—	14
7	—	12
8	—	28
9	—	17
4	—	15
39 St.		26 E.

so sieht man leicht, daß in dieser Berechnung 30 Ellen auf ein Stück gehen müssen, weil von den 86 Ellen, welche heraus kommen, nach Abziehung der 26, welche in der Summe stehen, 60 übrig bleiben, hingegen die Anzahl der ganzen Stücke sich nur auf 37 beläuft, so daß also 60 Ellen 2 Stücke ausmachen müssen.

Hingegen kann es bey einer Ausrechnung von 3 Säulen zuweilen schwer, ja unmöglich werden, die Anzahl der zu einer jeden Sorte gehörigen Stücke zu erkennen. Sind der Säulen 4 oder mehrere, so vermehrt sich gemeiniglich auch die Schwierigkeit. Z. E. man erhielte aus Cassel eine Rechnung in Thalern, Albus und Pfennigen.

Th.	Alb.	Pf.
1 —	17 —	2
5 —	14 —	3
4 —	5 —	2
5 —	6 —	4
8 —	9 —	5
9 —	3 —	4
8 —	11 —	5
5 —	6 —	4
2 —	6 —	5
8 —	3 —	4
57 Th.	20 Alb.	2 ₰.

Wenn man hier die Thaler zusammen rechnet, bekömmt man 55; es folgt also, daß 2 Thaler von den Albus her zugerechnet seyn müssen. Die Pfennige machen 38; da nun 2 in der Summe stehen, so müssen 36 zu den Albus zugerechnet seyn. 36 ist theilbar mit 4, 9 und 6; also wird ein Albus entweder 4, oder 6, oder 9 Pfennige haben. 4 kann er nicht haben, weil sonst in der letzten Säule nicht 4 ₰ und 5 ₰ vorkommen könnten. Hätte er 6, so wären grade 6 Albus zugerechnet (weil 6 mal 6 36 ist). Die Anzahl der Albus macht 80, 6 dazu wären 86, und die 20, welche in der Summe stehen, abgezogen, 66. Also könnte man den Thaler zu 33 Albus annehmen. Allein wenn man den Albus zu 9 Pfennige annimmt, welches angeht, weil 36 auch mit 9 theilbar ist, und also nur 4 Albus zurechnet, so kann der Thaler auch aus 32 Albus bestehen. Welches von beyden nun recht sey, ob der Thaler 33 oder 32 Albus, der Albus 6 oder 9 Pfennige habe, läßt sich aus diesem einzigen Beyspiel schlechterdings nicht entscheiden. Man muß also ein andres zu Hülfe nehmen, wo es sich alsdenn leicht zeigen wird, z. E.

Th.	Alb.	Pf.
3 —	6 —	3
4 —	19 —	5
8 —	14 —	7
6 —	31 —	4
5 —	16 —	2
28 Th.	24 Alb.	3 ₰.

Hier sieht man gleich, weil in der dritten Reihe 7 Pfennige vorkommen, daß der Albus nicht 6 ₰, sondern 9 Pfennige haben müsse, woraus hernach auch folgen würde, daß der Thaler nicht mehr als 32 Albus haben kann. Gesetzt aber, daß auch hier keine 7 vorkäme, sondern anstatt der 7 eine 5 und anstatt der 2 in der letzten Reihe etwa eine 4 stände, so daß der Summe dadurch nichts abginge, so würde doch leicht abzunehmen seyn, daß der Thaler nicht aus 33, sondern aus 32 Albus bestehe. Die Thaler machen nämlich 26, so daß von den Albus 2 Thaler hinzu gekommen seyn müssen. Die Pfennige machen 21; wenn man die 3, welche in der Summe stehen, davon abzieht, so bleiben 18, welche Zahl mit 6 sowohl als mit 9 theilbar ist. Die Albus machen zusammen 86, und wenn man 24 davon abzieht, 62. Hielte der Albus 6 Pfennige, so erhielte man 65 Albus, die mit 2 nicht theilbar sind, da doch 2 Thaler sollen zugerechnet werden: folglich wird der Albus aus 9 Pfennigen, und der Thaler aus 32 Albus bestehen müssen.

Ich füge noch ein Beyspiel von 4 Säulen, und zwar von Französischem Getreidemaß bey.

Muids.	Setiers.	Boisseaux.	Litrons.
1 —	7 —	3 —	4
2 —	6 —	2 —	3
3 —	2 —	4 —	5
2 —	3 —	7 —	5
8 —	7 —	6 —	6
18 —	2 —	11 —	7

Man findet hier vorn 16 Muids, woraus folgt, daß 2 Muids zugerechnet seyn müssen. Die Setiers machen 25, und wenn die 2 aus der Summe davon abgezogen worden, 23 also eine ungrade Zahl. Da nun 2 Muids sollen zugerechnet werden, durch 2 aber nur eine grade Zahl theilbar ist, so folgt, daß keine grade Zahl von Setiers aus den Boisseaux kann zugerechnet werden, sondern nur eine ungrade, weil nur 2 ungrade Zahlen eine grade ausmachen. Die Litrons machen 23 aus, und wenn man 7 davon abzieht, 16, welche Zahl nur durch 8 theilbar ist (denn ob sie gleich durch 2 und durch 4 theilbar ist, so sieht man doch wohl aus dem Beyspiel selbst, daß mehr als 2 oder 4 Litrons auf einen Boisseau gehen müssen). Die 16 Litrons werden also entweder 2 oder 1 Boisseau ausmachen müssen. Die Anzahl der sämmtlichen Boisseaux beträgt 22, und

11 davon abgezogen, 11. Rechnet man den Boisseau zu 8 Litrons, so erhielte man 13 Boisseaux, die 1 Setier ausmachen könnten. Der Muid hätte hernach 12 Setiers. Allein es könnten auch 16 Litrons auf einen Boisseau gehen, und folglich nur 12 Boisseau auf einen Setier. Daß dies letztere und nicht das erste richtig sey, kann man nur erst aus mehrern Beyspielen ersehen. Es ist genug, wenn man anfänglich der Wahrheit nur auf die Spur kömmt; hernach findet sie sich gleichsam von selbst. Denn wenn man andre Beyspiele nimmt, die nicht mit Fleiß dazu ausgesucht sind, uns in der Ungewißheit zu erhalten, so sieht man bald, welche von zwey oder mehrern Meinungen die allein richtige sey.

Elftes Hauptstück.

Vom Subtrahiren benannter Zahlen.

---

§. 1.

Welche benannte Zahlen man von andern subtrahiren köñe.

So wie es sich beym Addiren benannter Zahlen verstand, daß sie von einerley Art seyn müssen, so ist es auch beym Subtrahiren. Man kann einen ordentlichen Pfennig, ohne ihn in andre Münzsorten zu verwandeln, von einem Französischen Livre so wenig abziehen, als ein Pfund von einer Elle. Vergl. Hauptst. 10. §. 1.

§. 2.

Regeln des Subtrahirens mit benannten Zahlen.

Das Untersetzen geschieht hier, wie beym Addiren, Sorte unter Sorte; Pfennige unter Pfennige, Groschen unter Groschen 2c. So lan=

lange die Anzahl der obenstehenden Stücke grösser ist, als die der unterstehenden, ist gar keine Schwierigkeit da. Z. E.

Rthlr.		Gr.		Pf.
24	—	13	—	11
11	—	4	—	8
13 Rthlr.		9 Gr.		3 Pf.

Allein wenn geborgt werden muß, so muß man erst wissen, wie viel die zunächst zur Linken folgende Sorte von der kleinern, die zur Rechten steht, enthält, z. E. wenn das Beyspiel so hieße:

27	—	14	—	8
13	—	19	—	11

so würde man sagen:

11 Pfennige von 8 Pfennigen kann ich nicht; ich borge mir also einen Groschen (man macht bey den 14 Groschen einen Borgepunkt). Der geborgte Groschen hat 12 Pfennige; 11 von 12 1, und die oben stehenden 8 Pf. dazu macht 9; man schreibt also 9 Pfennige unten in den Rest. 19 Groschen von 13 kann ich wieder nicht. Ich mache also bey 27 einen Punkt, und borge mir einen Thaler. Der Thaler hat 24 Groschen. 19 von 24 bleiben 5, und die oben stehenden 13 dazu macht 18, welches in den Rest kömmt. Das ganze Beyspiel wird also so aussehen:

Rthlr.		Gr.		Pf.
27.	—	14.	—	8
13	—	19	—	11
13 Rthl.		18 Gr.		9 Pf.

Einige rechnen erst die geborgte Anzahl mit der wirklich da stehenden zusammen, und ziehen hernach erst ab; dies ist aber unnöthige Weitläuftigkeit. Z. E. im vorstehenden Beyspiele würden sie so sagen: 11 von 8 kann ich nicht, ich borge einen Groschen oder 12 Pfennige, 12 und 8 ist 20 11 von 20 bleibt 9; 19 von 13 kann ich nicht, ich borge einen Thaler oder 24 Groschen, 24 und 13 ist 37, 19 von 37 bleibt 18 2c.

Wenn

Wenn von einer Sorte gar nichts da ist, so kann man doch bey ihr borgen (so gut als man bey einer Null borgen kann). Man geht aber alsdenn mit Borgen weiter bis zu der Sorte, wo man wirkliche Zahlen antrifft. Dadurch werden die Sorten, wo vorher nichts stand, zu den größten möglichen Zahlen ihrer Art, z. E. die Pfennige zu elfen, die Groschen zu 23. Am besten ist es, wenn man sich diese Zahlen wirklich klein hinschreibt. Z. E. man hätte das Beyspiel:

Rthl.		Gr.		Pf.		H.
4	—	;	—	;	—	;
2	—	8	—	7	—	1

so hieße es hier: 1 Heller von gar keinem Heller kann ich nicht; ich sollte also einen Pfennig borgen, ein Pfennig ist nicht da, ein Groschen auch nicht; ich mache also bey dem Thaler einen Punkt, und erhalte dadurch 23 Gr. 11 Pf. und 2 Heller. Nun sage ich: 1 von 2 ist 1, 7 von 11 ist 4, 8 von 23 15, 2 von 3 1. Der Aufsatz sieht also so aus:

Rthl.		Gr.		Pf.		H.
		23		11		2
4.	—	;	—	;	—	;
2	—	8	—	7	—	1
1 Rthl.		15 Gr.		4 Pf.		1 H.

Wenn man will, kann man es auch so aufsetzen:

Rthl.	Gr.	Pf.	H.
	24.	12.	
4.	;	;	;
2	8	7	1
2	15	4	1

Beym Untenborgen fallen alle Schwierigkeiten weg; z. E.

Rthl.	Gr.	Pf.	H.
4	;	;	;
2.	8.	7.	1
1	15	4	1

Hier heißt es: 1 Heller von 2 Hellern bleibt Einer; 8 Pfennige von 12 bleiben 4, 9 Groschen von 24 bleiben 15, 3 Thaler von 4 bleibt Einer.

Probe dieses Subtrahirens. Man kann jedes Subtractionsbeyspiel in benannten Zahlen zur Sicherheit gleich mit einer Probe versehen. Diese wird gemacht, indem man den Rest mit der darüber

über stehenden kleinern Summe zusammen addirt. Wenn richtig gerechnet ist, so muß alsdenn die obere größere Summe wieder heraus kommen. Z. E.

Ct.	℔.	L.	Q.
39. —	12. —	18. —	2
12 —	38 —	19 —	3
26 —	83 —	30 —	3
39 Ct.	12 ℔.	18 L.	2 Q.

§. 3.

Weil dies Subtrahiren leicht ist, so bedarf es dabey nicht so vieler Beyspiele, als beym Addiren, sondern folgende können zur hinreichenden Uebung genug seyn. Beyspiele zur Uebung.

Von Benennung gewisser Zahlen: 3 Schock 1 Stiege 5 Stück — 1 Sch. 1 St. 16 St. = 1 Sch. 2 St. 9 St.

Vom gemeinen Fußmaß: 14 Ruthen 3 Fuß 4 Zoll — 3 R. 9 F. 8 Z. = 10 R. 5 F. 8 Z.

Das gewöhnliche Fußmaß wird nach der ordentlichen Regel subtrahirt; z. E. 13°7′2″ oder 1372″ — 8°6′1″ oder 861″ = 5°1′1″ oder 511″. Eben so ist es mit dem Flächen- oder Körpermaß, z. E. ✠ 13°24′78″ — 8°97′36″ = 4°27′42″. C 8°365′482″ — 5°726′184″ = 2°639′298″.

Vom Gewicht. 1) 17 Ct. 29 ℔. 13 L. — 13 Ct. 44 ℔. 18 L. = 4 Ct. 4 ℔. 27 L. 2) 9 Ct. 48 ℔. 15 L. 3 Q. — 2 Ct. 56 ℔. 19 L. 1 Q. = 6 Ct. 101 ℔. 28 L. 2 Q. 3) 12 Ct. 3 St. 18 ℔. 14 L. — 3 Ct. 3 St. 18 ℔. 15 L. = 8 Ct. 4 St. 21 ℔. 31 L.

Vom Schreibpapier. 13 Ball. 4 R. 5 B. 14 Bog. — 8 Ball. 5 R. 8 B. 19 Bog. = 4 Ball. 8 R. 16 B. 19 B.

Vom Druckpapier. 20 Ball. 9 R. 8 B. 14 Bog. — 13 Ball. 8 R. 7 B. 17 Bog. = 7 Ball. 1 R. 22 Bog.

Von Münzsorten. 1) 29 Rthl. 13 Gr. 5 Pf. — — 15 Rthl. 18 Gr. 7 Pf. = 13 Rthl. 18 Gr 10 Pf. 2) 18 Floren 43 Kreuzer 3 Pf. — 12 Fl. 57 Xer 1 Pf. = 5 Fl. 46 Xer. 2 Pf. 3) 11 Rthl. 37 Xer. 1 Pf. — 5 Rthl. 86 Xer. 3 Pf. = 5 Rthl. 40 Xer 2 Pf. 4) 12 Rthl.

19 Mgr. 6 Pf. — 3 Rthl. 26 Mgr. 7 Pf. = 8 Rthl. 28 Mgr. 7 Pf. 5) 53 Rthl. 20 Kgr. 3 Pf. — 16 Rthl. 23 Kgr. 5 Pf. = 36 Rthl. 26 Kgr. 10 Pf. 6) 13 Rthl. 36 ßl. 6 Pf. — 7 Rthl. 45 ßl. 9 Pf. = 5 Rthl. 38 ßl. 9 Pf. 7) 97 mℓ. 15 ßl. 3 Pf. — 36 mℓ. 5 ßl. 9 Pf. = 61 mℓ. 9 ßl. 6 Pf.

§. 4.

Von Ausrechnung der Zeit.

Die Ausrechnung der Zeit macht der Monathe und ihrer verschiedenen Länge wegen, imgleichen wegen der Vor- und Nachmittagsstunden oft eine besondere Schwierigkeit, daher in einem eignen Paragraphen davon gehandelt werden muß.

Zuerst merke man eine leichte Art, die Anzahl der Tage eines jeden Monaths zu wissen. Man reckt den Daumen, den Mittel- und den kleinen Finger der linken Hand in die Höhe, und läßt die andern beyden Finger liegen. Die ausgereckten Finger bedeuten 31, die liegenden 30 Tage. Man fängt aber vom März an, und zählt bis zum Julius, hernach wieder vom Daumen an vom August bis December. Wenn man zum drittenmal anfängt, so ist nur der Januar und Februar noch übrig. Der erste hat 31 Tage, der andere 28, oder im Schaltjahre 29. Die Kenntniß dieser Monathzahlen dient dazu, wenn man zu borgen hat, um zu wissen, ob man sich 30 oder 31 zu gute rechnen müsse. Man sieht aber dabey immer auf den vorhergehenden Monath; z. E. vom 13. April bis zum 10. Jun. ist 1 Monat und 28 Tage, weil der May, der vor dem Junius vorhergeht, 31 Tage hat.

Zum andern muß man in Acht nehmen, daß, wenn man eine Vormittagsstunde von einer Nachmittagsstunde abzieht, man allemal 12 Stun-

Stunden in Gedanken zurechnen müsse, ohne zu borgen (z. E. von Morgens um 6 Uhr bis Nachmittags oder Abends um 8 sind nicht 2 Stunden, sondern 14 Stunden; von 4 Uhr Morgens oder in der Nacht bis 2 Uhr Nachmittags sind 10 Stunden) und daß man hingegen, wenn eine Nachmittags- oder Abendstunde von einer Morgenstunde abzuziehen ist, sich einen ganzen Tag borge, und dafür ebenfalls nur 12 Stunden zurechne (z. E. vom 5. May Nachmittags um 4 bis zum 6. May Morgens um 2 Uhr sind 10 Stunden; vom 4. May 3 Uhr Nachmittags bis zum 7. May 6 Uhr Morgens sind 2 Tage 15 Stunden), endlich daß, wenn Morgenstunden von Morgenstunden, oder Nachmittagsstunden von Nachmittagsstunden abzuziehen sind, aber der Zahlen wegen nicht abgezogen werden können, alsdenn ein Tag geborgt, aber zu 24 Stunden gerechnet werde (z. E. vom 1. May Nachmittags um 5 Uhr bis zum 4. May Nachmittags um 1 Uhr sind 2 Tage 20 Stunden; vom 8. May Morgens um 10 Uhr bis zum 13. Morgens um 7 sind 4 Tage 21 Stunden).

Drittens muß man nicht bloß den Namen des Monaths ansetzen, sondern auch die Zahl seiner Ordnung im Jahre, z. E. bey März fügt man eine 3 hinzu, bey December eine 12. Kann man die Zahl des untern Monats nicht von der Zahl des obenstehenden abziehen, so borgt man 1 Jahr oder 12 Monate.

Wenn man dies alles genau gemerkt hat, so haben die Ausrechnungen der Zeit weiter keine Schwierigkeit, wie man aus folgenden wenigen Beyspielen leicht erkennen wird.

Es ist jemand geboren 1714 den 8. Julius Nachmittags um 2 Uhr 36 Minuten. Eben derselbe ist gestorben 1776 den 13. März Morgens um 8 Uhr 21 Minuten.

Nun fragt man, wie alt er geworden sey? Dies wird man so aufsetzen:

			März.		Uhr Morg.		Min.
1776.	—	3	13.	—	8.	—	21
			Jul.		Nachm.		
1714	—	7	8	—	2	—	36
61 Jahre		8 Mon.	4 Tage		17 St.		45 Min.

Hier sagt man: 36 Minuten von 21 kann ich nicht, ich borge also bey der 8 eine Stunde oder 60 Minuten, 36 von von 60 bleibt 24 und 21 ist 45, das sind Minuten. 2 Uhr Nachmittags von 7 Uhr Morgens kann ich nicht, sondern borge mir einen Tag oder 12 Stunden; 2 von 12 bleibt 10 und 7 ist 17, das sind Stunden. Weiter 8 von 12 bleibt 4, das sind Tage. 7 von 3 (d. i. den siebenten Monath vom dritten) kann ich nicht; ich borge also bey der 6; 7 von 12 bleibt 5 und 3 ist 8, das sind Monathe. 14 Jahre von 75 bleiben 61.

Es ist jemand an einem Orte angekommen 1753 den 15ten Apr. Nachmittags um 2 Uhr 26 Minuten, wieder von da ausgereiset 1774 den 9ten Aug. Nachmittags um 1 Uhr 36 Minuten. Man fragt, wie lange er überhaupt da gewesen sey.

				Aug.		Uhr Nachm.		Min.
1774	—	8.	—	9.	—	1	—	36
				April.		Nachm.		
1753	—	4	—	15	—	2	—	26
21 Jahre		3 Mon.		24 Tage		23 St.		10 M.

Hier ist ein Tag von 24 Stunden geborgt; ferner ein Monath von 31 Tagen, weil Julius, der vor dem Augustus vorhergeht, so viel Tage hat.

Es ist jemand von Hause abgereiset den 15. October 1737 Morgens um 4 Uhr, wieder gekommen den 3. März 1760 Nachmittags um 2 Uhr. Wie lange ist er abwesend gewesen?

				März.		Uhr Nachm.
176.0.	—		—	3	—	2
				Oct.		Morg.
1717	—	10	—	15	—	4
22 Jahre		4 Mon.		17 T.		10 St.

Hier sagt man 4 Morgenstunden von der Mittagsstunde (12) bleiben 8 Stunden, und 2 Nachmittags- dazu

dazu sind 10. 15 Tage von 3 Tagen kann ich nicht; ich borge also bey der kleinen 3 einen Monath. Dieser Monath wird hier zu 29 Tagen gerechnet, weil vor dem März der Februar vorhergeht, der im Jahre 1760, als einem Schaltjahre, 29 Tage hatte.

Noch einige Beyspiele zur Uebung.

Wie viel Zeit ist verflossen von 1728 den 12. März bis zum 23. Jan. 1739? Antwort: 10 Jahre 10 Monathe 11 Tage.

Vom 13. Jan. 1767 Nachmittags um 4 Uhr bis 1774 den 3. Febr. Morgens um 3 Uhr? Antw. 7 Jahre 20 Tage 11 Stunden.

Von 1715 den 9. Dec. Nachmittags um 4 Uhr 26 Minuten bis 1753 den 3. Jan. Nachmittags um 2 Uhr 13 Minuten? Antwort 37 Jahre 24 Tage 21 Stunden 47 Minuten.

Von 1754 den 8. März Vormittags um 11 Uhr bis 1772 den 3. Febr. Abends um 10 Uhr? Antw. 17 Jahre 10 Monath 25 Tage 11 Stunden.

Von 1763 den 5. Oct. Nachmittags um 5 Uhr 8 Minuten bis 1774 den 1. Oct. Morgens um 6 Uhr 2 Minuten? Antw. 10 Jahre 11 Monathe 25 Tage 12 Stunden 54 Minuten *).

* §. 5.

Wie man das Verhältniß unbekannter Sor-

Subtractionsbeyspiele, in welchen geborgt ist (denn außer diesem Fall helfen sie dazu nicht), geben ein gutes Mittel an die Hand, um zu wissen,

*) Der größte Theil der Beyspiele der Subtraction, Tage und Minuten betreffend, ist zwar von geringem Nutzen; indessen muß man sie doch, wenn sie einmal vorkommen, nicht nach unrichtigen Grundsätzen rechnen. Ein Kind, welches den 31. März in der Nacht um 12 Uhr geboren wird, und den 1. April Morgens um 1 Uhr wieder stirbt, ist unstreitig nur 1 Stunde alt geworden. Wer also 1710 den 31. März in der Nacht um 12 Uhr geboren ist, und den 1. April 1760 stirbt, ist 50 Jahre und 1 Stunde alt, nicht aber, wie einige rechnen, 50 Jahre 1 Tag und 1 Stunde, noch weniger 49 Jahre 11 Monathe 30 Tage und 1 Stunde, wie ich es einmal in einem geschriebenen Rechenbuche gefunden habe.

ten aus Subtractionsbeyspielen erfahren könne. wissen, wie viel Stücke einer kleinern Sorte auf ein Stück von der größern Sorte gehen. Man addirt in jeder Sorte den Rest zur kleinern Summe und zieht die oben stehende größere Summe ab, so kömmt die Anzahl der Stücke, die auf die nächste größere Sorte gehen, heraus, z. E. man fragt, wie viel hat ein Livre Batzen und ein Batzen Kreuzer, und man hätte folgendes schon ausgerechnetes Beyspiel vor sich:

Liv.		Batz.		Kreuz.
15.	—	6.	—	2
11	—	8	—	3
4 Liv.		7 Batz.		3 Xer.

so würde man so sagen müssen: 3 Kreuzer und 3 Kreuzer sind 6, und 2 davon ab bleibt 4; also machen 4 Kreuzer einen Batzen. 1 und 7 ist 8 und 8 ist 16, und 6 davon bleibt 10; also sind 10 Batzen ein Livre. Wenn man wissen wollte, wie viel in Meklenburg eine Last Drömbte, ein Drömbt Scheffel, und ein Scheffel Metzen enthalte, so sieht man aus folgendem Beyspiele:

L.		Drbt.		Sch.		M.
9.	—	3.	—	2.	—	4
3	—	4	—	5	—	8
5 L.		6 Drbt.		8 Sch.		8 M.

daß 12 Metzen einen Scheffel, 12 Scheffel ein Drömbt, und 8 Drömbte eine Last ausmachen; denn 8 und 8 ist 16, und 4 davon bleibt 12; 1 und 8 ist 9 und 5 ist 14, und 2 davon bleibt 12; 1 und 6 ist 7 und 4 ist 11, und 3 davon bleibt 8.

Zwölf-

Zwölftes Hauptstück.

Vom Multipliciren benannter Zahlen.

§. 1.

Eine benannte Zahl kann mit keiner andern benannten, sondern nur mit einer unbenannten multiplicirt werden. Was dabey überhaupt zu bemerken ist.

Man hört zwar von manchen Rechnern oft sagen: diese 36 Centner werden mit den 24 Thalern multipliciret u. d. gl.; allein bey sehr mäßigem Nachdenken wird man bald begreifen, daß 36 Centner zwar mit der bloßen Zahl 24 können multiplicirt (d. i. 24 mal genommen) werden, daß es aber nicht möglich sey, sie mit einer Summe Geldes (24 Thl.) zu multipliciren. Auch das geht nicht an, eine bloße Zahl mit einer benannten Zahl zu multipliciren, z. E. 24 mit 36 Centnern; sondern alsdann sind es wirklich 24 Centner, die (mit 36) multipliciret werden.

§. 2.

Die gewöhnlichste aber auch weitläuftigste Art der Multiplication benannter Zahlen geschieht so, daß man erst die gegebnen benannten Zahlen auf die kleinste Sorte resolvirt (Hauptst. 9. §. 17. S. 160) alsdenn mit dem gegebnen Multiplicator multiplicirt, und nun das Factum wieder durch Dividiren reducirt (Hauptst. 9. §. 18). Ob man sich dabey der ordentlichen oder practischen Multiplication und Division bedient, verändert hier weiter nichts, außer daß das letztere doch ziemlich viel kürzer ist. Gewöhnlichste u. weitläuftigste Art.

Man soll 13 Rthl. 14 Gr. 5 ₰. mit 18 multiplieiren. Dies wird nach der ordentlichen Multiplication und Division so aufgesetzt:

```
      1 3 Rthl. 14 Gr. 5 ₰. × 18.
        2 4
      -----
        5 2
      2 6 4
        1
      -----
      3 2 6
        1 2
      -----
      6 5 2
    3 2 6 5
    -------
    3 9 1 7
        1 8
  ---------
  3 1 3 3 6
  3 9 1 7
 ------------   2 4
    7 0 5 0 6 | 5 8 7 5 | 244 Rthl.
12:1 0 9 6(6₰ | 1 0 1(9 Gr.
                   1(1
```

Oder practisch:

```
       13 Rthl. 14 Gr. 5 ₰. × 18
       --(6
       78
      ----(4
      326
      ----(2
      652
     -----(6
     3917
    ------(3
    11751
    ------(6
    70506
 3) ------
    23502
 4) ------
     5875. 6 ₰.
 4) ------
     1468. 3.
 6) ------
      244 Rthl. 4. 19 Gr.
```

53 Cent. 68 ℔. 14 L. 3 Q. × 1738.

```
         110
        ----
        5898
       ------ (4
       23592
      ------- (8
      188750
      ------- (4
      755003
        1738
      -------
     6040024
    2265009
   5285021
   755003
   ----------
   1312195214
4) ----------
    328048803. 2 Q.
4) ----------
     82012200. 3 L.
8) ----------
     10251525
110) ---------
        93195 Ct. 75 ℔.
```

§. 2.

Kürzere Arten giebt es mehr, als Eine. Die erste davon läßt sich bey allen Multiplicationen mit einer einzigen Zahl, imgleichen mit solchen, die in einzelne Zahlen können zerfällt werden, gebrauchen. Man macht unter die zu multiplicirenden Zahlen einen Strich, und multiplicirt alsdenn von hinten herein ordentlich, wie die Beyspiele dies zeigen werden. Erste kürzere Art.

```
 8 Rthl. 14 Gr. 9 Pf. × 9
         132    81
 ----------------------
77 Rthl. 12 Gr. 9 Pf. (9
```

Hier sagt man: 9 mal 9 Pfennige sind 81 (die 81 kann man klein über dem Striche hinschreiben), 81 Pfennige sind 6 Gr. 9 Pf.; die 9 Pf. werden hingeschrieben, 6 Groschen im Sinn behalten. Man geht zu den Groschen fort; 9 mal 14 und 6 dazu macht 132 (klein hingeschrieben), d. i. 5 Rthl. 12 Groschen. Die 12 Groschen werden untergeschrieben, 5 Thaler zugerechnet. Man sieht leicht, daß derjenige, welcher aus

 dem

dem Kopfe weiß, wie viel eine Summe in Pfennigen Groschen ausmache, imgleichen eine Summe in Groschen Thaler, hiebey viel Mühe sparen könne.

Rthl. — Gr. — Pf.
13 — 14 — 5 × 18
43 — 15
(3
40 — 19 — 3
(6
244 Rthl. 19 Gr. 6 Pf.

Ct. — ℔. — L. — Q.
29 — 45 — 27 — 3 × 245
821 — 194 — 21
(7
205 — 101 — 2 — 1
707
(7
1441 — 47 — 15 — 3
237 — 78 — 15
(5
7207 Ct. 17 ℔. 14 L. 3 Q.

Rthl. Gr. Pf.
19 — 15 — 8 × 576
(24
471 — 16 — :
(24
11320 — : — :

Hier ist alles leicht; 24 mal 8 Pfennige sind natürlich 16 Groschen, weil 12 mal 8 Pfennige 8 Groschen sind; 24 mal 15 Groschen aber sind 15 Thaler, folglich schreibt man 16 Groschen und rechnet 15 Thaler zu. Beym zweyten Multipliciren sind 24 mal 16 Groschen 16 Thaler. Man sieht daraus, daß es bequem sey, wenn man in Multiplicirung eines Beyspiels von Thalern, Groschen und Pfennigen eine Zerfällung mit 24 oder 12 vornehmen kann.

Zerfällung mit plus und minus.

Wisp. Sch. M.
23 — 4 — 9 × 82
41 — 81
(9
208 — 17 — 1
153
(9
1878 — 9 — 9
23 — 4 — 9 (+ 1
1901 W. 14 Sch. 2 M.

Ct. ℔. L. Q.
53 — 14 — 14 — 3 × 29
44
159 — 43 — 12 — 1 (3
390 110
1434 — 60 — 14 — 1 (9
106 — 28 — 29 — 2 (+2
1540 Ct. 89 ℔. 11 L. 3 Q.

Rthl. Gr. Pf.
73 — 15 — 5 × 41
92
441 — 20 — 6 (6
143
3092 — 23 — 6 (7
73 — 15 — 5 (—1
3019 Rthl. 8 Gr. 1 Pf.

Ball. Ries B. Bog. NB. Schreibp.
2 — 8 — 5 — 13. × 285.
33 — 9 — 6 — 12. (12
814. — 3. — 16. — — (24
8 — 4 — 16 — 15 (—3
805 B. 8 R. 19 B. 9 Bog.

Wenn das plus oder minus nur in 1 besteht, so braucht man die oberste Reihe nicht nothwendig herunterzusetzen, sondern kann sie doch entweder ab- oder zurechnen; z. E.

Ball. R. B. Bog. NB. Druckp.
1 — 2 — 19 — 3 × 193
114
7 — 7 — 14 — 18 (6
58 72
31 — , — 18 — 22 (4
151 176
248 — 7 — 11 — 1 (8
(+ 1.
250 B. , — 10 B. 4 Bog.

Flor. Xer. Pf.
5 — 40 — 3 × 71
326
45 — 26 — — (8
234
488 — 54. — — (9
(— 1.
403 Fl. 13 Xer 1 Pf.

Eben dies gilt, wenn das plus oder minus der Zahl gleich ist, mit welcher man zuerst multiplicirt hat; z. E. wenn man 138 in 3 mal 5 mal 9 plus 3 zerfällt:

7 Rthl.		3 Gr.		6 Pf.	× 138	
21	—	10	—	6	(3	
107	—	4	—	6	(5	
964	—	16	—	6	(9	
986 Rthl.		3 Gr.	—		(+ 3	

§. 4.

Zweyte kürzere Art.

Die zweyte kürzere Art dieses Multiplicirens geschieht durch das verhältnißmäßige Zerfällen (S. S. 99. 100. u. 106.) Z. E.

mk.		ßl.		₰		
15	—	13	—	9	× 713	
		110		1	1	
126	—	14	—	8	8	
		154				
1395	—	10	—	11	88	
9769	—	6	43	7	616	
11307 mk.		11 ßl.		9 ₰.		

Rthl.		ßl.		₰		
15	—	47	—	6	× 1386	
		285		86		
95	—	45 (225)	—	6	6	
479	—	35 (165)		5	30	
2398	—	21 (168)		5	150	
19187	—	24 (123)		8	1200	
22161 Rthl.		27 ßl.				

* §. 5.

Dritte Art.

Endlich läßt sich auch noch zuweilen durch das Dividiren einiger verkürzender Vortheil erhalten. Z. E. wenn mit einem Theile von 100, 1000, 10000 ꝛc. (S. S. 107.) multiplicirt werden soll, so hängt man an jede Sorte die sämmtlichen Nullen, und dividirt hernach mit der gehörigen

hörigen Zahl. Z. E. 25 ist der 4te Theil von 100. Wenn man also mit 25 multipliciren soll, so multiplicirt man erst mit 100, welches durch Anhängung von zwey Nullen geschehen kann, und dividirt hernach mit 4.

Die zu multiplicirende Zahl soll seyn 23 Rthl. 14 Gr. 2 ₰. Dies setzt man so auf:

	Rthl.	Gr.	₰.	
	23₀₀	14₀₀	2₀₀	100
4)	575 —	350 —	50	
	589 Rthl.	18 Gr.	2 ₰	

Hier kommen bey der Division mit 4 zu viel Groschen (nemlich über 24) und zu viel Pfennige (über 12) heraus. Man sagt also 50 ₰ sind 4 Gr. 2 ₰. 354 Gr. sind 14 Rthl. 18 Gr. 575 Thaler u. 14 dazu sind 589.

15625 ist der 64ste Theil von einer Million. Wenn man nun 12 Ct. 19 ℔. 24 L. 3 Q. damit multipliciren sollte, so würde man es so aussetzen.

	Ct.	℔.	L.	Q.
64 :	12000000	19000000	24000000	3000000
8)	1500000	2375000	3000000	375000
8)	187500	296875	375000	46875
	190308 Ct.	79 ℔.	30 L.	3 Q.

Wenn man weiß, daß der Centner 14080 Quentchen oder 3520 Loth, das ℔ aber 128 Quentchen hat, so kann man hier bald fertig werden *). In 46875 stecken 3 Centner (42240 Quentchen), die man unter die Centner schreibt, und 4635 Quentchen bleiben übrig. Diese mit 4 zu Loth, geben 1158 Loth und 3 Quentchen, die 1158 rechnet man zu 375000, und erhält also 376158 Loth. Diese enthalten, wenn man sie mit 32 (4 mal 8) dividirt, 11754 Pfund 30 Loth. Die 11754 Pfund

*) Hier thun die S. 163 angerühmten Tabellen gute Dienste.

Pfund zu 296875 gerechnet geben 308629. Wenn man diese mit 110 dividirt, so bekömmt man 2805 Ct. 79 ℔. Nachdem man die Centner zugerechnet hat, ist der Betrag des ganzen Factums 190308 Ct. 79 ℔. 30 L. 3 Q.

* §. 6.

Vierte Art.

Mit Anwendung der Brüche kann man zuweilen eine nicht zu verachtende Abkürzung in die Multiplication benannter Zahlen bringen; doch versteht sich von selbst, daß diese Art nicht von denen, welche zum erstenmal rechnen lernen, könne gebraucht werden, sondern nur von solchen, die schon vorher die Bruchrechnung gelernt haben. Diese werden also auch nur allein das, was in diesem Paragraphen gelehrt wird, verstehn. 12 Gr. sind $\frac{1}{2}$ Thaler, 6 Pf. $\frac{1}{2}$ Groschen. Wenn man also 1 Rthl. 12 Gr. 6 Pf. mit einer gewissen Zahl, z. E. mit 316 multipliciren soll, so sagt man 316 mal 6 Pf. sind 316 halbe Groschen, 158 ganze, oder 6 Thaler 14 Gr. (14 Gr. schreibt man unter; 6 Thaler behält man im Sinn). 316 mal 12 Gr. sind 316 halbe Thaler, oder 158 ganze. 158 und die vorherigen 6 machen 164; 316 mal 1 Thaler sind 316, und 164 dazu sind 480. Also wird das Beyspiel so aussehn:

$$\frac{1 - 12 - 6}{480 - 14 - =} \times 316$$

158 Gr.
6 Rthl.
158 Rthl.

Diese Art empfiehlt sich vornehmlich darum, weil man sie allenfalls ohne Schreibinstrumente, also zur Noth auch im Finstern, vornehmen kann. Weil die meisten Multiplicationen Geld betreffen, so will ich nur zwey Tabellen *) von Groschen und Pfennigen hersetzen, welche dazu dienen, sich diese Art sehr zu erleichtern.

2.

*) Man kann zwar auch die in diesen Tabellen ausgelassenen Pfennige und Groschen (z. E. 7 pf. 11 pf. 7 gr. 11 gr.) in Brüche verwandeln; allein der dadurch zu gewinnende Vortheil ist kein wirklicher Vortheil.

2. 3. 4. 6. 8. 9. 10. Pfennige

sind

$\frac{1}{6}$. $\frac{1}{4}$. $\frac{1}{3}$. $\frac{1}{2}$. $\frac{2}{3}$. $\frac{3}{4}$. $\frac{5}{6}$. Groschen.

2. 3. 4. 6. 8. 9. 10. 12. 14. Groschen

sind

$\frac{1}{12}$. $\frac{1}{8}$. $\frac{1}{6}$. $\frac{1}{4}$. $\frac{1}{3}$. $\frac{3}{8}$. $\frac{5}{12}$. $\frac{7}{12}$. Thaler.

15. 16. 18. 20. 21. 22. Groschen

sind

$\frac{5}{8}$. $\frac{2}{3}$. $\frac{3}{4}$. $\frac{5}{6}$. $\frac{7}{8}$. $\frac{11}{12}$. Thaler.

Wenn man nun eine solche Anzahl Pfennige oder Groschen mit einer gewissen ganzen Zahl, z. E. mit 316, multipliciren soll, so nimmt man den Bruch, multiplicirt 316 mit dem Zähler, dividirt mit dem Nenner, und so erhält man leichter, was man erhalten will, als man es sonst würde erhalten haben, z. E.

```
Rthl.   Gr.  Pf.
  11 — 18 — 8 × 316.   316. 2/3 Gr.
—————————————————      ————(2
3721 — 18 — 8.          632
                     3)————
                        210 Gr. 8 Pf.
                       ——————
                        8 Rthl. 18 Gr.
                    ⎛   316. 3/4 Rthl.
                    ⎜   ————(3
                    ⎜   948
                    ⎝4)————
                        237 Rthl.
                       ——————————————
                        245 Rthl. 18 Gr.
```

Anstatt hier 8 ₰ mit 316 zu multipliciren, multiplicirt man 316 mit $\frac{2}{3}$ Groschen. Dies giebt 210 Gr. 8 ₰. Die 8 Pfennige werden unter den Strich gesetzt, den man unter den gegebnen Zahlen (11 Rthl. 18 Gr. 8 pf.) gemacht hat. 210 Groschen machen 8 Rthl. 18 gr. welches man sich gleich unter 210 bemerkt. Nun sollte man die gegebenen 18 Groschen mit 316 multipliciren; dafür aber multiplicirt man 316 mit $\frac{3}{4}$ Rthl. Das giebt grade 237 Rthl. Die vorigen 8 Rthl. 18 Gr. dazu gerechnet *), erhält man 245 Rthl. 18 Gr. Die

18.

*) Daß 8 Rthl. 18 Gr. mit 237 Rthlr. zusammenaddirt werden soll, zeigt man durch Ziehung eines Hakens an.

18 Gr. werden wieder unter die gegebnen Zahlen geschrieben; die 245 Rthl. behält man im Sinn, d. i. man rechnet sie zu den 3476 Rthl. welche herauskommen, wenn man 11 Rthl. mit 316 multiplicirt, zu, und so erhält man 3721 Thaler.

```
Rthl.  Gr.  pf. × 217.   217. ¾ Gr.
  8 — 16 — 9             ———
————————————             651 (3
1887 — 10 — 9        4)  ———
                         162 Gr. 9 pf.
                         ———
                          6 Rthl.  18 Gr
                         217  ⅔ Rthl.
                         ———
                         434 (2
                      3) ———
                         144 Rthl.  16 Gr.
                        ————————————————
                         151 Rthl.  10 Gr.
```

§. 6.

Beyspiele zur Uebung. Folgende Beyspiele kann man nun machen, nach welcher unter den vorherbeschriebnen Arten man es am bequemsten findet.

I. 1) 12 Rthl. 12 Gr. 6 pf. × 18 = 225 Rthl. 9 Gr. 2) 59 Rthl. 14 Gr. 2 pf. × 25 = 1489 Rthl. 18 Gr. 2 pf. 3) 36 Rthl. 15 Gr. 8 pf × 2793 (verhältnißmäßig zerfällt in 3 + 15 + 75 + 300 + 2400) = 102371 Rthl. 5 Gr. 4) 238 Rthl. 8 Gr. 4 pf. × 24 = 5720 Rthl. 8 Gr. 5) 34 Rthl. 31 Mariengr. 2 pf. × 14 = 488 Rthl. 5 Mgr. 4 pf. 6) 13 mℓ. 7 ßl. 9 pf. × 57 (zerfällt in 7 × 8 + 1) = 768 mℓ. 9 ßl. 9 pf. 7) 54 Meißn. Flor. 18 Gr. 9 pf. × 28 = 1537 Flor. 8) 373 Flor. 55 Xer. 7 Heller × 32 = 11965 Flor. 48 Xer.

II. 5 Wisp. 9 Sch. 12 Metz. × 75 = 405 Wisp. 11 Sch. 4 M.

III. 1) 1 Ct. 48 ℔. 8 Loth × 148 (verhältnißmäßig zerfällt in 4 + 24 + 120) = 212 Ct. 101 ℔. 2) 23 Ct. 14 ℔. 19 L. 2 Q. × 13583 = 314212 Ct. 109 ℔. 4 L. 2. Q 3) 31 Ball. 11 Buch 8 Bog. Schreibpapier × 252 = 7826 Ball. 2 Ries 16 Buch.

Drey=

Dreyzehntes Hauptstück.

Vom Dividiren benannter Zahlen.

§. 1.

Beym Dividiren benannter Zahlen ist wenig neues zu erinnern. Die weitläuftige, aber in allen und jeden Fällen brauchbare Art besteht darinn, daß man die größern Sorten in die kleinste auflös't, hernach mit dem gegebnen Divisor dividirt, und endlich die Summe der kleinsten Sorte wieder in größere verwandelt. Z. E. Weitläuftige Art.

```
62 : 21430 Rthl. 16 Gr. 6 pf.
     514336 Gr.
    6172038 pf. | 99549 pf.
      59408       12)8295. 9 pf.
       338        24) 345 Rthl. 15 Gr.
```

Wenn beym Dividiren mit dem gegebnen Divisor etwas übrig bleibt, so versteht sich, daß ein Bruch daraus gemacht wird; z. E. wenn 11 Pfennige unter drey Personen getheilt werden sollen, so kommt 3 heraus, und 2 bleibt übrig. Nun weiß man schon, daß das Uebrigbleibende zum Zähler eines Bruchs gemacht wird, und der Divisor zum Nenner; also ist der Quotient $3\frac{2}{3}$. Wenn es aber noch kleinere Sorten giebt, als diejenige, welche man dividirt hat, so verwandelt man das Uebrigbleibende in die nächste kleinere Sorte, und dividirt alsdenn von neuem darein. Z. E. wenn 1213 Thaler unter 36 Personen getheilt werden sollen, so begnügt

man

man sich nicht mit den Thalern, sondern verwandelt das Uebrigbleibende in Groschen, dividirt alsdenn noch einmal mit 36, und bekömmt Groschen heraus. Die übrigbleibenden Groschen macht man wieder zu Pfennigen, und bekömmt, nachdem man auch diese mit 36 dividirt hat, Pfennige.

Rthl.
36 : 1213 | 33 Rthl.
135
2 (24
36 : 600 | 16 Gr.
244
2 (12
36 : 288 | 8 pf.

Oder es sollen 23 Thaler mit 37 dividirt werden.

Rthl.
37 : 23
(24
552 | 14 Gr.
184 (12
3
408 | 11 $\frac{1}{37}$ pf.
3 (1

§. 2.

Verkürzte Art.

Es giebt nur Eine brauchbare verkürzende Art des Dividirens benannter Zahlen durch die gewöhnliche Zerfällung; z. E.

Rthl. Gr. Pf.
36 : 49 — 20 — 6
6) 8 — 7 — 5
6) 1 Rth. 9 Gr. 2$\frac{5}{6}$ Pf.

So

So lange man mit der Bruchrechnung noch nicht umzugehen weiß, kann man auch die Brüche ganz wegwerfen, z. E.

```
        Rthl.   Gr.   Pf.
36 :    49 — 20 — 6
4) ─────────────────
        12 — 11 — 1
9) ─────────────────
        1 Rth. 9 Gr. 2 Pf.
```

Man kann (jedoch nur mit geringem Nutzen) einige andere Arten der verkürzenden Division, welche im 8. Hauptstück gelehrt sind, auch bey den benannten Zahlen anbringen; z. E. die Zerfällung durch die Addition, wenn der Divisor nicht weit von 100, 1000 u. s. w. ist, (sieh. Hauptst. 8. §. 5. S. 126):

```
                     Rthl.   Gr.   Pf.
 993 :         13 | 482 — 12 — 5
 ────  Rthl.      |  91
 1000             | ───
 — 7.             | 573
                  | ───(24
               13 | 764
              Gr. |  91
                  | ───
                  | 855
                  | ───(12
               10 | 265
              Pf. |  70
                  | ───
                   335/993
```

Man sieht, daß hier 13 Rthl. 13 Gr. 10 pf. nebst einem Bruch herauskommen; aber erstlich ist diese Abkürzung so sehr kurz eben nicht, insofern man nemlich bey der ordentlichen Art ebendieselbe Art von practischer Division auch anbringen könnte, zweitens möchte sie bey den meisten leicht Gelegenheit zum Mißverstande geben.

§. 3.

Folgende Beyspiele kann man theils nach der weitläuftigern, theils nach der kürzern Art ausrechnen. *Beyspiele zur Uebung.*

1) 13 : 23 Rthl. 14 Gr. 7 pf. = 1 Rthl. 19 Gr. 7 pf. 2) 157 : 10833 Rthl. 13 Gr. 1 pf. = 69 Rthl. 1 pf. 3) 93312 : 42467015 Rthl. 12 Gr. = 455 Rthl. 2 Gr.

2 Gr. 7 pf. nebst einem Bruch. 4) 245 : 103677 Rthl. 12 Gr. 10 pf. = 423 Rthl. 4 Gr. 2 pf. 5) 325 : 345679 Rthl. 6 Gr. 1 pf. = 1063 Rthl. 15 Gr. 1 pf. 6) 42 : 354 Rthl. 13 Mgr. 4 pf. = 8 Rthl. 15 Mgr. 6 pf. 7) 45678 : 14470092 Rthl. 19 Mgr. 4 pf. = 316 Rthl. 28 Mgr. 2 pf. 8) 32 : 2338 Flor. 20 Xer. = 73 Fl. 4 Xer. 3 Hell. 9) 371 : 8182 Fl. 5 Xer. 3 pf. = 22 Fl. 3 Xer 1 pf. 10) 24056 : 8249656655 Rthl. 26 Xer. = 342935 Rthl. 46 Xer. 11) 3182 : 788932 Rthl. 21 Kgr. 2 pf. = 247 Rthl. 28 Kgr. 1 pf. 12) 914 : 3159412 Wisp. 9 Sch. = 3456 W. 16 Sch. 8 M. 13) 1371 : 7108677 W. 20 Sch. 1 V = 5185 W. 3 V. 14) 9 : 381 Ct. 19 ℔. 14 L. 2 Q. = 42 Ct. 38 ℔. 26 L. 2 Q. 15) 944 : 238986 Ct. 52 ℔. = 253 Ct. 18 ℔. 16) 10203 : 2557372191 Ct. 1 St. 25 L. 3 Q. = 250649 Ct. 4 ℔. 25 L. 1 Q. 17) 243 : 14162 Ball. 4 R. 5 B. 19 Bog. Druckpapier = 58 Ball. 2 R. 16 B. 8 Bog.

* §. 4.

Wie man aus einer Multiplication oder Division in benannten Zahlen das Verhältniß verschiedener Sorten erkennen könne.

Wenn man ein Multiplications- oder Divisionsbeyspiel benannter Zahlen, und zwar in solchen Sorten, deren eigentliches Verhältniß unter einander uns unbekannt ist, vor sich hat: so kann man das Verhältniß dieser Sorten unter einander gemeiniglich ganz leicht entdecken. Z. E. man hätte folgende Multiplication in Holländischem Getreidemaß:

Last		Mudden		Scheffel	
3	—	25	—	3	(2
7	—	15	—	2	

so würde man sagen: 2 mal 3 Scheffel ist 6 Scheffel. Da nun unten 2 Scheffel stehen, so müssen 4 Scheffel entweder eine oder 2 Mudden ausmachen. Das Erste kann nicht seyn, weil oben

oben schon 3 Scheffel stehen, welches nicht anginge, wenn 2 Scheffel eine Mudde machten; also machen 4 Scheffel eine Mudde. 2 mal 25 Mudden sind 50 und die Eine dazu sind 51, davon die untenstehenden 15 ab, bleiben 36. Da nun nur Eine Last zugerechnet ist, so müssen 36 Mudden eine Last ausmachen.

Mit den Divisionen ist es eben so; man darf sie nur umkehren, und sie als Multiplicationen betrachten.

Noch ein paar Beyspiele! Man hat eine Division von Thalern, Groschen und Pfennigen; man weiß aber nicht, ob ordentliche gute Groschen oder Mariengroschen, oder Kaisergroschen gemeint sind. Dabey wird man so verfahren:

$$7)\ \frac{27 \;-\; 13 \;-\; 1}{3 \;-\; 32 \;-\; 7}$$

Wenn man dies Beyspiel umkehrt, und eine Multiplication daraus macht, so sagt man: 7 mal 7 Pfennige sind 49, davon 1 ab, bleiben 48. 7 mal 3 Thaler sind 21, daraus folgt, daß 6 Thaler zugerechnet sind, weil oben 27 stehen. 7 mal 32 Groschen sind 224; darin kann man 24 nicht 6 mal, sondern 9 mal, 30 nicht 6 mal, sondern 7 mal haben; überdem zeigt die Zahl 32 selbst schon an, daß der Thaler mehr als 32 Groschen haben müsse. Nimmt man nun 36 Groschen auf einen Thaler, so kömmt alles richtig heraus.

Wollte man folgendes Multiplicationsbeyspiel vom Piemontesischen Silbergewicht untersuchen:

Marca	Oncie	Denari	Grani	Granotini
1 —	2 —	8 —	7 —	15 (10
12 —	7 —	11 —	4 —	6

so sieht man leicht, daß zu den Marken 2 sind zugerechnet worden. 10 mal 15 Granotini sind 150, und 6 davon bleiben 144, welche mit 16, 18, 24, 48 und 72 theilbar sind. Weil der Multiplicator 10 eine grade Zahl ist, und die Zahl der Grani ebenfalls, so folgt, daß keine ungrade Zahl zugerechnet seyn und folglich der Grano nicht aus 16 oder 48 Granotini bestehen könne, er wird also entweder aus 18, 24 oder 72 beste-

 hen.

hen. Gehen 18 darauf, so würden 8 zugerechnet; es hieße weiter: 10 mal 7 Grani sind 70 und 8 dazu 78, 4 davon 74. Diese 74 könnten mit 2 getheilt werden, und also 37 Grani auf einen Denaro gehen. Dies ist an und für sich unwahrscheinlich. Gesetzt aber, man nähme es an, so müßten alsdenn 2 Denari zugerechnet werden. 10 mal 8 Denari wären 80 und 2 dazu 82, davon 11 ab, bleiben 71. Diese Zahl ist untheilbar, und folglich unwahrscheinlich. Wir wollen unterdessen annehmen, 71 Denari machten eine Oncia, so würden 10 mal 2 Oncie 20 und 1 dazu 21 seyn; 7 von 21 bleiben 14; da nun 2 Mark zugerechnet sind, so müßte man 7 Unzen auf eine Mark, 71 Denare auf eine Unze, 37 Gran auf einen Denar, und 18 Grän oder Granotinen auf einen Gran rechnen. Dies wäre der erste mögliche Fall. Nimmt man zweytens an, daß 24 Granotinen auf einen Gran gehen, so würden 6 Gran zugerechnet, 7 mal 10 wäre 70, 6 dazu 76 und 4 davon 72. 72 wäre durch 1, 9, 12, 18, 24 und 36 theilbar, so daß also entweder 9, oder 8, oder 6, oder 4, oder 3, oder 2 Denare zugerechnet werden müßten. Man gehe die Fälle durch. Hat der Denar 8 Gran, und man rechnet also 9 Denare zu, so heißts: 10 mal 8 Denare sind 80 und 9 dazu sind 89, 11 davon bleiben 78. Nimmt man an, daß diese 78 Denare eine Unze machen, 7 Unzen aber auf eine Mark, so kömmt wieder alles ordentlich heraus; geht man aber die übrigen Fälle, deren noch viele sind, nach einander durch, so findet man zuletzt am wahrscheinlichsten, daß die Mark 8 Unzen, die Unze 24 Denare, der Denar 24 Gran, und der Gran 24 Grän habe, und dies findet sich hernach gleich bewährt, wenn man auch nur noch ein einziges anderes Beyspiel gleicher Sorte damit zusammen hält.

Vier-

Vierzehntes Hauptstück.

Von den Brüchen überhaupt.

§. 1.

Ein Bruch ist eine Anzahl Theile von einem Ganzen; er entsteht also, wenn man ein Ganzes in eine gewisse Anzahl gleicher Theile theilt, und alsdenn dieser Theile Einen oder mehrere nimmt. Was ein Bruch sey.

Z. E. Man theilt einen Thaler in zwölf Theile, und nimmt Einen davon, so heißt es ein Zwölftheil, oder Zwölftel; nimmt man zwey, so sind es 2 Zwölftel, das Ganze sind 12 Zwölftel; zwey ganze 24 Zwölftel u. s. w.

§. 2.

Diejenige Zahl, welche anzeigt, in wie viel Theile man das Ganze getheilt habe, nennt man den Nenner des Bruchs, diejenige aber, welche anzeigt, wie viel von diesen Theilen da sind, den Zähler; z. E. wenn man sagt: zwey Zwölftel, so ist zwey der Zähler, zwölf aber der Nenner. Man schreibt Brüche so, daß der Zähler oben, der Nenner hingegen unten zu stehen kömmt; zwischen beide wird ein Querstrich gesetzt. Z. E. $\frac{2}{12}$ zwey Zwölftel, $\frac{5}{8}$ fünf Achtel. Im Schreiben wird der Querstrich gemeiniglich etwas schief von der Linken zur Rechten herauf gemacht; im Drucke pflegt er Benennungen bey einem Bruch und Anschreibung desselben.

 grade

grade (wagerecht) zu seyn; doch pflegen sich auch einige im Drucke statt des Strichs eines zwischen beiden Zahlen gesetzten Lateinischen / zu bedienen; z. E. $^{2}/_{12}$, $^{5}/_{8}$.

§. 3.

Arten der Brüche.

Es giebt eigentlich nur zweyerley Arten von Brüchen. Die ersten sind die **ächten**, deren Zähler kleiner ist, als der Nenner; z. E. $\frac{5}{7}$. Wenn der Zähler eben so groß, oder gar größer ist, als der Nenner, so entsteht die zweyte Art, nemlich die **unächten**, z. E. $\frac{8}{8}$, $\frac{9}{8}$, $\frac{16}{8}$. Dies sind die beiden eigentlichen Arten der Brüche. Man hat aber sonst noch zwey andere Benennungen. Wenn nemlich vor einem ächten Bruche eine ganze Zahl steht, so heißt es ein **vermischter Bruch**, z. E. $1\frac{5}{8}$ (Ein und 5 Achtel). Besteht endlich ein Bruch aus Einem Zähler und zwey Nennern, so nennt man es einen **gebrochenen Bruch**, z. E. $\frac{\frac{1}{2}}{4}$ $\frac{\frac{1}{3}}{8}$ $\frac{\frac{2}{3}}{5}$ (ein halbes Viertel, ein drittel Achtel, zwey drittel Fünftel).

Verwandlung der Brüche.

Ein unächter Bruch läßt sich bald in Ganze, bald in einen vermischten Bruch verwandeln, indem man den Zähler mit dem Nenner dividirt. Z. E. $\frac{24}{3}$ sind 8 Ganze, $\frac{25}{7}$ sind $3\frac{4}{7}$.

Ganze Zahlen lassen sich durch jeden willkürlich gewählten Nenner in einen unächten Bruch verwandeln. Man multiplicirt das Ganze mit welcher Zahl man will, macht das Factum zum Zähler, und setzt den Multiplicator als Nenner darunter, z. E. 3 Ganze sind $\frac{6}{2}$, oder $\frac{9}{3}$, oder $\frac{12}{4}$ u. s. w.

Ein vermischter Bruch läßt sich in einen unächten verwandeln. Man multiplicirt die ganze Zahl mit dem Nenner, rechnet den Zähler zu, und erhält so einen neuen Zähler. Der Nenner ist der vorige. Z. E. $1\frac{1}{2}$ sind $\frac{3}{2}$, $3\frac{1}{4}$ sind $\frac{13}{4}$; $9\frac{5}{8}$ sind $\frac{77}{8}$. In der Regel de tri mit Brüchen wird diese Verwandlung der vermischten Brü-

Brüche in unächte, und ferner aus unächten Brüchen in ganze Zahlen das **Einrichten** der Brüche genannt.

Ein gebrochener Bruch läßt sich in einen ungebrochenen verwandeln, indem man beide Nenner mit einander multiplicirt, und das Factum zum neuen Nenner macht. Der Zähler bleibt unverändert. Z. E. $\frac{\frac{1}{2}}{4}$ ist $\frac{1}{8}$, $\frac{\frac{2}{3}}{4}$ sind $\frac{2}{12}$, $\frac{\frac{8}{9}}{7}$ sind $\frac{8}{63}$.

Nicht ein jeder Bruch von einem Bruche wird ein gebrochner Bruch genannt, sondern nur der Bruch eines eintheiligen Bruches. Ein eintheiliger Bruch aber heißt ein solcher, dessen Zähler 1 ist; z. E. $\frac{1}{3}$, $\frac{1}{8}$. Wenn man nun von einem solchen eintheiligen Bruche wieder einen Bruch macht, z. E. die Hälfte von einem Viertel, ein Drittel von einem Achtel, zwey Fünftel von einem Drittel, so sollte man eigentlich so schreiben: $\frac{\frac{1}{2}}{\frac{1}{4}}$, $\frac{\frac{1}{3}}{\frac{1}{8}}$, $\frac{\frac{2}{5}}{\frac{1}{3}}$; da läßt man nun aber die 1 weg, und schreibt so, wie oben gezeigt ist. Wenn nun aber der letztere Bruch (der die Stelle des Nenners vertritt) mehrtheilig ist, so könnte man ihn nicht anders schreiben, als mit drey Querstrichen, z. E. zwey Drittel von sieben Achteln $\frac{\frac{2}{3}}{\frac{7}{8}}$; weil dies aber zu unbequem wäre, so schreibt man es lieber multiplicationsweise (ja nicht divisionsweise) $\frac{2}{3} \times \frac{7}{8}$, und rechnet hernach den Betrag ordentlich nach der Multiplication aus.

§. 4.

Vom Größern oder Erweitern der Brüche.

Wenn man den Zähler und den Nenner eines Bruchs mit einerley Zahl multiplicirt, so wird dadurch der Bruch selbst weder größer noch kleiner; z. E. wenn ich anstatt $\frac{1}{2}$ schreibe: $\frac{2}{4}$, $\frac{3}{6}$, $\frac{4}{8}$, $\frac{7}{14}$, $\frac{10}{20}$, so sind alle diese Brüche einer so groß als der andre. So auch $\frac{5}{6} = \frac{10}{12}$, $\frac{9}{10} = \frac{108}{120}$, $\frac{11}{14} = \frac{77}{98}$. Zuweilen kann uns daran gelegen seyn, einen Bruch mit größern Zahlen auszudrücken; dies nennt man: **ihn größern** oder **amplificiren**; richtiger würde man es im Deutschen ihn **erweitern** nennen. Z. E. man kann fragen: $\frac{3}{7}$ wie viel sind das 21stel?

Da sieht man zu, ob 3 eine zusammen setzende Zahl (Hauptst. 6. §. 1. und 4.) von 21 sey. Sie ist es; und zwar der 7te Theil. Also multiplicirt man Zähler und Nenner mit 7, und sagt $\frac{14}{21}$.

Einige Beyspiele zur Uebung.

1) $\frac{3}{4}$, wie viel sind es 24stel? $\frac{18}{24}$. 2) $\frac{9}{13}$, wie viel sind es 91stel? $\frac{63}{91}$. 3) $\frac{11}{13}$, wie viel sind es 104tel? $\frac{88}{104}$. 4) $\frac{6}{7}$, wie viel sind es 84stel? $\frac{72}{84}$. 5) $\frac{3}{8}$, wie viel sind es 1000tel? $\frac{375}{1000}$. 6) Wie viel sind $\frac{3}{5}$ 24stel? Antwort: Fünftel lassen sich nicht in 24stel verwandeln, weil 24 nicht aus 5 zusammengesetzt ist.

Die Probe, ob man richtig gegrößert oder erweitert habe, macht man so, daß man den Zähler des gegrößerten Bruchs mit dem Zähler des kleinern, woraus er entsprungen ist, dividirt, und den Nenner mit dem Nenner; alsdenn müssen die Quotienten gleich seyn. Z. E. man wollte wissen, ob $\frac{3}{8}$ und $\frac{375}{1000}$ gleich viel sey, so setzt man dies so:

$$\frac{3}{8} : \frac{375}{1000} \,|\, \frac{125}{125}.$$

§. 5.

Findung eines gemeinschaftlichen Nenners.

Wenn man zwey oder mehrere Brüche unter Einen Nenner bringen will, so ist das leichteste, daß man eines jeden Zähler und Nenner durch den Nenner aller übrigen multiplicirt; z. E. wenn $\frac{3}{4}$ und $\frac{7}{9}$ unter einen gemeinschaftlichen Nenner sollen gebracht werden, so wird $\frac{3}{4}$ mit 9, und $\frac{7}{9}$ mit 4 multiplicirt, damit aus beiden Sechs und dreißigstel werden:

$$\frac{3}{4} \,|\, \frac{27}{36} \qquad \frac{7}{9} \,|\, \frac{28}{36}.$$

Nun ist sehr natürlich und leicht einzusehen, daß $\frac{27}{36}$ und $\frac{28}{36}$ zusammen $\frac{55}{36}$, d. i. $1\frac{19}{36}$ ausmachen.

Wären $\frac{2}{3}$, $\frac{3}{4}$, $\frac{5}{7}$, $\frac{9}{11}$ zu Brüchen von einerley Nenner zu machen, so würde es so damit zugehen:

$\times 4 \times 7 \times 11.$
$\frac{2}{3} \mid \frac{8}{12} \mid \frac{56}{84} \mid \frac{616}{924}.$

$\times 3 \times 7 \times 11.$
$\frac{3}{4} \mid \frac{9}{12} \mid \frac{63}{84} \mid \frac{693}{924}.$

$\times 3 \times 4 \times 11.$
$\frac{5}{7} \mid \frac{15}{21} \mid \frac{60}{84} \mid \frac{660}{924}.$

$\times 3 \times 4 \times 7.$
$\frac{8}{11} \mid \frac{24}{33} \mid \frac{96}{132} \mid \frac{672}{924}.$

Weil dies aber etwas weitläuftig ist, so zieht man folgende Art vor. Man nimmt den größten Nenner, und multiplicirt ihn mit allen Nennern von dem zunächst größten bis zu dem allerkleinsten, mit welchen sich das Multiplicationsfactum nicht dividiren läßt. Hernach multiplicirt man diesen größten Nenner mit jedem Zähler, und dividirt durch jeden Nenner, und findet so endlich die gesammten neuen Zähler zu dem gleich anfänglich gesuchten größten Nenner.

Z. E. man hätte die Brüche

$\frac{2}{5} \quad \frac{2}{3} \quad \frac{1}{2} \quad \frac{3}{4} \quad \frac{5}{6} \quad \frac{8}{9} \quad \frac{9}{10} \quad \frac{2}{7}$

Hier ist der größte Nenner 10. Der nächstfolgende 9 geht nicht in 10 auf; folglich wird 10 damit multiplicirt. 7 in 90 geht nicht auf, also wieder multiplicirt. 6 in 630 geht auf; also braucht man nicht damit zu multipliciren. 5 geht ebenfalls darein auf. Mit 4 muß multiplicirt werden, 3 geht auf; 2 ebenfalls. Nun nimmt man die Brüche nach einander in der Ordnung, wie sie da stehen, multiplicirt 2520 mit dem Zähler, und dividirt mit dem Nenner.

$$\begin{array}{r} 10 \\ \hline 90 \\ \hline 630 \\ \hline 2520 \end{array}$$

$$\frac{\begin{array}{c} 2520 \\ \hline \begin{array}{cccccccc} \frac{2}{5} & \frac{2}{3} & \frac{1}{2} & \frac{3}{4} & \frac{5}{6} & \frac{8}{9} & \frac{9}{10} & \frac{2}{7} \\ 5040. & 5040. & 2520. & 7560. & 12600. & 20160. & 22680. & 5040. \\ 1008. & 1680. & 1260. & 1890. & 2100. & 2240. & 2268. & 207. \end{array} \end{array}}{2520}$$

D. i. $\frac{2}{5}$ sind so gut als $\frac{1008}{2520}$, $\frac{2}{3}$ so gut als $\frac{1680}{2520}$, und so weiter. Man kann ein solches Beyspiel auch in die Länge setzen, und jeden Zähler des gefundenen gegrößerten Bruchs daneben, welches hernach bequem wird, wenn man die Brüche addiren soll. Die andern zur Ausrechnung nöthigen Zahlen setzt man theils oben, theils zur Seite.

2520

5040		
	$\frac{2}{5}$	1008
	$\frac{2}{3}$	1680
	$\frac{1}{2}$	1260
	$\frac{3}{4}$	1890
	$\frac{5}{6}$	2100
	$\frac{8}{9}$	2240
	$\frac{9}{10}$	2268
	$\frac{2}{7}$	720

Bey dieser letzten Art kann man allenfalls beständig bleiben, ohne daß man sonderlichen Schaden davon haben wird. Indessen kann es doch dabey geschehen, daß man den allgemeinen neuen Nenner ohne Noth etwas zu groß nimmt, und sich dadurch der Mühe ein wenig zu viel macht. Will man das verhüten, so setzt man diejenigen Nenner, die zusammengesetzte Zahlen sind (Hauptst. 6. §. 1.), nach ihren Theilen hin, z. E. anstatt 6 setzt man 2 × 3, und alle, die alsdenn zweymal oder öfter vorkommen, streicht man so oft weg, daß sie nur einmal *) da bleiben, und diese übrigen Zahlen multiplicirt man zuletzt, um den gemeinen Nenner zu finden. Z. E. aus dem vorigen Beyspiel würde man die Nenner auf folgende Art hinsetzen, und die überflüssigen Zahlen wegstreichen.

5 3 2 ~~2~~ × 2 ~~2~~ × ~~3~~ ~~3~~ × 3 ~~2~~ × ~~5~~ 7

Nun sagt man, 5 mal 3 ist 15, mal 2 ist 30, mal 2 ist 60, mal 3 ist 180, mal 7 ist 1260 und 1260 ist der gemeinschaftliche Nenner; 2520 war also ohne Noth etwas zu groß angenommen.

An andern Beyspielen, besonders größern, wird dieser Vortheil noch mehr in die Augen fallen. Z. E. $\frac{1}{2}$.

---

*) Wenn jedoch einerley Zahl hinter und vor einem Kreuze (×) steht, so kann die eine um der andern willen nicht ausgestrichen werden; obgleich, wenn eben die Zahl sonst noch einmal vorkömmt, Eine doch wegfallen muß.

$\frac{1}{2}$. $\frac{2}{3}$. $\frac{5}{8}$. $\frac{4}{9}$. $\frac{1}{6}$. $\frac{2}{12}$. $\frac{3}{8}$. $\frac{7}{9}$. $\frac{1}{10}$. $\frac{5}{6}$. $\frac{3}{4}$. $\frac{2}{5}$.

2. 3. 2 × 2 × 2. 3 × 3. 3 × 2. 3 × 2 × 2.
2 × 2 × 2. 3 × 3. 2 × 5. 2 × 3. 2 × 2. 5.

der größte Nenner wird also hier 360 seyn; denn 2 mal 3 ist 6, mal 2 ist 12, mal 2 ist 24, mal 3 ist 72, mal 5 ist 360.

Sonst hat man auch noch folgende Art, den größten Nenner zu finden, die sich mit Nutzen anwenden läßt. Das Beyspiel sey:

$\frac{1}{4}$. $\frac{4}{7}$. $\frac{3}{8}$. $\frac{2}{9}$. $\frac{3}{4}$. $\frac{2}{5}$. $\frac{3}{7}$. $\frac{2}{3}$. $\frac{3}{10}$. $\frac{5}{6}$.

Hier ist 10 der größte Nenner. Der nächst größte ist 9. Man fängt also so an:

```
 10
  9
 ——
 90
```

Nun fährt man auf folgende Art fort:

```
       10
        9
       ——
   2)  90 . 8 —
        4   4
       ———
      360
        7
      ————
6)   2520 . 6
```

Hier ist neben 90 eine 8, als der nächstfolgende größte Nenner gesetzt. Die vor 90 stehende 2 zeigt an, daß sowohl 90 als 8 mit 2 aufgehn, und also eins von beiden mit 2 dividirt werden müsse. Hier ist 8 dividirt, welches den Quotienten 4 giebt. Mit diesem ist 90 multiplicirt. Der nächste Nenner ist 7; dieser hat mit 360 nichts gemeinschaftlich; daher wird damit multiplicirt. Nun folgt 6. Es wird neben 2520 hingesetzt. Weil aber 2520 mit 6 aufgehen würde, so wird die 6 wieder weggestrichen. Mit den Nennern 5, 4 und 3 braucht man das Dividiren gar nicht zu versuchen, da sich schon von selbst versteht, daß 5 in der da gewesenen 10, 4 in 8 und 3 in 9 stecken. Also ist 2520 der höchste Nenner.

§. 6.

§. 6.

Vergleichung der Brüche in Ansehung ihrer Größe.

Je näher ein ächter Bruch einem Ganzen kömmt, desto größer ist er. Aus wie vielen Ziffern er besteht, darauf kömmt dabey nichts an, ob man gleich oft aus Mißbrauch einen weitläuftigen Bruch einen großen nennet. Je öfter der Zähler in dem Nenner enthalten ist, desto kleiner ist der Bruch; z. E. $\frac{1235}{10196}$ ist kleiner als $\frac{7}{55}$; denn 1235 ist in 10196 über 8 mal enthalten, 7 in 55 aber noch nicht völlig 8 mal. Zuweilen kann man aber dieses Kennzeichen nicht gebrauchen, um aus seiner Ungewißheit zu kommen, z. E. wenn man wissen wollte, ob $\frac{13}{17}$ oder $\frac{27}{33}$ mehr sey, so würde es wenig helfen, wenn man wüßte, daß 13 in 17 1 und $\frac{4}{13}$ mal, 27 aber in 33 1 und $\frac{6}{27}$ mal enthalten sey; denn nun müßte man doch wieder von neuem fragen, was mehr sey, $\frac{4}{13}$ oder $\frac{6}{27}$. Man hat also eine leichtere Art zu entscheiden, welcher von zwey verschiedenen Brüchen der größte sey. Man setzt sie neben einander, macht ein Kreuz dazwischen, und multiplicirt so den Zähler eines jeden durch den Nenner des andern. Bey welchem Bruche die größte Zahl zu stehen kömmt, das ist der größte. Z. E.

$$429 \;\frac{13}{17} \times \frac{27}{33}\; 459$$

Hier sieht man, daß $\frac{27}{33}$ größer seyn müsse, weil 459 dabey steht, bey $\frac{13}{17}$ aber nur 429; denn 13 mal 33 ist 429, 17 mal 27 aber 459.

Der Grund hievon liegt darin. Wenn ich den Zähler und Nenner des Bruchs $\frac{13}{17}$ beide mit 33 multiplicire, so bekomme ich $\frac{429}{561}$, multiplicire ich aber $\frac{27}{33}$ mit 17, so kommen $\frac{459}{561}$ heraus. Weil man aber des Nenners (561) in diesem Fall nicht bedarf, so braucht man ihn auch nicht auszurechnen, und sieht also bloß auf den Zähler, den man durchs Kreuz leicht findet.

§. 7.

So wie ein Bruch seiner Grösse nach unverändert bleibt, wenn man Zähler und Nenner durch einerley Zahl multiplicirt: so kann er auch dadurch nicht verändert werden, wenn man Zähler und Nenner durch einerley Zahl dividirt. Nun kömmt es uns in den meisten Fällen darauf an, einen Bruch mit so kurzen Zahlen als möglich auszudrücken, und diesen Zweck erhält man, wenn man seinen Zähler und Nenner durch einerley Zahl dividirt. Z. E. $\frac{3}{4}$ ist ein bequemerer Bruch, als $\frac{27}{36}$; $\frac{3}{4}$ entsteht aber aus $\frac{27}{36}$, wenn ich sowohl den Zähler als Nenner mit 9 dividire. Einen Bruch unter einen kleinern Zähler bringen, heißt ihn **kleinern**, **aufheben** oder **abbreviren** (verkürzen). Nur lassen sich nicht alle Brüche aufheben, und wenn sie sich aufheben lassen, so ist die Frage, womit? nicht immer leicht zu beantworten. Man merke also folgende Regeln. Kleinern oder Aufheben der Brüche.

Erste Regel.

Wenn der Nenner eine erste oder untheilbare Zahl ist (s. S. 90. §. 2.): so ist der Bruch schlechterdings nicht zu verkleinern oder aufzuheben. Z. E. 11, 13, 29, 101, 311 sind erste Zahlen; folglich sind die Brüche $\frac{4}{11}$, $\frac{2}{13}$, $\frac{6}{29}$, $\frac{27}{101}$, $\frac{36}{311}$ ganz unaufheblich *).

Zweyte Regel.

Wenn der Zähler eine erste Zahl ist, und der Nenner geht mit dem Zähler nicht auf, so ist

*) Man hat mehrere Bücher, worinn die ersten oder unaufhebbaren Zahlen bis 10000 oder weiter geliefert sind. Diese leisten hier gute Dienste.

ist der Bruch ebenfalls nicht aufzuheben. Geht er aber damit auf, so ist die Aufhebung leicht geschehen, indem alsdenn immer ein eintheiliger Bruch herauskömmt. Z. E, $\frac{11}{24}$, $\frac{13}{28}$, $\frac{22}{57}$, $\frac{101}{144}$, $\frac{317}{508}$ sind unaufhebliche Brüche. Hingegen ist $\frac{11}{33} = \frac{1}{3}$, $\frac{13}{91} = \frac{1}{7}$, $\frac{29}{174} = \frac{1}{6}$, $\frac{101}{9999} = \frac{1}{99}$, $\frac{311}{2488} = \frac{1}{8}$.

Dritte Regel.

Wenn sowohl der Zähler als der Nenner eine zusammengesetzte Zahl ist, und unter den Zahlen, woraus sie zusammengesetzt sind, kömmt keine vor, die beiden gemeinschaftlich ist, so ist das Aufheben ebenfalls unmöglich. Ist aber eine gemeinschaftliche Zahl da, oder auch mehrere, so läßt der Bruch sich mit diesen heben. Z. E. 28 ist aus 4 und 7 zusammen gesetzt, 39 aber aus 3 und 13; $\frac{28}{39}$ kann also nicht aufgehoben werden. Hingegen kann $\frac{39}{52}$ gar wohl aufgehoben werden, weil beide aus 13 zusammen gesetzt, 39 nämlich aus 13 und 3, und 52 aus 13 und 4. Man setzt einen Bruch, den man aufheben will, ordentlich hin, nur daß man den Strich zwischen Zähler und Nenner (nicht bloß im Druck, sondern auch im Schreiben) grade (horizontal), nicht schief, macht. Hinter dem Bruch macht man einen Strich von oben herunter, und den Querstrich zwischen Zähler und Nenner verlängert man. Auf den von oben herunter gezogenen Strich setzt man einen liegenden Haken, und in diesen die Zahl, mit welcher man aufhebt; z. E.

$$\overset{13}{\frac{39}{52}\Big|\frac{3}{4}} \qquad \overset{9}{\frac{72}{81}\Big|\frac{8}{9}} \qquad \overset{8}{\frac{64}{72}\Big|\frac{8}{9}} \qquad \overset{7}{\frac{21}{49}\Big|\frac{3}{7}}$$

	9	3	8	7
13608	1512	504	63	9
24192	2688	896	112	16

Wenn man aus Hauptst. 6. §. 3. S. 91. ff. gelernt hat, welche Zahlen mit 2, 3, 4, 5, 6, 8, 9, 11, 12 ꝛc. aufgehen, so hat man hier die beste Gelegenheit es anzuwenden; wo nicht, so muß man nun anfangen, sich darinn zu üben, daß man es einer Zahl leicht ansehe, womit sie sich aufheben lasse. Ich will hier zuerst eine Reihe von Beyspielen zur Uebung folgen lassen, die leicht aufzuheben sind, indem die aufhebende Zahl nie über 11 geht.

Leichtere Beyspiele zur Uebung im Aufheben.

$\frac{56}{105} = \frac{8}{15}$. $\frac{81}{144} = \frac{9}{16}$. $\frac{324}{900} = \frac{9}{25}$. $\frac{1323}{1512} = \frac{7}{8}$. $\frac{672}{840} = \frac{4}{5}$. $\frac{605}{968} = \frac{5}{8}$. $\frac{1512}{3528} = \frac{3}{7}$. $\frac{1344}{1568} = \frac{6}{7}$. $\frac{1960}{4704} = \frac{5}{12}$. $\frac{40338}{43254} = \frac{83}{89}$. $\frac{70848}{84096} = \frac{123}{146}$. $\frac{266905}{495495} = \frac{7}{13}$. $\frac{775269}{977328} = \frac{7831}{9872}$. $\frac{127512}{150776} = \frac{23}{26}$. $\frac{10245312}{11343024} = \frac{28}{31}$. $\frac{3193344}{36324288} = \frac{8}{91}$. $\frac{44812094688}{53111097408} = \frac{27}{32}$.

Wenn der Zähler und Nenner ein jeder für sich aufhebbar ist, so ist eher zu erwarten, daß sich ein Bruch werde aufheben lassen, als wenn Zähler und Nenner diese Eigenschaft nicht haben. Um also nicht viel probiren zu dürfen, so dividirt man Zähler und Nenner, jeden für sich, womit man kann, und sieht alsdenn zu, ob man einerley Zahl heraus bekömmt; mit dieser Zahl läßt sich der Bruch heben. Z. E.

Erleichterungen bey leichtern Beyspielen.

	8	4
1184	148	37
1295	259	37
	5	7

Hier ist der Zähler mit 8 und hernach mit 4 aufgehoben, und so erhält man 37. Der Nenner ist mit 5 und dann mit 7 aufgehoben, und so kommen auch 37. Daraus folgt, daß sowohl der Zähler als der Nenner mit 37 aufgeht. Man braucht aber dann keine neue Division anzustellen, sondern nur die aufhebenden Zahlen zu multipliciren. Es heißt nemlich 37 in 1184 habe ich 4 mal 8, d. i. 32 mal; 37 in 1295 habe ich 5 mal 7, d. i. 35 mal; folglich ist $\frac{1184}{1295} = \frac{32}{35}$. Noch ein Beyspiel!

	5	5		
2825	565	113		
12204	3051	339	113	
	4	9	3	

Folg=

Folglich geht der Bruch mit 113 auf und $\frac{2825}{12204}$ ist $= \frac{5 \times 5}{4 \times 9 \times 3}$ d. i. $\frac{25}{108}$.

Das Dividiren von der Seite macht einige verwirrt. Diese können Zähler und Nenner durch zwey Punkte neben einander setzen, und hernach so verkleinern; z. E. $\frac{1960}{4704}$.

$$
\begin{array}{rrcr}
 & 1960 & : & 4704 \\ \hline
8) & 245 & : & 588 \\ \hline
7) & 35 & : & 84 \\ \hline
7) & 5 & : & 12
\end{array}
$$
d. i. $\frac{5}{12}$.

Auch wenn man den schwerern Divisor sucht, findet diese Art statt; z. E.

$$
\begin{array}{rr}
 & 2825 \\
5) & \overline{565} \\
5) & \overline{113}
\end{array}
\qquad
\begin{array}{rr}
 & 12204 \\
4) & \overline{3051} \\
9) & \overline{339} \\
3) & \overline{113}
\end{array}
$$

Verfahrungsart, wenn die Aufhebung schwerer ist. Wenn ein Bruch nur mit einer ungraden Zahl über 11 aufgehoben werden kann, so kann man ihr das theils nicht ansehen, theils es auf die kurz vorher angezeigte Art nicht finden. Z. E. $\frac{1501}{1817}$ geht mit keiner Zahl unter 12 auf; ob es aber mit einer über 12 aufgehe, läßt sich so leicht nicht wissen. Man kann es aber erfahren, wenn man den Nenner mit dem Zähler dividirt, mit dem was übrig bleibt, wieder den Zähler, und so weiter immer mit dem übrig bleibenden Reste den vorigen Divisor. Mit welcher Zahl alsdenn die Division aufgeht, das ist die größte Zahl, mit welcher der Bruch aufgehoben werden kann *). Z. E.

```
1501 | 1817 | 1
     | 1501 |
     ------
      316 | 15.0.1 | 4
          | 1264   |
          ------
            237 | 3.1.6 | 1
                | 237   |
                ------
                   79 | 237 | 3
                      | 237 |
```

Hier

*) Weil es auf die Quotienten bey dieser Rechnung gar nicht ankömmt, so kann man, wenn man will, sich die Mühe ersparen, sie hinzuschreiben, ob sie gleich hier bey diesem ersten Beyspiele hingeschrieben sind.

Hier sieht man, daß der Bruch mit 79 aufzuheben ist:

```
        79
   1501 | 19
   ---- | --
   1817 | 23
```

Ferner muß man Acht haben, wenn unter den Divisoren eine erste Zahl vorkömmt (S. S. 90). Geht der Dividendus damit nicht auf, so darf man sich weiter keine Mühe geben, sondern kann versichert seyn, daß der Bruch unaufheblich ist. Z. E. $\frac{7831}{9872}$.

```
7831 | 9872 |
     | 7832 |
     ------
       2041 | 783.1
              612 3
              -----
              170 8 | 2.04.1
                      1 70 8
                      ------
                        33 3 | 17.08
                             - 16 65
                               -----
                                  43 | 333
```

43 ist eine erste Zahl; da nun 333 damit nicht aufgeht, so ist der ganze Bruch unaufhebbar. Denn wenn man die Division weiter fortsetzen wollte, so würde zuletzt eine 1 übrig bleiben, mit welcher keine Kleinerung statt findet; z. E.

```
43 | 333
     301
     ---
      32 | 43
           32
           --
           11 | 32
                22
                --
                10 | 11
                     10
                     --
                      1
```

Wenn Brüche aus sehr vielen Zahlen bestehen, so thut man fast am besten, daß man gleich den größten Dividendus auf die jetzt beschriebene Art sucht; z. E. $\frac{984176}{1098768}$ geht, wie man an den drey letzten Zahlen sieht, mit 8 auf; wenn man aber mit dem Zähler in den Nenner dividirt, und so zu dividiren fortfährt, so zeigt sich, daß 8 wirklich der höchste Dividendus sey. Dem Bruch $\frac{560128}{1122304}$ sieht man es leicht an, daß er ebenfalls mit 8 aufgeht; allein wenn man den größten Dividendus suchet, so findet man bald, daß er 1024 sey. Damit kann man nun Zähler und Nenner entweder ordentlich oder durch die Zerfällung (in 8, 8, 8 und 2) dividiren, und so findet man, es sey $\frac{560128}{1122304} = \frac{547}{1096}$. Will man aber, so kann man einen Bruch auch durch das gewöhnliche Aufheben so weit kleinern, als es sich thun läßt, und hernach untersuchen, ob der letzte Bruch noch weiter könne aufgehoben werden.

Beyspiele von schwer aufzuhebenden Brüchen.

Beyspiele der schwerern Aufhebung. $\frac{955}{1528} = \frac{5}{8}$. $\frac{5908}{7385} = \frac{4}{5}$. $\frac{835}{1336} = \frac{5}{8}$. $\frac{946}{2494} = \frac{11}{29}$. $\frac{17823}{26049} = \frac{13}{19}$. $\frac{4228}{6644} = \frac{7}{11}$. $\frac{87241}{89507} = \frac{77}{79}$. $\frac{29448}{31084} = \frac{18}{19}$. $\frac{197112}{215448} = \frac{43}{47}$. $\frac{828982}{979706} = \frac{11}{13}$. $\frac{3539671632}{4141072152} = \frac{206}{241}$.

* §. 8.

Aestimation oder ohngefähre Bestimmung der Brüche. Wenn ein Bruch nicht aufgeht, und doch mehr auf ihn ankömmt, als daß er ganz weggeworfen werden könnte, so vergrößert oder verkleinert man ihn so viel, daß er einer leichten Aufhebung fähig wird; und den durch die Aufhebung entstandenen kurzen Bruch nimmt man hernach so an, als wenn er dem vorigen weitläuftigern und längern gleich wäre. Dies nennt man die Aestimation oder die ohngefähre Schätzung (Bestimmung) der Brüche. Z. E. ich hätte den Bruch $\frac{33}{74}$, und wollte einen andern suchen, dessen Zähler und Nenner beide nur aus Einer Ziffer beständen, der aber nur ein wenig größer oder kleiner wäre (§. 6.), als $\frac{33}{74}$: so würde diejenige Aestimation die beste seyn, die dem gegebenen Bruche am nächsten käme *). Gemeiniglich

*) Man merke, wie die Brüche, die nur eine einzelne Ziffer zum Zähler, und höchstens 10 zum Nenner haben, an Größe auf einander folgen: $\frac{1}{10}$, $\frac{1}{9}$, $\frac{1}{8}$, $\frac{1}{7}$, $\frac{1}{6}$, $\frac{1}{5}$, $\frac{2}{9}$, $\frac{1}{4}$, $\frac{2}{7}$, $\frac{3}{10}$, $\frac{1}{3}$, $\frac{3}{8}$, $\frac{2}{5}$, $\frac{3}{7}$, $\frac{4}{9}$, $\frac{1}{2}$, $\frac{5}{9}$, $\frac{4}{7}$, $\frac{3}{5}$, $\frac{5}{8}$, $\frac{2}{3}$, $\frac{7}{10}$, $\frac{5}{7}$, $\frac{3}{4}$, $\frac{7}{9}$, $\frac{4}{5}$, $\frac{5}{6}$, $\frac{6}{7}$, $\frac{7}{8}$, $\frac{8}{9}$, $\frac{9}{10}$.

niglich weiß man die Brüche schon, womit man einen langen Bruch vergleichen will; z. E. man will wissen, ob derselbe größer oder kleiner sey, als ein halbes, ob er $\frac{1}{4}$ oder $\frac{1}{2}$, $\frac{1}{2}$ oder $\frac{3}{4}$, $\frac{3}{4}$ oder einem Ganzen näher sey. In diesem Fall ist es leicht nach §. 6. zu beurtheilen. Z. E. $\frac{18}{29}$ ist größer als $\frac{1}{2}$, weil 18 in 29 noch nicht 2 mal enthalten ist; es ist aber genau gerechnet um $\frac{7}{58}$ größer (s. unten das Hauptstück von der Subtraction). Es ist kleiner als $\frac{3}{4}$, und zwar um $\frac{15}{116}$. Da nun $\frac{15}{116}$ mehr ist, als $\frac{7}{58}$ (nach §. 6.), so ist $\frac{18}{29}$ näher an $\frac{1}{2}$ als an $\frac{3}{4}$. Wollte man aber einen noch genauern Bruch haben, als $\frac{1}{2}$ ist: so versuchet man die Brüche $\frac{5}{9}$, $\frac{4}{7}$, $\frac{3}{5}$, $\frac{5}{8}$, $\frac{2}{3}$, $\frac{7}{10}$, $\frac{5}{7}$ nach einander, so findet man, daß $\frac{5}{8}$ am nächsten kömmt, welches nur ein klein wenig größer ist, als $\frac{18}{29}$. Gesetzt aber, man hätte die in der Anmerkung zu voriger Seite stehende Tabelle nicht bey der Hand, oder man wollte nicht so viel verschiedene Brüche probiren, so vergrößert man Zähler und Nenner ein wenig, daß theilbare Zahlen daraus werden, und probirt alsdenn den daraus entstehenden Bruch, z. E. $\frac{18}{29}$ ist kleiner als $\frac{18}{27}$ oder $\frac{2}{3}$, das sehe ich. Es kann auch nicht viel von $\frac{5}{8}$ unterschieden seyn; denn wenn ich zu 18 2 hinzu setze, und 3 zu 29, so erhalte ich $\frac{20}{32}$ oder $\frac{5}{8}$, oder wenn ich bloß zum Nenner 1 hinzu setze, so bekomme ich $\frac{18}{30}$, d. i. $\frac{3}{5}$. Welcher unter den drey Brüchen $\frac{18}{29}$ am nächsten komme, zeigt sich dann ohne Schwierigkeit.

Wenn ein Bruch aus mehrern Zahlen besteht, so streicht man gewöhnlich in der Aestimation die hintersten Zahlen weg, und zwar gleich viel vom Zähler und vom Nenner, so daß vom Zähler nur zwey oder gar nur eine da bleibt, und das Unausgestrichene nimmt man dann anstatt der Aestimation an; z. E. für $\frac{34789}{63347}$ nimmt man $\frac{34}{93}$, für $\frac{2873}{14358}$ $\frac{2}{14}$ oder $\frac{28}{143}$. Dies ist aber nicht genau genug. Man sollte lieber $\frac{29}{143}$ annehmen, weil 2873 näher an 2900 ist, als 14358 an 14400. Wenn man hernach $\frac{29}{143}$ in einen Bruch von einem einzelnen Zähler verwandelt hat, so kann man noch immer mit $\frac{2873}{14358}$ einen Versuch machen, um zu sehen, welcher kurze Bruch ihm näher kömmt.

Beyspiele der Aestimation zur Uebung.

(Das Zeichen $>$ ist Seite 41 erklärt worden.)

$\frac{14}{23} > \frac{3}{5}$. $\frac{157}{321} < \frac{1}{2}$. $\frac{23}{67} < \frac{3}{7}$. $\frac{52}{60} < \frac{3}{5}$. $\frac{12084}{12883} < \frac{5}{6}$.
$\frac{18042}{18091} > \frac{4}{9}$, $\frac{98440}{98991} < \frac{4}{6}$. $\frac{18142}{18901} > \frac{9}{7}$. $\frac{153872}{302135} < \frac{2}{9}$.
$\frac{2315648}{3574898} < \frac{2}{3}$. $\frac{2315648}{3574898} < \frac{5}{8}$.

§. 9.

Verwandlung oder Resolution der Brüche in ganze Zahlen oder in Brüche von geringern Sorten.

Brüche höherer Sorten lassen sich in ganzen Zahlen geringerer Sorten angeben. Z. E. $\frac{2}{3}$ Rthl. sind, wie fast jedermann weiß, 16 Groschen, $\frac{1}{4}$ Groschen ist 3 ₰. Dies nennt man das Resolviren (Auflösen) oder die Resolution (Auflösung) der Brüche. Man verfährt dabey auf folgende Art: 1) Man nimmt die Anzahl, die von der nächsten kleinern Sorte auf diejenige größere geht, worinn der Bruch gegeben ist. 2) Läßt sich diese Zahl mit dem Nenner des Bruchs dividiren, so thut man es und multiplicirt hernach mit dem Zähler; z. E. man hat $\frac{2}{3}$ Rthl. Ein Thaler hat 24 Groschen; 24 läßt sich mit 3 dividiren, also 3 in 24 8 mal, und 2 mal 8 ist 16, also kommen 16 Groschen heraus. 3) Läßt sich die Zahl der nächst kleinern Sorte nicht mit dem Nenner des Bruchs dividiren, so multiplicirt man sie mit dem Zähler, und dividirt das Factum mit dem Nenner; z. E. $\frac{2}{5}$ Groschen sollen zu Pfennigen gemacht werden.

den. Ich sage 2 mal 12 ist 24, und 5 in 24 habe ich $4\frac{4}{5}$; also sind $\frac{2}{5}$ Groschen $4\frac{4}{5}$ Pf. Die Brüche der kleinsten Sorte (wie hier der Pfennige) wirft man dann entweder weg, wenn sie zu klein sind (s. S. 220), oder man nimmt, wenn sie bald ein Ganzes ausmachen, eins mehr dafür (z. E. für $4\frac{4}{5}$ Pf. könnte 5 Pf. gesetzt werden), oder wenn die größte Genauigkeit nöthig ist, so behält man auch diese Brüche der kleinsten Sorte bey. 4) Es kann geschehen, daß der Bruch einer größern Sorte in der nächst kleinern kein Ganzes ausmacht, sondern wieder einen Bruch giebt; z. E. $\frac{1}{24}$ Groschen ist $\frac{1}{2}$ Pfennig. Denn 1 mal 12 ist 12, und mit 24 dividirt $\frac{12}{24}$, d. i. $\frac{1}{2}$. $\frac{5}{121}$ Rthl. sind $\frac{120}{121}$ Groschen. Ist man nun mit dem neuen Bruche noch nicht zufrieden, so verwandelt man ihn in eine noch kleinere Sorte; z. E. $\frac{120}{121}$ Groschen in Pfennige.

```
120/121        12
              120
              ---
              240
             12
             -----
      121 : 1440 | 11 109/121 Pf.
             239 |
             10  |
```

Beyspiele zur Uebung.

1) $\frac{1}{5}$ Ct. = 22 ℔. 2) $\frac{1}{3}$ Wisp. = 8 Sch. 3) $\frac{1}{4}$ Loth = 1 Q. 4) $\frac{7}{13}$ Rthl. = $12\frac{12}{13}$ Gr. oder 12 Gr. $11\frac{1}{13}$ ₰. 5) $\frac{11}{59}$ Gulden zu 60 Kreuzern = $11\frac{11}{59}$ Xer. oder 11 Xer. $\frac{44}{59}$ ₰. oder 11 Xer. $1\frac{29}{59}$ Heller. 6) $\frac{8}{15}$ Ct. = $58\frac{2}{3}$ ℔. oder 58 ℔ 21 L. $1\frac{1}{3}$ Q. 7) Wie viel beträgt $\frac{1}{4}$ Ducaten, wenn ein ganzer 2 Rthl. 18 Gr. (66 Groschen) enthält? Antw. 16 Gr. 6 ₰. 8) Wie viel aber, wenn man ihn zu 3 Rthl. 1 Gr. 3 ₰. rechnet? Antw. 18 Gr. $3\frac{3}{4}$ ₰. 9) Wie viel sind $\frac{1}{4}$ eines Louisd'ors zu 5 Thaler? Antw.

3 Rthl. 18 Gr. 10) Wie viel, wenn man ihn zu 5 Rthl. 8 Gr. rechnet? Grade 4 Rthl. 11) Und wie viel, wenn er zu 6 Rthl. 40 ßl. gerechnet wird? 5 Rthl. 6 ßl.

So wie dies nun bey den Münzen, Maßen, Gewichten ꝛc. gehalten wird, wovon man einen Bruch auszurechnen hat, so ist es auch mit allen andern Sachen. Z. E. ein Verstorbener hat hinterlassen 12728 Rthl. und hat davon einem Erben $\frac{7}{12}$ vermacht. Wie viel erhält er? Antw. 7424 Rthl. 16 Gr. Ein Kaufmann erhält 19 Centner Gewürz, soll aber einem andern $\frac{2}{5}$ davon ausliefern; wie viel ist das? Antw. 7 Ct. 66 ℔. Dies alles gehört aber eigentlich in das 17. Hauptstück vom Multipliciren der Brüche.

§. 10.

Verwandlung oder Reduction der ganzen Zahlen oder der Brüche geringerer Sorten in Brüche höherer Sorten.

Man will eine ganze Zahl, oder einen vermischten Bruch, oder einen unvermischten ächten Bruch zuweilen in einen Bruch von einer höhern Sorte verwandeln. Z. E. man fragt: 16 Groschen, was ist es für ein Bruch vom Thaler? $1\frac{1}{4}$ ₰. was ist es für ein Bruch vom Groschen? $\frac{3}{17}$ Groschen, was ist es für ein Bruch vom Thaler? Hier verfährt man so:

1. Bey ganzen Zahlen.

Man macht das gegebne Ganze zum Zähler, und die Anzahl der höhern Sorte zum Nenner, und hebt den dadurch entstehenden Bruch auf, wenn es sich thun läßt. Also werden 16 Gr. $\frac{16}{24}$ oder $\frac{2}{3}$ Rthl. seyn; 11 ℔. $= \frac{11}{110}$ oder $\frac{1}{10}$ Ct.; 2 Gr. 3 ₰. $\frac{27}{288}$ oder $\frac{3}{32}$ Rthl.

2. Bey vermischten Brüchen.

Man verwandelt (nach S. 214) den vermischten Bruch in einen unächten. Der dadurch entstandene Zähler bleibt, der Nenner wird mit der Anzahl der höhern Sorte multiplicirt, und als-

alsdenn geschieht die Aufhebung. Z. E. $1\frac{1}{4}$ ₰. sind $\frac{5}{4}$ ₰. und folglich $\frac{5}{48}$ Gr. — $1\frac{1}{3}$ ₰. sind $\frac{4}{3}$ ₰. und folglich $\frac{4}{36}$ oder $\frac{1}{9}$ Gr. — 2 ℔. $19\frac{1}{5}$ L. sind $\frac{416}{5}$ L., folglich $\frac{416}{17600}$ oder $\frac{13}{550}$ Ct.

Man kann die Aufhebung auch vor dem Multipliciren vornehmen; z. E. $1\frac{1}{3}$ ₰. sind $\frac{4}{3}$ ₰. Nun geht der Zähler und der Multiplicandus gegen einander mit 4 auf. Also sagt man $\frac{1}{3}$ für $\frac{4}{3}$, und multiplicirt nur den Nenner mit dem 4ten Theile von 12, nemlich mit 3.

4. Bey ächten oder unvermischten Brüchen.

Hier multiplicirt man bloß den Nenner mit der Anzahl der höhern Sorte, und hebt hernach auf. Z. E. $\frac{3}{4}$ Pf. sind $\frac{3}{48}$ oder $\frac{1}{16}$ Gr. $\frac{2}{3}$ Loth sind $\frac{2}{96}$ oder $\frac{1}{48}$ Pfund, oder $\frac{1}{5280}$ Ct.

Auch hier kann das Aufheben vor der Multiplication geschehen; z. E. der Zähler von $\frac{3}{4}$ Pf. geht gegen 12 auf; also sagt man nur $\frac{1}{4}$ Pf. und multiplicirt den Nenner nicht mit 12, sondern nur mit 4, so erhält man $\frac{1}{16}$ Gr.

Beyspiele zur Uebung.

1. Von ganzen Zahlen.

1) 11 Pf., was ist es für ein Bruch vom Groschen? Antw. $\frac{11}{12}$ Gr. Und vom Thaler? Antw. $\frac{11}{288}$ Rthl. 2) 7 Gr. 6 Pf., was für ein Bruch vom Thaler? Antw. $\frac{5}{16}$ Rthl. 3) 10 leichte Pfennige, deren 12 auf einen Kaisergroschen gehen, was sind sie für ein Bruch vom Thaler? Antw. $\frac{1}{48}$ Rthl. 4) 12 Mgr. 6 ₰., was für ein Bruch vom Thaler? Antw. $\frac{17}{48}$ Rthl. 5) 11 ℔. 19 L. 2 Q., was für ein Bruch vom Centner? Antw. $\frac{743}{7040}$ Ct.

2. Von vermischten Brüchen.

1) 19 Gr. $7\frac{2}{7}$ Pf. = $\frac{183}{224}$ Rthl. 2) 6 Gr. $4\frac{4}{5}$ Pf. = $\frac{2}{5}$ Gulden oder $\frac{4}{15}$ Rthl. 3) 3 Rthl. 13 Gr. $8\frac{4}{7}$ Pf. = $\frac{5}{7}$ eines Louisd'or zu 5 Rthl. 4) 9 Sch. $2\frac{2}{5}$ Viertel = $\frac{4}{5}$ Malter oder $\frac{2}{5}$ Wispel.

3. Von unvermischten Brüchen.

1) $\frac{3}{7}$ Pf. = $\frac{1}{28}$ Gr. 2) $\frac{3}{4}$ L. = $\frac{3}{128}$ ℔. 3) $\frac{2}{15}$ Metzen = $\frac{1}{120}$ Sch. 4) $\frac{5}{8}$ Stein = $\frac{1}{8}$ Centn. 5) $\frac{10}{73}$ Quentchen = $\frac{10}{292}$ L.

Man kann auch andre Dinge in Brüche verwandeln. Z. E. ein Verstorbner hat 28932 Rthl. hinterlassen. Davon hat jemand geerbt 19288 Rthl. Nun fragt man: den wie vielsten Theil der Erbschaft hat er bekommen? Antwort $\frac{19288}{28932}$ oder $\frac{2}{3}$. — Ein Land hat geliefert 373 Wisp. 20 Scheffel. Dazu hat ein gewisser Kreis beygetragen 116 Wisp. 19 Sch. 12 Metzen. Nun fragt sich, den wie vielsten Theil also dieser Kreis zu den Lieferungen beyzutragen pflege. Antwort $\frac{5}{16}$.

Funfzehntes Hauptstück.

Von dem Addiren der Brüche.

---

§. 1.

Wenn nur zwey Brüche zu addiren sind.

Man verfährt anders, wenn man nur 2 Brüche zu addiren hat, anders aber, wenn mehrere da sind. Wenn nur zwey Brüche da sind, so haben sie entweder einerley Nenner, oder verschiedene. Nichts ist leichter, als Brüche von einerley Nenner zu addiren. Man addirt die Zähler, und behält den vorigen Nenner, so ist die Sache geschehen. Z. E. $\frac{2}{11}$ und $\frac{5}{11}$ sind $\frac{7}{11}$; $\frac{3}{8}$ und $\frac{5}{8}$ sind $\frac{8}{8}$ oder ein Ganzes; $\frac{3}{7}$ und $\frac{6}{7}$ sind $\frac{9}{7}$ oder $1\frac{2}{7}$. Sind die Nenner verschieden, so setzt man beide Brüche neben einander, und zieht von

von dem Zähler eines jeden nach dem Nenner des andern eine Linie, wodurch ein Kreuz entstehet. Vermittelst dieses Kreuzes multiplicirt man Zähler und Nenner der Brüche. Beide Facta addirt man, und so hat man den Zähler des gesuchten Aggregats; den Nenner bekömmt man, indem man die beiden Nenner multiplicirt (die man durch einen Haken zusammen ziehen kann): Z. E.

$$\frac{2}{5} \times \frac{3}{7} \;\Big|\; 15,\ 14 \;\Big|\; \frac{29}{35}$$

Hier sagte man: 5 mal 3 ist 15, 2 mal 7 ist 14; 14 und 15 ist 29; 7 mal 5 ist 35, also $\frac{29}{35}$. Das ist: $\frac{2}{5}$ sind gleich $\frac{14}{35}$, $\frac{3}{7}$ sind gleich $\frac{15}{35}$; beide zusamen also $\frac{29}{35}$.

$$\frac{9}{14} \times \frac{8}{9} \;\Big|\; 112,\ 81 \;\Big|\; \frac{193}{126}$$

Hier kömmt ein unächter Bruch heraus. Dieser wird (nach Seite 214) in einen vermischten verwandelt, nemlich in $1\frac{67}{126}$.

$$\frac{8}{15} \times \frac{4}{9} \;\Big|\; 60,\ 72 \;\Big|\; \frac{132}{135} \overset{3)}{\;|\;} \frac{44}{45}$$

Hier läßt der Bruch sich heben, nemlich mit 3. Wenn die beiden Nenner durch einerley Zahl aufhebbar sind, so hebt man sie vor der Multiplication auf, und spart dadurch hernach die Mühe; z. E. das letzte Beyspiel konnte auch so stehen, indem man die Nenner mit 3 gegen einander aufhob:

$$\frac{8}{\not{15}\ 3)\,5} \times \frac{4}{\not{9}\ 3} \;\Big|\; 20,\ 24 \;\Big|\; \frac{44}{45}$$

Es ist aber zu merken, daß der neue Nenner wieder mit der Zahl, mit der man aufhob, multiplicirt werden müsse; z. E. hier 15 mit 3.

Oft gewährt das Aufheben sehr große Vortheile; z. E.

$$\begin{array}{ccc|c} \frac{3}{25} & \times & \frac{2}{75} & 2 \\ 25)\ 1 & & 3 & 9 \\ & & & \overline{\frac{11}{75}} \end{array}$$

Hier steckt 25 in 75. Man sieht leicht, daß $\frac{3}{25}$ so viel sind als $\frac{9}{75}$. Also heißt es: $\frac{2}{75} + \frac{9}{75} = \frac{11}{75}$.

$$\begin{array}{ccc|l} \frac{9}{16} & \times & \frac{17}{24} & 34 \\ 8)\ 2 & & 3 & 27 \\ & & & \overline{\frac{61}{48}} \text{ oder } 1\frac{13}{48}. \end{array}$$

Beyspiele zur Uebung.

1) $\frac{1}{2} + \frac{1}{2} = 1$. 2) $\frac{2}{3} + \frac{2}{3} = 1\frac{1}{3}$. 3) $\frac{5}{8} + \frac{7}{8} = 1\frac{1}{2}$. 4) $\frac{1}{2} + \frac{2}{3} = 1\frac{1}{6}$. 5) $\frac{2}{9} + \frac{3}{11} = \frac{49}{99}$. 6) $\frac{18}{35} + \frac{29}{77} = \frac{49}{55}$. 7) $\frac{19}{25} + \frac{28}{45} = 1\frac{86}{225}$. 8) $\frac{3}{19} + \frac{12}{67} = \frac{429}{1273}$. 9) $\frac{3}{22} + \frac{5}{24} = \frac{91}{264}$. 10) $\frac{19}{20} + \frac{23}{30} = 1\frac{43}{60}$. 11) $\frac{16}{121} + \frac{18}{143} = \frac{406}{1573}$. 12) $\frac{4}{11} + \frac{29}{143} = \frac{81}{143}$. 13) $\frac{12}{455} \times \frac{59}{143} = \frac{169}{385}$. 14) $\frac{2}{5} + \frac{6}{35} = \frac{4}{7}$. 15) $\frac{9}{10} + \frac{14}{15} = 1\frac{5}{6}$.

§. 2.

Addiren mehrerer Brüche. Wenn mehr als zwey Brüche zu addiren sind, so sind ebenfalls die Nenner einerley oder verschieden. Sind sie einerley, so werden nur die Zähler addirt, und der Nenner bleibt; z. E. $\frac{3}{5} + \frac{2}{5} + \frac{4}{5} = 1\frac{4}{5}$; $\frac{3}{8} + \frac{1}{8} + \frac{5}{8} + \frac{7}{8} = 2$; $\frac{1}{9} + \frac{2}{9} + \frac{4}{9} + \frac{5}{9} + \frac{7}{9} + \frac{8}{9} + \frac{5}{9} = 3\frac{5}{9}$. Sind aber die Nenner verschieden, so werden sämmtliche Brüche vorher, wie S. 218 gezeigt ist, zu einerley Nenner gebracht; dann werden die Zähler ordentlich addirt, die Summe aber giebt den neuen Zähler zu dem allgemeinen Nenner. Gemeiniglich

lich ist die Summe aller Zähler größer, als der Nenner, und man muß folglich mit demselben dividiren, um den vermischten Bruch heraus zu bringen; doch kann man auch den vermischten Bruch erst aufheben, ehe man dividirt. Wir wollen das S. 217 angeführte Beyspiel wählen, dessen Addition also aussehen wird:

5040		2520
	$\frac{2}{5}$	1008
	$\frac{2}{3}$	1680
	$\frac{1}{2}$	1260
	$\frac{3}{4}$	1890
	$\frac{5}{6}$	2100
	$\frac{8}{9}$	2240
	$\frac{9}{10}$	2268
	$\frac{2}{7}$	720
		12166
		2520

252 | 0 | 13166 | 6 | $5\frac{566}{2520}$ | $\frac{283}{1260}$
56

oder:

$\frac{13166}{2520}$ | $\frac{6583}{1260}$ 126 | 0 | 658 | 3 | $5\frac{283}{1260}$
28

oder:

oder *):

2520

$\frac{2}{5}$	504	1008
$\frac{2}{3}$	840	1680
$\frac{1}{2}$	1260	1260
$\frac{3}{4}$	630	1890
$\frac{5}{6}$	420	2100
$\frac{8}{9}$	280	2240
$\frac{9}{10}$	252	2268
$\frac{2}{7}$	360	720
		13166

Beyspiele zur Uebung.

1) $\frac{1}{3}+\frac{1}{5}+\frac{1}{4}=\frac{47}{60}$. 2) $\frac{1}{3}+\frac{1}{2}+\frac{1}{4}=1\frac{1}{12}$. 3) $\frac{1}{2}+\frac{1}{3}+\frac{3}{5}=1\frac{13}{30}$. 4) $\frac{1}{2}+\frac{1}{3}+\frac{3}{4}=1\frac{7}{12}$. 5) $\frac{1}{5}+\frac{2}{3}+\frac{5}{7}+\frac{1}{2}=2\frac{17}{210}$. 6) $\frac{1}{2}+\frac{5}{6}+\frac{7}{8}+\frac{7}{12}+\frac{17}{24}=3\frac{1}{2}$. 7) $\frac{1}{2}+\frac{3}{4}+\frac{2}{3}+\frac{4}{5}+\frac{7}{10}+\frac{5}{6}=4\frac{1}{4}$. 8) $\frac{9}{64}+\frac{7}{8}+\frac{3}{4}+\frac{1}{16}+\frac{5}{8}+\frac{2}{3}+\frac{5}{32}=3\frac{53}{192}$. 9) $\frac{1}{3}+\frac{2}{5}+\frac{1}{4}+\frac{5}{7}+\frac{3}{8}+\frac{4}{9}+\frac{3}{10}+\frac{4}{11}=3\frac{50009}{27720}$. 10) $\frac{1}{2}+\frac{1}{3}+\frac{1}{4}+\frac{4}{5}+\frac{7}{8}+\frac{7}{10}+\frac{11}{12}+\frac{13}{15}+\frac{17}{24}=5\frac{57}{60}$. 11) $\frac{2}{3}+\frac{3}{4}+\frac{2}{5}+\frac{1}{2}+\frac{3}{7}+\frac{5}{6}+\frac{7}{8}+\frac{8}{9}+\frac{9}{10}+\frac{10}{11}=7\frac{4203}{27720}$; d. i. $\frac{467}{3080}$.

Wenn vermischte Brüche gegeben sind, so rechnet man erst die unvermischten Brüche zusammen, und kömmt hernach erst auf die ganzen Zahlen.

Die Ausrechnung der benannten und der unbenannten Brüche ist also völlig einerley. Um indessen doch zu sehen, wie man verfährt, wenn vermischte und zugleich benannte Brüche da sind, so betrachte man folgende kleine Beyspiele:

*) Hier ist erst mit dem Nenner dividirt, und dann nach dem zweyten Striche mit dem Zähler multiplicirt.

C.	℔.	L.	Q.	60	
13 —	18 —	9 —	$2\frac{1}{5}$	12	
25 —	59 —	12 —	$3\frac{3}{4}$	45	
28 —	39 —	13 —	$3\frac{1}{2}$	30	
19 —	50 —	16 —	$2\frac{2}{3}$	40	60|127(7|$2\frac{7}{60}$.
	1	3	2	127	
86 Ct.	57 ℔.	21 L.	$\frac{7}{60}$ Q.		

Rthl.	Gr.	Pf.	840	
28 —	9 —	$2\frac{1}{3}$	280	
16 —	18 —	$3\frac{4}{5}$	672	
29 —	19 —	$11\frac{2}{7}$	240	
31 —	21 —	$9\frac{1}{8}$	105	
57 —	8 —	= $\frac{3}{8}$	630	840|1927(7|$2\frac{247}{840}$
3	2	2	1927	24
164 Rtl.	5 Gr.	$3\frac{247}{840}$		

Sech=

Sechzehntes Hauptstück.

Vom Subtrahiren der Brüche.

Art, Brüche zu subtrahiren.

§. 1.

Beim Subtrahiren muß man eben die Fälle unterscheiden, die beim Addiren unterschieden wurden. Sind die Nenner einerley, so wird bloß der kleinere Zähler vom größern abgezogen. Der Rest giebt den neuen Zähler, und der Nenner bleibt der vorige. Z. E. $\frac{5}{8}$ von $\frac{7}{8}$ bleiben $\frac{2}{8}$. Sind aber die Nenner verschieden, so multiplicirt man den Zähler jedes Bruchs mit dem Nenner des andern durchs Kreuz, und setzt das Factum neben den multiplicirten Zähler. Der Bruch, bey dessen Zähler das große Factum zu stehen kömmt, ist unter beiden der größte (vergleiche Hauptstück 14. §. 6.). Man zieht das kleinere Factum vom größern ab, und erhält so den Zähler des herauskommenden Bruchs. Den Nenner findet man durch die Multiplication der beiden obern Nenner *). Z. E. $\frac{3}{4}$ — $\frac{2}{3}$.

*) Es ist sehr gleichgültig, wo die Subtraction vorgeht, auf der linken oder auf der rechten Hand, dies kömmt bloß darauf an, an welcher Seite die größere Zahl zu stehen kömmt.

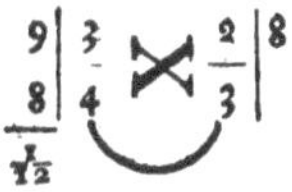

Wenn der eine Nenner aus einer Zahl besteht, die in dem andern Nenner enthalten ist, so dividirt man mit dem herauskommenden Quotienten den Zähler des kleinern Nenners, und zieht sodann den Zähler desjenigen Bruchs, welcher der kleinere ist, von dem andern ab; z. E. wenn $\frac{5}{8}$ von $\frac{3}{4}$ abzuziehen wäre, so sagt man: 4 in 8 2 mal, 2 mal 3 ist 6, 5 von 6 bleibt 1. Der größte Nenner (das wäre hier 8) wird wieder untergesetzt. Das Beyspiel würde so aussehen:

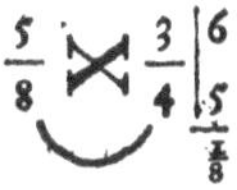

Wenn beide Nenner durch einerley Zahl aufgehen, so hebt man sie dadurch auf, und sucht hernach den neuen Zähler auf die vorher gezeigte Art. Den neuen Nenner bekömmt man, indem man das Factum der beiden durch die Aufhebung entstandenen Brüche mit der aufhebenden Zahl multiplicirt; z. E. wenn man $\frac{5}{24}$ von $\frac{5}{16}$ subtrahiren sollte, so setzt man es so auf:

8) 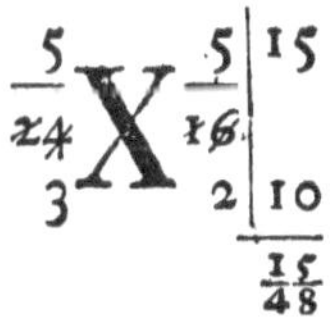

Wenn ein vermischter oder unvermischter Bruch von einem andern vermischten Bruche abgezogen werden soll, so ist keine Schwierigkeit, wofern der obere Bruch größer ist, als der untere, denn alsdenn ist die Abziehung, wie im Vorigen; z. E.

$\frac{1}{5} - 2\,\frac{2}{21}$

$3\ \frac{21}{10}\ \ \frac{1}{5} \times \frac{21}{21}$
2
$\overline{1\ \frac{11}{103}}$

$3\ \frac{4}{5} - \frac{2}{3}$
$3\ \frac{12}{10}\ \ \frac{4}{5} \times \frac{3}{3}$
$\overline{2\ \frac{2}{15}}$

Ist hingegen der untere Bruch größer, als der obere, so daß er nicht von demselben abgezogen werden kann, so borgt man sich ein Ganzes, vermehrt dadurch den Zähler des kleinern Bruchs um so viel, als sein Nenner beträgt, und nimmt hernach die Abziehung vor. Z. E. $3\frac{1}{5} - 1\frac{5}{6}$. Hier muß, weil $\frac{5}{6}$ mehr ist, als $\frac{1}{5}$ erst ein Ganzes oder $\frac{5}{5}$ bey der 3 geborgt werden, so daß man $\frac{6}{5}$ erhält. Hernach rechnet man: $\frac{5}{6}$ von $\frac{6}{5}$ ist $\frac{11}{30}$. Die Aufsetzung ist folgende:

$3.\ \ \frac{36}{25}\ \ \frac{1.6}{5} \times \frac{5}{6}$
1
$\overline{1\ \ \frac{11}{30}}$

Ist endlich oben gar kein Bruch vorhanden, so borgt man ein Ganzes, und verwandelt es (nach S. 213. f.) in einen Bruch von eben dem Nenner, als der unterste ist. Z. E. wenn man $\frac{3}{4}$ von 7 subtrahiren soll, so sagt man für 7 $6\frac{4}{4}$. Alsdenn ist leicht einzusehen, daß $6\frac{1}{4}$ übrig bleibe.

Beyspiele zur Uebung.

1) $\frac{5}{11} - \frac{4}{11} = \frac{1}{11}$. 2) $\frac{3}{4} - \frac{1}{3} = \frac{5}{12}$. 3) $\frac{3}{4} - \frac{1}{2} = \frac{1}{4}$. 4) $\frac{5}{8} - \frac{2}{7} = \frac{19}{56}$. 5) $\frac{8}{9} - \frac{5}{9} = \frac{1}{3}$. 6) $\frac{7}{8} - \frac{3}{8} = \frac{1}{2}$. 7) $\frac{5}{6} - \frac{1}{3} = \frac{1}{2}$. 8) $\frac{5}{6} - \frac{1}{8} = \frac{17}{24}$. 9) $\frac{13}{20} - \frac{7}{15} = \frac{11}{60}$. 10) $4\frac{1}{8} - 2\frac{3}{5} = 1\frac{21}{40}$. 11) $8\frac{6}{7} - \frac{5}{8} = 8\frac{13}{56}$. 12) $4\frac{5}{6} - \frac{4}{5} = 4\frac{1}{30}$. 13) $7\frac{5}{7} - 4\frac{1}{4} = 3\frac{13}{28}$. 14) $3\frac{1}{4} - 2\frac{2}{3} = 1\frac{7}{12}$. 15) $5\frac{1}{5} - 3\frac{3}{4} = 1\frac{9}{20}$. 20) $4 - 1\frac{1}{3} = 2\frac{2}{3}$. 17) $5 - \frac{3}{5} = 4\frac{2}{5}$.

Sieb-

Siebzehntes Hauptstück.

Vom Multipliciren der Brüche.

§. 1.

Multipliciren eines Bruchs mit einer ganzen Zahl.

Wenn ein Bruch mit einer ganzen Zahl multiplicirt werden soll, so multiplicirt man den Zähler, aber nicht den Nenner, z. E. $\frac{2}{7} \times 3$ ist $\frac{6}{7}$, $\frac{3}{8} \times 3$ ist $\frac{9}{8}$ oder $1\frac{1}{8}$.

Wenn die ganze Zahl, mit welcher man multiplicirt, so beschaffen ist, daß sie und der Nenner des Bruchs durch einerley Zahl aufgehen, so kann man sie gegen einander aufheben; z. E. $\frac{3}{5} \times 10$:

$$\frac{3}{\not{5}}\ 1\ \not{1}\not{0}\ 2.\ 6.$$

Hier sagt man, der Multiplicator und der Nenner des Bruchs gehen gegen einander (mit 5) auf; 5 in 5 1 mal, 5 in 10 2 mal; 2 mal 3 ist 6; so erhielte man $\frac{6}{1}$ d. i. 6 Ganze.

$$\frac{3}{\not{8}}.\ 2\ \not{4}.$$

4 mal $\frac{3}{8}$ ist $\frac{3}{2}$ oder $1\frac{1}{2}$, weil man 4 in 8 2 mal haben kann.

$$\frac{3}{\not{1}\not{6}}\ 4\ \not{1}\not{2}.\ 3.\ \frac{9}{4}$$

12 mal $\frac{3}{16}$ ist $\frac{9}{4}$ oder $2\frac{1}{4}$; denn 16 und 12 gehen beide mit 4 auf. 4 in 16 4 mal, 4 in 12 3 mal, 3 mal $\frac{3}{4}$ ist $\frac{9}{4}$.

Wenn vor dem Bruch Ganze stehen, so multiplicirt man erst den Bruch, und rechnet die dabey heraus kommenden Ganzen zu, wenn man hernach auch die Ganzen multiplicirt; z. E. 3 mal $4\frac{5}{8}$ sind $13\frac{7}{8}$; denn 3 mal $\frac{5}{8}$ ist $1\frac{7}{8}$, und 3 mal 4 ist 12; beides zusammen macht $13\frac{7}{8}$.

Beyspiele zur Uebung.

1) $\frac{2}{5} \times 4 = 2\frac{2}{5}$. 2) $\frac{7}{15} \times 6 = 2\frac{4}{5}$. 3) $\frac{9}{10} \times 8 = 7\frac{2}{5}$. 4) $\frac{8}{13} \times 15 = 9\frac{3}{13}$. 5) $\frac{13}{27} \times 18 = 8\frac{2}{3}$. 6) $1\frac{1}{2} \times 3 = 4\frac{1}{2}$. 7) $55\frac{1}{3} \times 7 = 387\frac{1}{3}$. 8) $18\frac{2}{5} \times 9 = 165\frac{3}{5}$. 9) $4\frac{1}{3}$ ℔. × 28 = 1 Ct. $11\frac{1}{3}$ ℔. 10) $9\frac{5}{7}$ Metze × 5 = 2 Sch. $14\frac{3}{7}$ Metz. 11) $1\frac{1}{4}$ Q. × 5 = 1 L. $2\frac{1}{4}$ Q. 12) 23 Rthl. 15 Gr. $9\frac{1}{5}$ Pf. × 27 = 638 Rthl. 17 Gr. $8\frac{2}{5}$ ₰. 13) 19 W. 8 Sch. $3\frac{9}{10}$ M. × 28 = 541 W. 14 Sch. $13\frac{1}{5}$ M.

§. 2.

Multiplication einer ganzen Zahl mit einem Bruche.

Aus dem Vorigen versteht sich nun von selbst, daß, wenn ein Ganzes mit einem Bruche multiplicirt werden soll, die Multiplication mit dem Zähler und nicht mit dem Nenner geschehen müsse; z. E. weil 3 mal $\frac{2}{7}$ (nach §. 1.) $\frac{6}{7}$ ist; so muß die Zahl 3 mit $\frac{2}{7}$ multiplicirt auch wohl $\frac{6}{7}$ seyn.

Gemeiniglich kömmt ein unächter Bruch heraus; daher kann man die Regel auch so geben: Wenn mit einem Bruch multiplicirt werden soll, so multiplicirt man mit dem Zähler, und dividirt mit dem Nenner, welches nicht nur gilt, wenn der Multiplicandus eine ganze Zahl, sondern auch wenn er ein vermischter oder unvermischter Bruch ist. Z. E. wenn ich 5 mit $\frac{7}{8}$ multiplicire *), so sage ich: 7 mal 5 ist 35, 8 in 35 $4\frac{3}{8}$ mal. Wenn also 1 Rthl. 5 Gr. 4 Pf. mit $\frac{7}{8}$ multiplicirt werden sollte, so würde man es so anfangen:

	Rthl.		G.		₰.	
	1	—	5	—	4	(7
	8	—	13	—	4	
8)	1 Rthl.		1 Gr.		8 ₰.	

Wenn

*) Im gemeinen Leben sagt man nicht, daß etwas durch einen Bruch multiplicirt, sondern daß der Bruch vom Ganzen genommen werde: z. E. $\frac{2}{3}$ von 9 ist 6. Das heißt aber eben so viel, als wenn man sagte: die Zahl 9 $\frac{2}{3}$ mal genommen, beträgt 6.

Wenn eine Erbschaft 11000 Rthl. betrüge, und es wären jemand davon $\frac{3}{32}$ vermacht, so hieß es:

$$\begin{array}{rl} & \text{Rthl.} \\ & 11000 \\ & \overline{33000} \; (3 \\ 4) & \overline{8250} \\ 8) & \overline{1031\frac{2}{8}|\frac{1}{4}.} \end{array}$$

Also 1031 Rthl. 6 Gr.

Wenn man mit einem vermischten Bruch multipliciren soll, so verwandelt man ihn erst in einen unächten (S. S. 214).

Es ist zwar an sich gleichgültig, ob erst mit dem Zähler multiplicirt und hernach mit dem Nenner dividirt wird; oder ob man die Ordnung umkehrt, und erst die Division, hernach aber die Multiplication verrichtet. Allein weil bey der letztern Art zuweilen Brüche mit unterlaufen, welche die Rechnung schwerer machen, so bleibt man lieber bey der erstern, es müßte denn seyn, daß man gewiß vorhersähe, daß beym Dividiren kein Bruch herauskommen würde. Z. E. $\frac{7}{8}$ von 5000 könnte ganz wohl so ausgerechnet werden:

$$\begin{array}{rl} 8) & \overline{5000} \\ & 625 \\ & \overline{4375} \; (7 \end{array}$$

Beyspiele zur Uebung.

1) 9000 Rthl. × $\frac{7}{9}$ = 7000 Rthl. 2) 845 Rthl. × $\frac{5}{16}$ = 264 $\frac{1}{16}$ Rthl. 3) 729 Sch. × $\frac{3}{10}$ = 218 $\frac{7}{10}$ Sch. 4) 379 Ct. 15 ℔. 13 L. 2 Q. × $\frac{15}{16}$ = 355 Ct. 48 ℔. 26 L. 2$\frac{5}{8}$ Q. 5) 39 Rthl. 18 Gr. 6 Pf. × $\frac{5}{6}$ = 33 Rthl. 3 Gr. 5 Pf. 6) 842 Rthl. 20 Gr. 1 Pf. × $\frac{10}{11}$ = 766 Rthl. 5 Gr. 2 Pf. 7) 340 W. × 1$\frac{3}{4}$ = 595 W. 8) 18 W. 9 Sch. 4 M. × 1$\frac{4}{5}$ = 33 W. 2 Sch. 4 M.

Folgende Beyspiele können nur von denjenigen ausgerechnet werden, welche das Dividiren der Brüche mit einer ganzen Zahl (Hauptst. 18. §. 11.) schon gelernt haben. 1) 23 Rthl. 14 Gr. 9$\frac{1}{5}$ ₰. × $\frac{6}{7}$ = 20 Rthl. 5 Gr. 9$\frac{3}{5}$ ₰. 2) 57 Ct. 19 ℔. 13 L. 2$\frac{3}{4}$ Q. × $\frac{5}{9}$ = 31 Ct. 84 ℔. 4 L. $\frac{7}{36}$ Q. 3) 984 Ct. 3 St. 2 ℔. 15$\frac{5}{17}$ L. × $\frac{23}{24}$ = 943 Ct. 2 St. 21 ℔. 20$\frac{61}{204}$ L. In diesen Beyspielen wird erst mit dem Zähler multiplicirt, und hernach mit dem Nenner dividirt, auf folgende Art:

	Ct.	℔.	L.	Q.	
	57 —	19 —	13 —	$2\frac{3}{4}$.	$\times \frac{5}{9}$.
	285 —	97 —	4 —	$1\frac{3}{4}$.	(5.
9)	31 —	84 —	4 —	$\frac{7}{36}$.	

Man kann aber die Ordnung auch umkehren, und zuerst dividiren, und hernach multipliciren, welches zwar etwas Schwierigkeit hat, aber doch wenigstens anstatt einer Probe dienen kann; z. E.

	Ct.	℔.	L.	Q.	
9)	57 —	19 —	13 —	$2\frac{3}{4}$	$\times \frac{5}{9}$
	6 —	38 —	26 —	$1\frac{23}{36}$	(5
	31 —	84 —	4 —	$\frac{7}{36}$	

Will man ein solches Beyspiel nach der weitläuftigen Art machen, welches alsdenn am nöthigsten ist, wenn Zähler oder Nenner des Multiplicators aus einer großen unzerfällbaren Zahl bestehen, so resolvirt man erst die ganzen Zahlen auf die kleinste Benennung (s. S. 159 ff.), multiplicirt das Herauskommende mit dem Nenner des unter der kleinsten Benennung stehenden Bruchs, und rechnet den Zähler zu. Hernach multiplicirt man mit dem Zähler des Multiplicators Was herauskömmt, wird mit dem Nenner dividirt, und das Uebrigbleibende wohl bemerkt. Den heraus gekommenen Quotienten dividirt man weiter mit dem Nenner des Multiplicators, und rechnet das vorher Uebriggebliebene dazu, welches den Zähler des Bruchs des verlangten Factums giebt. Den Nenner dazu bekömmt man, indem man die beiden gegebnen Nenner multiplicirt. Mit dem bey der letzten Division herausgekommenen Quotienten verfährt man nach der ordentlichen Reduction (Hauptst. 9. §. 18.). Z. E.

```
       Ct.     St.   ℔.    L.
       984  —  3  —  2  —  15 6/11 × 23/24.
      ─────
      4923  (5
     ──────
     54153  (11
     ──────
    108308  (2
    ───────
    866464  (8
    ───────
   3465871  (4
   ────────
  38124587  (11
        23
  ─────────
 114373761
 76249174
 ─────────
 876865501
4) ─────────
 219216375. 1.
6) ─────────
  36536062. 3.  13/24
11) ────────
   3321460. 2.  61/264
4) ────────
    830365.
8) ────────
    103795. 5.  (20 L.
2) ────────
     51897. 1.
11) ───────
      4717. 10. (21 ℔.
5) ────────
       943 Ct. (2 St.
```

Man sieht, daß hier folgende Multiplicationen und Divisionen nach einander geschehen sind. 1) Die Centner mit 5 zu Steinen, und 3 Stein zugerechnet. 2) Die Steine mit 22 oder 11 × 2 zu Pfunden, und 2 ℔. zugerechnet. 3) Die Pfunde mit 32 oder 8 × 4 zu Lothen, und die 15 Loth zugerechnet. 4) Die Lothe mit dem Nenner 11 multiplicirt, und der Zähler 6 zugerechnet. 5) Die Elftellothe mit dem Zähler 23 multiplicirt. 6) Das Herauskommende mit dem Nenner 24 oder 4 mal 6 dividirt, wobey $\frac{13}{24}$ übrig bleiben. 7) Weiter mit 11 dividirt, wobey 2 übrig bleiben. Man sagt 2 mal 24 ist 48 und 13 dazu ist 61 (oder 2 Ganze und $\frac{13}{24}$ machen $\frac{61}{24}$; ferner 11 mal 24 ist 264 (oder 11 in $\frac{61}{24}$ giebt $\frac{61}{264}$); so erhalte ich den Bruch eines Loths $\frac{61}{264}$. 8) Die Lothe mit 32 oder 4 × 8 zu Pfunden, wobey 20 Loth übrig bleiben. 9) Die Pfunde mit 22 oder 2 mal 11 zu Steinen, wobey 21 ℔. übrig bleiben. 10) Die Steine zu Centnern, wobey 943 Centner herauskommen, und 2 Stein übrig bleiben.

Ist der Multiplicator ein vermischter Brüch, so wird er erst in einen unächten verwandelt; z. E. 1 Rthl. 10 Gr. $3\frac{1}{2}$ Pf. × $12\frac{3}{4}$ (oder $\frac{51}{4}$) = 18 Rthl. 5 Gr. $2\frac{5}{8}$ Pf.

§. 3.

Multipliciren eines Bruchs mit einem andern Bruche.

Nichts ist leichter, als einen Bruch mit einem andern zu multipliciren. Man multiplicirt Zähler mit Zähler, und Nenner mit Nenner; ersteres giebt den neuen Zähler, letzteres den neuen Nenner. Z. E. $\frac{3}{4} \times \frac{2}{3}$.

$$\frac{3}{4} \text{———} \frac{2}{3} \Big| \frac{6}{12} \Big| \frac{1}{2}$$

Vermischte Brüche werden, ehe man damit eine Multiplication vornehmen kann, erst in unächte verwandelt; z. E. $1\frac{3}{4} \times 2\frac{3}{7}$, $6\frac{4}{5} \times 5\frac{3}{8}$, $\frac{2}{3} \times 5\frac{4}{5}$, $9\frac{3}{8} \times \frac{5}{7}$.

$1\frac{3}{4} \times 2\frac{3}{7}$

$$\frac{7}{4} \text{—} \frac{17}{7} \Big| \frac{119}{28} \Big| \frac{17}{4} \text{ d. i. } 4\frac{1}{4}$$

$6\frac{4}{5}$ $5\frac{3}{8}$

34 —— 43

34

172

129

4 | ∅ | 146 | 2 | $36\frac{22}{40}$ | $\frac{11}{20}$

2 2

Die 40 ist durch Multiplication der beiden Nenner 5 und 8 entstanden.

$\frac{2}{3}$ $5\frac{4}{5}$

$$\frac{29}{5} \Big| \frac{58}{15} \qquad 15 \Big| 58 \Big| 3\frac{13}{15}$$

13

$$\begin{array}{l|l|l|l} \frac{9\frac{3}{8}}{\frac{75}{8}} \quad \frac{5}{7} & \frac{375}{56} \quad 56 & 375 \\ & & 39 & 6\frac{39}{56} \end{array}$$

Beyspiele zur Uebung.

1) $\frac{3}{4} \times \frac{5}{7} = \frac{15}{28}$. 2) $\frac{5}{6} \times \frac{3}{5} = \frac{1}{2}$. 3) $\frac{2}{3} \times \frac{3}{5} = \frac{2}{5}$.
4) $\frac{3}{4} \times \frac{4}{5} = \frac{3}{5}$. 5) $\frac{5}{6} \times \frac{7}{8} = \frac{35}{48}$. 6) $\frac{3}{5} \times \frac{35}{48} = \frac{7}{16}$.
7) $1385\frac{1}{2} \times \frac{3}{4} = 1039\frac{1}{8}$. 8) $\frac{13}{16} \times 12345\frac{7}{8} = 10031\frac{3}{128}$.

§. 4.

1) Wenn eine ganze Zahl mit einem Bruche oder ein Bruch mit einer ganzen Zahl multiplicirt werden soll, so hebt man die ganze Zahl und den Nenner des Bruchs so weit gegen einander auf, als es sich thun läßt; z. E. $7 \times \frac{5}{7}$, $9 \times \frac{2}{3}$, $8 \times \frac{5}{12}$, $\frac{5}{8} \times 14$.

Vortheile welche sich bey der Multiplication der Brüche anwenden lassen.

$7 \times \frac{5}{7}$. $\not 7$. 1. $\frac{5}{\not 7 . 1}$. $\frac{5}{1}$ d. i. 5 Ganze *).

$9 \times \frac{2}{3}$. $\not 9$. 3. $\frac{2}{\not 3 . 1}$. $\frac{6}{1}$ d. i. 6 Ganze.

$8 \times \frac{5}{12}$. $\not 8$. 2. $\frac{5}{\not{12} . 3}$. $\frac{10}{3}$ d. i. $3\frac{1}{3}$.

$\frac{5}{8} \times 14$. $\frac{5}{\not 8 . 4}$ $\not{14}$. 7. $\frac{35}{4}$ d. i. $8\frac{3}{4}$.

2) Wenn Brüche mit Brüchen zu multipliciren sind, so hebt man den Zähler des einen Bruchs gegen den Nenner des andern auf, wenn es angeht, und so auch den Nenner des ersten gegen den Zähler des andern; z. E. $\frac{3}{4} \times \frac{8}{11}$, $\frac{7}{12} \times \frac{5}{14}$, $\frac{3}{4} \times \frac{8}{9}$, $\frac{7}{6} \times \frac{3}{14}$, $5\frac{1}{3} \times \frac{7}{8}$.

$\frac{3}{4}$

*) Hier hebt man die ganze Zahl 7 gegen den Nenner 7 auf, und setzt für beide eine 1. Alsdenn heißt es: 1 mal $\frac{5}{1}$ sind $\frac{5}{1}$, das ist 5 Ganze.

$\frac{3}{4} \times \frac{8}{11}. \quad \frac{3}{4.1.} — \frac{8.2.}{11} \Big| \frac{6}{11}$ *).

$\frac{7}{12} \times \frac{5}{14}. \quad \frac{7.1.}{12.} — \frac{5}{14.2} \Big| \frac{5}{24}.$

$\frac{3}{4} \times \frac{8}{9}. \quad \frac{3.1.}{4.1.} — \frac{8.2.}{9.3.} \Big| \frac{2}{3}.$

$\frac{7}{9} \times \frac{3}{14}. \quad \frac{7.1.}{9.3.} — \frac{3.1.}{14.2.} \Big| \frac{1}{6}.$

$5\frac{1}{3} \times \frac{7}{8}. \quad \frac{16.2.}{3.} — \frac{7}{8.1.} \Big| \frac{14}{21}.$

Hieraus folgt, daß, wenn der Nenner des Einen Bruchs dem Zähler des andern gleich ist, man sie nur gegen einander durchstreichen dürfe, worauf der übrigbleibende Zähler des einen, und der übrigbleibende Nenner des andern das Factum geben; z. E. $\frac{5}{8} \times \frac{8}{9}$, $\frac{3}{7} \times \frac{7}{12}$, $\frac{5}{11} \times \frac{11}{15}$, $9\frac{1}{3} \times \frac{3}{14}$.

$\frac{5}{8} \times \frac{8}{9} \quad \frac{5}{8} \diagup \frac{8}{9} \Big| \frac{5}{9}.$

$\frac{3}{7} \times \frac{7}{12} \quad \frac{3}{7} \diagup \frac{7}{12} \Big| \frac{3}{12} \Big| \frac{1}{4}$

oder:

$\frac{3.1.}{7} \quad \frac{7}{12.4.} \Big| \frac{1}{4}.$

$\frac{5}{11} \times \frac{11}{15} \quad \frac{5.1.}{11.} \diagup \frac{11}{15.3} \Big| \frac{1}{3}.$

$9\frac{1}{3} \times \frac{3}{14} \quad \frac{28.2.}{3} \diagup \frac{3}{14.1.} \Big| \frac{2}{1}$ d. i. 2 Ganze.

3) Wenn ein Ganzes (am Ende mit oder ohne Brüche) durch einen (ächten oder unächten oder vermischten) Bruch, der nur um Einen Theil vom Ganzen unterschieden ist, multiplicirt werden soll, so läßt sich das Multipliciren durch Dividiren und Subtrahiren oder Addiren verrichten. Z. E. wenn man mit $\frac{7}{8}$ multipliciren soll,

*) Hier hebt man die 8 gegen die 4, und erhält dadurch $\frac{3}{1}$ und $\frac{2}{11}$. Beide mit einander ordentlich multiplicirt, geben $\frac{6}{11}$.

soll, so dividirt man den Multiplicandus mit 8, und den gefundenen achten Theil zieht man alsdenn vom Ganzen ab, so müssen nothwendig $\frac{7}{8}$ übrig bleiben; oder man sollte mit $1\frac{1}{8}$ dividiren, so rechnet man den achten Theil zu. Z. E.

			Rthl.	Gr.	₰.	
	3.4.5.1 × $\frac{6}{7}$.		17. —	15. —	3.	× $\frac{5}{6}$
7)	493	6)	2 —	22 —	$6\frac{1}{2}$	
	2958		14 Rtlr.	16 Gr.	$8\frac{1}{2}$ ₰.	

			Rthl.	Gr.	₰.	
	8768 × $1\frac{1}{8}$.		132 —	15 —	$7\frac{7}{8}$	× $\frac{10}{9}$.
8)	1096	9)	14 —	17 —	$8\frac{7}{8}$	
	9864		147 Rtl.	9 Gr.	$4\frac{3}{4}$ ₰.	

4) Wenn man mit einem vermischten Bruche zu multipliciren hat, der aus mehrern Ganzen und einem Bruche besteht, so ist es oft vortheilhaft, besonders wenn der Bruch des Multiplicators 1 zum Zähler hat, erst mit dem Ganzen, hernach mit dem Bruche zu multipliciren, und beides hernach zu addiren; z. E.

	Rthl.	Gr.	₰.	
	32 —	15 —	$9\frac{11}{12}$	× $16\frac{1}{5}$
	130 —	15 —	$3\frac{2}{3}$	(4
	522 —	13 —	$2\frac{2}{3}$	(4
5)	6 —	12 —	$9\frac{11}{60}$	
	529 Rtl.	1 Gr.	$11\frac{17}{20}$ ₰.	

	Ct.	℔.	L.	
	28 —	79 —	$13\frac{4}{5}$	× $15\frac{7}{11}$
	86 —	18 —	$9\frac{2}{5}$	(3
	430 —	91 —	15	(5
Ct. ℔. L. 201 — 6 — $\frac{3}{5}$				
11)	18 —	30 —	$17\frac{23}{55}$	
	449 Ct.	12 ℔. —	$\frac{23}{55}$ L.	

Das hier in kleinen Zahlen zur Linken stehende kömmt heraus, wenn man 28 Ct. 79 ℔. $13\frac{4}{5}$ L. mit 7 multiplicirt. Wenn man das hernach durch 11 dividirt, so erhält man $\frac{7}{11}$ des Multiplicandus. Man kann aber auch so verfahren, daß man, nachdem mit 15 multiplicirt worden, mit 11 dividirt, und was herauskömmt, mit 6 (ja nicht mit 7) multiplicirt, nämlich so:

Ct. ℔. L.
28 — 79 — $13\frac{4}{5}$ × $15\frac{7}{11}$
(3
86 — 18 — $9\frac{2}{5}$
(5
430 — 91 — 15
11) 2 — 67 — $7\frac{4}{55}$
15 — 73 — $10\frac{24}{55}$ (6
449 Ct. 12 ℔. — $\frac{22}{55}$ L.

5) Bey andern Beyspielen dieser Art läßt sich das Subtrahiren anbringen; z. E. anstatt $31\frac{3}{4}$ multiplicirt man mit 32 (4 mal 8), und zieht hernach $\frac{1}{4}$ ab. Anstatt $44\frac{4}{9}$ multiplicirt man mit 45 (5 mal 9) und zieht hernach $\frac{5}{9}$ ab. Z. E.

Rthl. Gr. Pf.
19 — 15 — $3\frac{2}{3}$ × $31\frac{3}{4}$
(4
78 — 13 — $2\frac{2}{3}$
(8
628. — 9. — $9.\frac{1}{3}$
4) 4 — 21 — $9\frac{11}{12}$
623 Rtl. 11 Gr. $11\frac{5}{12}$ Pf.

Ct. ℔. L.
52 — 18 — $4\frac{3}{7}$ × $44\frac{4}{9}$
(5
260 — 90 — $22\frac{1}{7}$
(9
234.7. — 46. — $7.\frac{2}{7}$
9) 28 — 107 — $27\frac{32}{63}$
2318 Ct. 48 ℔. $11\frac{50}{63}$ L.

Hier ist es nicht nöthig, die Multiplication mit 5 an den Rand zu setzen, weil man sie in der zweiten Reihe schon hat.

§. 5.

§. 5.

Manchen Anfänger macht es stutzig, wenn er merkt, daß, wenn der Multiplicator ein ächter Bruch ist, das Factum alsdenn immer weniger beträgt, als der Multiplicandus. Man kann ihm dies am besten auf folgende Art begreiflich machen. Je kleiner der Multiplicator, desto kleiner ist das Factum, so lange nämlich immer einerley Multiplicandus bleibt; 6 mal 8 ist weniger, als 7 mal 8; 5 mal 8 weniger, als 6 mal 8 u. s. w. Ein ächter Bruch ist weniger, als 1; folglich muß, wenn mit einem ächten Bruche multiplicirt wird, weniger herauskommen, als mit 1. Wenn der Multiplicator 1 ist, so ist jederzeit das Factum eben so groß, als der Multiplicandus; ist nun der Multiplicator weniger als Eins (d. i. ein ächter Bruch), so muß auch das Factum kleiner seyn, als der Multicandus. Multiplicirt man zwey ächte Brüche mit einander, so muß das Factum kleiner seyn, als ein jeder von beiden. $\frac{11}{12}$ mit $\frac{12}{13}$ multiplicirt muß kleiner seyn, als $\frac{11}{12}$, es muß aber (weil ich $\frac{12}{13}$ zum Multiplicandus und $\frac{11}{12}$ zum Multiplicator machen kann) auch kleiner seyn, als $\frac{12}{13}$. Man bekömmt nämlich $\frac{11}{13}$ heraus; dies ist weniger, als $\frac{11}{12}$, und weniger, als $\frac{12}{13}$.

Wie es zugehe, daß bey der Multiplication mit einem ächten Bruch das Factum immer kleiner ist, als der Multiplicandus.

Achtzehntes Hauptstück.

Vom Dividiren mit Brüchen.

§. 1.

Dividiren eines Bruchs mit einer ganzen Zahl.

Wenn ein ächter oder unächter Bruch mit einer ganzen Zahl dividirt werden soll, so ist entweder der Zähler mit dieser ganzen Zahl theilbar oder nicht. Geht der Zähler mit der ganzen Zahl auf, so setzt man den Quotienten hin, und schreibt den vorigen Nenner wieder darunter; z. E. 6 in $\frac{12}{13}$ ist $\frac{2}{13}$, $8 : \frac{16}{21} = \frac{2}{21}$, $9 : \frac{27}{5} = \frac{3}{5}$, $5 : \frac{75}{4} = \frac{15}{4}$, $7 : \frac{140}{21} = \frac{20}{21}$. Geht der Zähler mit dem aus einer ganzen Zahl bestehenden Divisor nicht auf, so multiplicirt man den Nenner, und läßt den Zähler unverändert, z. E. $7 : \frac{1}{5} = \frac{1}{35}$, $7 : \frac{2}{5} = \frac{2}{35}$, $9 : \frac{5}{8} = \frac{5}{72}$, $8 : \frac{5}{9} = \frac{5}{72}$, $6 : \frac{51}{13} = \frac{51}{78}$ oder $\frac{17}{26}$.

Wenn der Bruch vermischt ist, der mit einer ganzen Zahl dividirt werden soll, so dividirt man erst die vor dem ächten Bruch stehenden Ganzen, wenn sie groß genug dazu sind; die übrigen Ganzen werden mit dem ächten Bruch zusammen in einen unächten verwandelt, und alsdenn so dividirt, wie eben gezeigt ist; z. E. 8 in $16\frac{1}{2}$ hat man $2\frac{1}{16}$ mal, 8 in $17\frac{1}{2}$, $2\frac{3}{16}$ mal (weil $1\frac{1}{2}$ oder $\frac{3}{2}$ übrig bleiben), 8 in $5\frac{5}{16}$ (oder in $\frac{85}{16}$) $\frac{85}{128}$ mal, $10 : 6\frac{2}{3} = \frac{2}{3}$, $11 : 3\frac{2}{3} = \frac{1}{3}$.

Eine Abkürzung.

Wenn gleich der Zähler des zu dividirenden Bruchs nicht durch den Divisor selbst theilbar ist, so trifft es sich doch oft, daß beide durch eine gleiche Zahl aufgehen. In diesem Falle kann man den Divisor und den

Zähler

Zähler des Bruchs gegen einander aufheben, und so das Dividiren sich etwas erleichtern; z. E. anstatt 6 in $\frac{28}{33}$ kann man fragen, indem man Divisor und Zähler durch 2 aufhebt, 3 in $\frac{14}{33}$? Antwort $\frac{14}{99}$. Anstatt 6 in $\frac{6}{7}$, 3 in $\frac{3}{7}$? Antwort $\frac{3}{21}$. Anstatt 9 in $8\frac{5}{11}$ (oder $\frac{93}{11}$), 3 in $\frac{31}{11}$? Antwort $\frac{31}{33}$. Ist die vor dem ächten Bruche stehende Zahl so beschaffen, daß sie sich eben sowohl als der Zähler mit dem Divisor durch eine gemeinschaftliche Zahl aufheben läßt, so braucht man den vermischten Bruch nicht einmal in einen unächten zu verwandeln. Z. E. aus 8 in $4\frac{4}{5}$ macht man 2 in $1\frac{1}{5}$, und hernach findet sich die Antwort $\frac{3}{5}$ ganz leicht. So auch für 6 in $2\frac{2}{9}$, 3 in $1\frac{1}{9}$, d. i. $\frac{10}{27}$.

Beyspiele zur Uebung.

1) 7 : $\frac{49}{50}$ = $\frac{7}{50}$. 2) 8 : $\frac{64}{83}$ = $\frac{8}{83}$. 3) 9 : $\frac{54}{81}$ = $\frac{6}{81}$. 4) 7 : $\frac{63}{92}$ = $\frac{9}{92}$. 5) 38 : $\frac{38}{95}$ = $\frac{1}{95}$. 6) 55 : $\frac{11}{12}$ = $\frac{1}{60}$. 7) 39 : $\frac{26}{27}$ = $\frac{2}{81}$. 8) 8 : $5\frac{9}{11}$ = $\frac{8}{11}$. 9) 11 : $23\frac{4}{7}$ = $2\frac{1}{7}$. 10) 19 : $5\frac{3}{7}$ = $\frac{2}{7}$. 11) 8 : $\frac{12}{13}$ = $\frac{3}{26}$. 12) 9 : $\frac{15}{16}$ = $\frac{5}{48}$. 13) 10 : $\frac{15}{16}$ = $\frac{3}{32}$. 14) 7 : $\frac{35}{41}$ = $\frac{5}{41}$. 15) 8 : 13 Rthl. 12 Gr. $2\frac{1}{5}$ ₰. = 1 Rthl. 16 Gr. $6\frac{11}{40}$ ₰. 16) 9 : 19 Ct. 24 ℔. $13\frac{1}{3}$ L. = 2 Ct. 14 ℔. $29\frac{25}{27}$ L. 17) 16 (oder 4 × 4): 45 Rthl. 15 Gr. $2\frac{1}{3}$ ₰. = 2 Rthl. 20 Gr. $5\frac{19}{48}$ ₰.

§. 2.

Dividiren einer ganzen Zahl durch einen Bruch.

Wenn man eine ganze Zahl mit einem Bruche multipliciren will, so muß man sie mit dem Zähler multipliciren, und mit dem Nenner dividiren. Weil nun das Dividiren grade der Gegensatz vom Multipliciren ist, so muß man, wenn man mit einem Bruche eine ganze Zahl dividiren will, mit dem Nenner multipliciren. Z. E. $\frac{6}{11}$ in 8 hat man $14\frac{2}{3}$; denn 11 mal 8 ist 88, und 6 in 88 hat man $14\frac{2}{3}$.

Es ist einerley, ob man eine Zahl mit $\frac{5}{6}$ multiplicirt oder mit $\frac{6}{5}$ dividirt, mit $\frac{6}{5}$ multiplicirt oder mit $\frac{5}{6}$ dividirt, mit $\frac{3}{4}$ multiplicirt, oder mit $\frac{4}{3}$ dividirt 2c. daher hier alles zu merken ist, was oben beym Multipliciren erinnert worden.

Ist

Ist der Divisor ein vermischter Bruch, so muß er erst in einen unächten verwandelt werden; z. E. wenn man 11 mit $2\frac{1}{4}$ dividiren soll, so sagt man:

$$\frac{9}{4} : 11 \; \frac{44}{4\frac{8}{9}}.$$

Der Zähler und die ganze Zahl können hier ebenfalls gegen einander aufgehoben werden; z. E. $\frac{9}{10} : 3$. $\frac{8}{15} : 6$. $1\frac{3}{5} : 72$.

$$\frac{9.3.}{10} \quad 3. \quad 1. \quad \frac{10}{3} \text{ oder } 3\frac{1}{3}.$$

$$\frac{8.4.}{15} : 6. \quad 3. \quad \frac{45}{11\frac{1}{4}}$$

$$\frac{1\frac{3}{5}}{\frac{8.1.}{5}} : 9. \quad \frac{45}{1} \text{ d. i. 45 Ganze.}$$

Beyspiele zur Uebung.

1) $\frac{5}{8} : 9 = 14\frac{2}{5}$. 2) $\frac{3}{4} : 216 = 288$. 3) $\frac{5}{8} : 2345 = 3752$. 4) $\frac{15}{16} : 7890 = 8416$. 5) $\frac{19}{20} : 736 = 774\frac{14}{19}$. 6) $1\frac{1}{5} : 428 = 356\frac{2}{3}$. 7) $1\frac{2}{3} : 20 = 12$. 8) $2\frac{2}{3} : 306$ Rthl. = 114 Rthl. 18 Gr. 9) $1\frac{1}{15} : 1234 = 1156\frac{7}{8}$. 10) $\frac{2}{3}$: 15 Rthl. 7 Gr. 6 Pf. = 22 Rthl. 23 Gr. 3 Pf. 11) $1\frac{3}{7}$: 28 Wspl. 2 Sch. 9 M. = 19 W. 16 Sch. $3\frac{1}{10}$ M. Man braucht auch zu folgenden Beyspielen keine neue Regeln anzuwenden, sondern der Dividendus wird immer erst mit dem Nenner multiplicirt, und dann mit dem Zähler dividirt. 12) $\frac{5}{34}$: 25 Rthl. 15 Gr. $5\frac{5}{6}$ Pf. = 174 Rthl. 9 Gr. $3\frac{2}{3}$ Pf. 13) $\frac{7}{61}$: 28 Rthl. 7 Gr. $7\frac{5}{8}$ Pf. = 246 Rthl. 18 Gr. $6\frac{25}{56}$ Pf. 14) $1\frac{1}{4} : 15\frac{5}{8} = 12\frac{2}{3}$. 15) $1\frac{2}{3} : 100\frac{5}{7} = 60\frac{3}{7}$.

* §. 3.

Division eines Bruches mit einem Bruche.

Wenn ein Bruch, er sey ächt oder unächt, mit einem andern (ebenfalls ächten oder unächten) Bruche dividirt werden soll, so bedient man sich dazu, wie beym Addiren und Subtrahiren, eines Kreuzes, z. E. $\frac{5}{7}$ sollten mit $\frac{3}{5}$ dividirt werden, so setzt man das so auf: $\frac{3}{5} \times \frac{5}{7} | \frac{25}{21}$ d. i. $1\frac{4}{21}$.

Vermischte Brüche werden vorher in unächte verwandelt, z. E. $1\frac{4}{5} : \frac{6}{7}$, $\frac{6}{11} : 2\frac{5}{8}$, $9\frac{1}{3} : 21\frac{5}{13}$.

$1\frac{4}{5}$:

$$\frac{1\frac{4}{5}:}{\frac{9}{5}} \times \frac{6}{7}\ \frac{35}{63}\Big|\frac{12}{21}.\quad \frac{6}{11} \times \frac{:2\frac{5}{8}}{\frac{21}{8}}\ \frac{231}{48}\ \text{d. i. } 4\frac{13}{16}$$

$$\frac{9\frac{1}{3}}{\frac{28}{3}} \times \frac{21\frac{5}{18}}{\frac{383}{18}}\Big|\frac{1149}{504}\ \text{d. i. } 2\frac{47}{168}.$$

Man kann hiebey die Abkürzung gebrauchen, daß man Zähler gegen Zähler und Nenner gegen Nenner aufhebt ꝛc. Z. E. $\frac{5}{19} : \frac{10}{19}$, $\frac{7}{10} : \frac{14}{5}$, $\frac{6}{11} : \frac{21}{44}$, $\frac{38}{3} : \frac{57}{4}$.

$$\frac{5.\ 1.}{19.\ 1.}\quad \frac{10.\ 2.}{19.\ 1.}\Big|\frac{2}{1}$$

d. i. 2 mal, woraus ganz kurz die Regel zu machen ist: Wenn die Nenner gleich sind, so wird bloß mit dem Zähler in den Zähler dividirt.

$$\frac{7.\ 1.}{10.\ 2.}\quad \frac{14.\ 2}{5.\ 1}\Big|\frac{4}{1}\ \text{d. i. 4 Ganze.}$$

$$\frac{6.\ 2}{11.\ 1}\quad \frac{21.\ 7.}{44.\ 4.}\Big|\frac{7}{8}$$

$$\frac{38.\ 2.}{3}\quad \frac{57.\ 3}{4}\Big|\frac{9}{8}\ \text{d. i. } 1\frac{1}{8}$$

Beyspiele zur Uebung.

1) $\frac{5}{32} : \frac{29}{32} = 5\frac{4}{5}$. 2) $\frac{2}{3} : \frac{11}{12} = 1\frac{3}{8}$. 3) $\frac{3}{8} : \frac{7}{8} = 2\frac{1}{3}$.
4) $\frac{5}{16} : \frac{15}{16} = 3$. 5) $\frac{3}{8} : \frac{15}{16} = 2\frac{1}{2}$. 6) $\frac{5}{12} : \frac{23}{24} = 2\frac{3}{10}$.
7) $1\frac{1}{2} : \frac{4}{5} = \frac{8}{15}$. 8) $2\frac{4}{5} : \frac{14}{15} = \frac{1}{3}$. 9) $6\frac{2}{3} : \frac{15}{16} = \frac{9}{64}$.
10) $1\frac{2}{3} : 40\frac{1}{4} = 24\frac{3}{20}$.

Wenn der Dividendus aus mehrern Benennungen besteht, so verfährt man so, wie zu Ende des vorigen Paragraphen gelehrt ist. Sind aber die Beyspiele zu schwer und weitläuftig, so verfährt man auf die entgegengesetzte Art vom weitläuftigen Multipliciren, welches S. 245 gelehrt worden. Z. E. wenn 35 Rthl 16 Gr. $9\frac{1}{3}$ Pf. mit $346\frac{17}{19}$ dividirt werden sollten, so wird erst der vermischte Bruch, aus welchem der Divisor besteht, in einen unächten verwandelt ($\frac{6591}{19}$); darauf verwandelt man die Thaler in Groschen, die Groschen in Pfennige, die Pfennige in Drittelpfennige ($\frac{30844}{3}$). Hernach wird der Zähler des Dividendus (30844) mit dem Nenner des Divisors (19) multiplicirt, welches den

den Zähler des Quotienten giebt (586036). Der Nenner des Dividendus (3) multiplicirt mit dem Zähler des Divisors (6591) giebt den Nenner des Quotienten (19773). Ist der Quotient ein ächter Bruch, so sieht man bloß zu, ob er sich kleinern läßt; ist er, wie hier, unächt, so verwandelt man ihn (nach S. 214) durch Dividiren in einen vermischten.

```
                        Rthl.  Gr.   Pf.
                          35 — 16 — 9 1/3
                         ----
     346 17/19.           856
      19                -------
    ------               10281
    3114                -------
    3467                 30844
      1                     19
    ------   -----------------
    6591     2 7 7 5 9 6
       3     3 0 8 4 4
   -------   -------------
   19773 :  |5.8.6.0.3 6| 29 Pf. d. i. 2 Gr. 5 Pf.
             3 9 5 4 6  |
             -------------
             1 9.0.5 7.6
             1 7 7 9 5 7
             -------------
              1-3-6-1-9
```

§. 4.

Wie es zugeht, daß bey der Division mit einem ächten Bruch mehr herauskömmt.

So wie bey der Multiplication mit einem ächten Bruch immer eine Zahl herauskömmt, die kleiner ist, als der Multiplicandus, so muß bey der Division mit einem ächten Bruch der Quotient nothwendig größer seyn, als der Dividendus. Dies geht auf folgende Art zu. Je kleiner der Divisor, desto größer ist immer der Quotient, so lange eben derselbe Dividendus bleibt. Nun ist der Quotient dem Dividendus gleich, sobald mit dem 1 dividirt wird; also er größer werden, wenn der Divisor unter 1 oder ein ächter Bruch ist.

Neun-

Neunzehntes Hauptstück.

Von den figürlichen Zahlen, ingleichen von der Ausziehung der Quadrat- und Cubikwurzel.

§. 1.

Die sogenannten ersten Zahlen hießen auch Linienzahlen (S. 90. §. 2.), weil man sie, wenn man sie sich als eine Anzahl von Punkten vorstellt, nicht in eine ordentliche Figur stellen kann, sondern sich begnügen muß, sie in eine Linie zu stellen. Die zusammengesetzten Zahlen hingegen lassen sich in gewisse ordentliche Figuren stellen, weshalb sie auch Flächenzahlen heißen (S. 90. §. 1.). Z. E. die Zahl 6 kann als ein längliches Viereck oder als ein Dreyeck gestellt werden, : : : oder ⋰⋱ ; so auch 10 · · · · · · · · · · oder ⋰⋱ Die vollkommensten Flächenzahlen sind die Quadratzahlen *), die, wenn man sie in Punkte verwandelt, ein Viereck ausmachen, Was figürliche Zahlen sind.

*) Außer den schon angeführten Zahlen giebt es auch Fünfeckzahlen, Sechseckzahlen ꝛc., die sich in ein Fünfeck, Sechseck ꝛc. stellen lassen.

chen, das grade so lang als breit ist, z. E. 

 Mit andern Worten, eine Quadratzahl ist eine Zahl, welche entsteht, wenn man eine andre Zahl mit sich selbst multiplicirt (man vergleiche hier S. 133.); z. E. die Quadratzahl von 3 ist 9, von 5 ist 25. Man sieht also leicht, wie man eine Quadratzahl bekommen könne; man multiplicirt nämlich eine jede dazu erwählte Zahl, und wenn es auch ein Bruch seyn sollte, mit sich selbst. Z. E. von 100 ist die Quadratzahl 10000, von 1776 3154176, von $\frac{1}{3}$ $\frac{1}{9}$, von $\frac{1}{4}$ $\frac{1}{16}$, von $1\frac{1}{2}$ $\frac{9}{4}$ oder $2\frac{1}{4}$. Andre Zahlen werden Körperzahlen genannt, welche sich in einen regelmäßigen Körper zusammenlegen lassen. Man nehme z. E. 25 Kugeln, lege sie in ein Quadrat zusammen, auf diese lege man 16, auf diese 9, auf diese 4, und ganz oben eine, so werden die Kugeln eine kleine viereckige Pyramide ausmachen, und 25 + 16 + 9 + 4 + 1, das ist zusammen 55 werden eine Pyramidalzahl ausmachen.

Cubikzahlen.

Die vollkommensten Körperzahlen sind die Cubik- oder Würfelzahlen, die, wenn man sie in lauter kleine Würfel verwandelte, und diese kleinen Würfel zusammenlegte, einen größern Würfel, d. i. einen Körper, der gleich lang, breit und dick ist, ausmachen würden. Man lege z. E. 9 kleine Würfel in ein Quadrat zusammen, darüber wieder 9, und darüber noch einmal 9, so werden die 27 zusammen die Gestalt eines größern Würfels haben, und 27 ist also eine Würfel- oder Cubikzahl. Mit andern Worten: Eine Cubikzahl ist eine solche Zahl, welche entsteht, wenn man eine Zahl mit sich selbst, das daraus entstehende Factum aber noch

einmal

einmal mit dem vorigen Multiplicator multiplicirt. Z. E. die Cubik- oder Würfelzahl von 9 ist 9 × 9 × 9 oder 729 von 11 1331, von 123 1860867, von $\frac{1}{3}$ $\frac{1}{27}$, von $\frac{3}{4}$ $\frac{27}{64}$, von $1\frac{1}{2}$ $\frac{27}{8}$, oder $3\frac{3}{8}$. Wenn ich nun immer wieder mit dem vorigen Multiplicator multiplicire, so entstehen immer neue figürliche Zähler, die alle wieder ihre eigne Namen haben; z. E. 9 × 729 ist 6561, 9 × 6561 ist 59049 u. s. w. Eine jede Zahl für sich wird von den Mathematikern die erste Dignität oder die erste Potenz genannt; multiplicirt man sie mit sich selbst, so entsteht die zweite Dignität; multiplicirt man noch einmal, die dritte, und so bis ins Unendliche. Man kann sich behelfen, wenn man auch nur den Namen der ersten, zweiten und dritten Dignität weiß. Die erste heißt die **Wurzel** (lateinisch Radix) oder **Stammzahl**, die zweite das **Quadrat** oder die **Quadratzahl**, die dritte der **Cubus** (Würfel) oder die **Cubikzahl**. Weil es aber wenigstens nichts schaden kann, so will ich auch noch die Namen der nächstfolgenden Dignitäten anführen, und dabey die Zahl 8 zur ersten annehmen: Dignitäten oder Potenzen.

1te Dignität — 8 die **Wurzel**,
2te — — — — — 64 das **Quadrat**,
3te — — — 512 der **Cubus**,
4te — — — 4096 das **Quadrato-Quadrat**,
5te — — — 32768 der **Quadrato-Cubus**,
6te — — 262144 der **Cubi-Cubus**,
7te — — 2097152 der **Quadrato-Quadrato-Cubus**,
8te — — 16777216 der **Quadrato-Cubi-Cubus**,
9te — 134217728 der **Cubi-Cubi-Cubus**.

Von allen diesen Zahlen ist 8, wie gesagt, die Wurzel, nämlich von 64 die Quadratwurzel, von 512 die Cubikwurzel, von 4096 die Quadrato-Quadratwurzel, von 32768 die Quadratocubische Wurzel u. s. w.

§. 4.

Ausziehung der Wurzeln, was sie sey. So leicht es ist, von jeder Zahl die zweite, dritte, vierte Dignität ꝛc. auszurechnen *), so viel Umstände macht es, zu erfahren, welches von einer Zahl die Wurzel der ersten, zweiten und dritten ꝛc. Dignität sey. Je größer eine Zahl ist, und je höher die Anzahl der Dignität steigt, desto schwerer ist gemeiniglich die Findung oder Ausziehung der Wurzel. Das Nothwendigste ist die Ausziehung der Quadrat- und Cubikwurzel, die fast ein jeder braucht, da man hingegen die Ausziehung der Dignitäten höherer Wurzeln eigentlichen Mathematikern, Baumeistern ꝛc. überlassen kann. Aus einer

Insbesondere der Quadratwurzel. Zahl die Quadratwurzel ausziehen heißt aus einer gegebnen Zahl eine andre Zahl finden, die, wenn sie mit sich selbst multiplicirt wird, die gegebne Zahl zum Factum bekömmt; z. E. aus 3154176 findet man 1776, und wenn man 1776 mit sich selbst multiplicirt, so kömmt

Und der Cubikwurzel. 3154176 wieder heraus. Die Cubikwurzel ausziehen heißt aus einer gegebnen Zahl eine andre finden, die, wenn man sie mit ihrer Quadratzahl multiplicirt, die gegebne Zahl zum Facto bekömmt; z. E. aus 1331 zieht man 11, und wenn man 11 mit seinem Quadrat 121 multiplicirt, so ist 1331 wieder das Factum.

Weil mancher fragen möchte, wozu denn die Ausziehung der Quadrat- und Cubikwurzel nütz sey, so will ich wenigstens etwas von ihrem Nutzen anführen. Gesetzt jemand hätte einen großen Garten, der 24 Ruthen breit und 32⅔ Ruthen lang ist. Er wollte dafür aber gern einen andern haben, der eben so groß, aber übrigens gleich breit und lang seyn soll. Der gedachte Garten

*) Das Ausrechnen der Dignitäten nennen die Mathematiker das Eleviren oder Erhöhen der Stammzahlen.

Garten hält (wenn man die Länge mit der Breite multiplicirt) 784 Ruthen. Kann nun jemand daraus die Quadratwurzel ziehen, so weiß er auch, wie lang und breit der neue Garten seyn müsse. Wer die Geographie lernt, und von dem körperlichen Inhalt des Erdbodens etwas genauere Nachricht verlangt, wird schwerlich fortkommen, wenn er nicht die Cubikwurzel auszuziehen weiß, wenigstens einen Begriff davon hat. Andre Vortheile werden im Folgenden noch vorkommen.

§. 3.

Wurzeltabelle.

Zur Ausziehung der Quadrat- und Cubikwurzeln gebraucht man folgende Tabelle.

Wurzel.	1	2	3	4	5	6	7	8	9	10
Quadrat.	1	4	9	16	25	36	49	64	81	100
Cubus.	1	8	27	64	125	216	343	512	729	1000

§. 4.

Rationelle und surde Zahlen.

Man sieht aus dieser Tabelle, daß es bis 100 nur 10 Quadratzahlen, und bis 1000 nur 10 Cubikzahlen giebt. Was keine Quadratzahl ist, davon giebt es auch keine eigentliche Quadratwurzel, z. E. von 81 ist zwar 9 die Quadratwurzel, aber von 82 giebt es keine; 9 ist zu wenig und 10 ist zu viel; ja wenn man auch zu 9 noch einen kleinen Bruch hinzu nehmen wollte, so würde doch niemals grade 82 herauskommen *). So ist von 216 die Cubikwurzel 6, und von 343 7; aber alle Zahlen zwischen 216 und 343 haben keine eigentliche Cubikwurzel. Eine Zahl, welche eine wirkliche Wurzel hat, aus deren Multiplication sie selbst wieder herauskömmt, heißt eine **rationelle** Zahl, hingegen

*) Der Grund ist, weil ein Bruch, den man mit sich selbst multiplicirt, allemal einen Bruch zum Facto hat.

gegen eine andre, wo man keine genaue Wurzel finden kann, heißt eine **surde** oder **irrationelle** Zahl, welche Ausdrücke im Folgenden zuweilen vorkommen werden.

Wenn man die Wurzeltabelle nachsieht, so wird man finden, daß sich kein Quadrat anders ende, als mit 1, 4, 5, 6 und 9. Sobald also eine Zahl zur Ausziehung der Quadratwurzel gegeben wird, und sich auf 2, 3, 7 oder 8 endet, so ist sie gewiß eine surde Zahl. Eine Zahl, die am Ende entweder ein Paar oder mehrere Paare von Nullen hat, kann eine rationelle Zahl seyn, wenn vor den Nullen 1, 4, 5, 6 oder 9 vorhergeht. Geht aber 2, 3, 7 oder 8 vorher, so ist sie surd. Alle Zahlen, welche hinten eine ungrade Anzahl von Nullen haben (z. E. 80, 9000, 1100000), sind als Quadratzahlen betrachtet surd; als Cubikzahlen betrachtet können manche darunter rationell seyn.

Wenn man aus einer Zahl die Wurzel ziehen soll, und man findet, daß sie surd sey; so begnügt man sich entweder mit der nächsten ganzen Zahl, die etwas zu klein oder etwas zu groß ist, oder man nimmt noch einen Bruch hinzu, z. E. von 83 würde $9\frac{1}{9}$ eine ziemlich nahe kommende Quadratwurzel seyn, denn ihr Quadrat beträgt nicht mehr, als $83\frac{1}{81}$. Wie man es anfängt, um einen Bruch zu der Wurzel zu bekommen, wird im Folgenden gezeigt werden.

§. 5.

Regel von Ausziehung der Quadratwurzel.

Bey Ausziehung der Quadratwurzel kömmt vor: 1) die Vorbereitung, 2) das Verfahren selbst.

I. Vorbereitung.

Dazu gehört: 1) Man macht hinter der gegebnen Zahl einen Divisionsstrich (s. S. 69.).

2) Man theilt sie von der Rechten gegen die Linke durch eben solche, aber nur etwas kürzere Striche in Klassen, so daß jede Klasse 2 Ziffern bekömmt. Für die letzte Klasse zur Linken bleiben

ben aber nicht immer 2 Ziffern übrig, sondern oft nur Eine, welches nichts zur Sache thut. Hier sind zum Beyspiel die Zahlen 73685013 und 3586456 in Klassen getheilt:

```
73|68|50|13|          3|58|64|56|
```

II. Das Verfahren selbst.

Hier ist zu merken, daß man bey der ersten Klasse anders verfährt, als bey den übrigen.

1. In der ersten Klasse.

Hier ist weiter nichts zu beobachten, als daß man in der Wurzeltabelle (§. 3.) nachsieht, welche Quadratzahl vor derjenigen Zahl, die in der ersten Klasse steht, die nächstkleinere sey; z. E. in den angeführten Beyspielen ist vor 73 die nächstkleinere Quadratzahl 64, und vor 3 ist es 1. Man schreibt die in der Tabelle gefundene nächstkleinere Quadratzahl unter die erste Klasse, und setzt ihre Wurzel in den Quotienten, das ist hinter den Divisionsstrich. Darauf zieht man die untergeschriebene Zahl von der ersten Klasse ab, und zieht sich die beiden Ziffern der folgenden Klasse herunter; z. E. die angeführten Beyspiele würden nun so aussehen:

```
73|68|50|13|8        3|58|64|56|1
64 | |     |         1         |
--                   -
 9 68                258
```

2. In den folgenden Klassen.

In allen diesen wird auf einerley Art verfahren.

1) Man duplirt *) den Quotienten, und setzt ihn vorn in einen Haken; z. E. aus 8 macht man 16, aus 1 2.

2) Man dividirt damit bis auf die erste Zahl der zuletzt heruntergezogenen Klasse, z. E. man sagt 16 in 96 5 mal (6 mal wäre um des Folgenden willen zu viel); 2 in 25 8 mal (denn 9 mal wäre wieder zu viel). Die durch Dividiren gefundene Zahl schreibt man unter, und zwar so, daß ihre letzte Zahl unter die erste der zuletzt heruntergezogenen Klasse zu stehen kömt.

Ist der Divisor zu groß, so schreibt man eine 0 in den Quotienten, und zieht die beiden Zahlen der folgenden Klasse herunter; es muß aber alsdenn auch vor dem Haken eine 0 zum Divisor hinzu kommen.

3) Man quadrirt die zuletzt in den Quotienten geschriebene Zahl, und setzt ihr Quadrat so unter, daß dessen letzte Zahl unter die letzte Zahl der eben heruntergezogenen Klasse zu stehen kömmt.

4) Man addirt die beiden untergeschriebnen Reihen.

5) Man zieht die Summe von den obenstehenden Zahlen ab.

6) Man zieht die folgende Klasse, so lange noch eine da ist, herunter.

Man sehe nun hier die völlige Ausrechnung der vorhergegebenen Beyspiele.

*) Dupliren heißt eine Zahl mit 2 multipliciren, quadrupliren sie mit 4 multipliciren, quadriren sie mit sich selbst multipliciren. Man muß dies ja nicht verwechseln.

```
     7.3|6 8|5 0|1 3|8583
      64
    ----
      968
   16)8 0
       2 5
    ------
     825
    ------
     1 4.3.5.0.
  170)1 3 6 0
          6 4
    ---------
     1 3 6 6 4
    ---------
        6 8 6.1.3
 1716)  5 1 4 8 9
        ---------
        1 7 1 2 4
```

Hier kömmt also 8583 heraus, und 17124 bleibt übrig; weil dies fast 10 mal so viel ist, als das an der Seite stehende 1716, so könnte man immer 4 anstatt 3 in dem Quotienten setzen, indem 8584 nur sehr wenig zu viel seyn würde. Die an der Seite stehenden Zahlen 16, 170 und 1716 sind aus der Verdoppelung des Quotienten entstanden. 80 ist das Factum von 5 und 16, 25 das Quadrat von 5, 825 die Summe von 80 (d. i. 800) und 25, 143 die Differenz zwischen 825 und 968, 1360 das Factum von 8, und 170, 64 das Quadrat von 8, 13664 die Summe von 1360 (d. i. 13600 und 64), 686 ist die Differenz zwischen 13664 und 14350, 5148 (anstatt 51480) das Factum von 1716 und dem letzten Quotienten 3, die nach der 8 gesetzte 9 aber ist das Quadrat von 3. Weil dieses Quadrat 9 nur aus einer einzelnen Ziffer besteht, so ist nicht nöthig, daß man es in eine eigne Reihe setze, und es zum Vorigen addire, sondern man kann es gleich hinten ansetzen, und dann subtrahiren.

Das andre vorher angeführte Beyspiel würde also aussehen:

```
      3|5 8|6 4|5 6|1893
      1
      -
      2 5 8
   2) 1 6
        6 4
      -----
      2 2 4
      -----
        3 4 6 4
   36)  3 2 4
            8 1
        -------
        3 3 2 1
        -------
          1 4 3 5.6
   378)   1 1 3 4 9
          ---------
            3 0 0 7
```

Weil das übrigbleibende fast 10mal so viel beträgt, als der an der Seite stehende Divisor (378), so könnte man auch hier den Quotienten um 1 vergrößern, und ihn 1894 angeben.

Wie man Brüche zu der gefundenen Wurzel einer Zahl hinzu finden kann.

Wenn man mit der gefundenen Wurzel in ganzen Zahlen nicht zufrieden ist, so kann man auch noch einen Bruch hinzu finden; nur muß man nicht glauben, als wenn jemals ein Bruch könnte gefunden werden, der die Quadratwurzel einer ganzen Zahl wäre. Denn nie giebt ein Bruch, den man mit sich selbst multiplicirt, eine ganze Zahl. Man pflegt aber gemeiniglich sogenannte Decimalbrüche zu suchen, von denen man hier im Voraus einiges lernen kann *). Die Art selbst ist folgende. Man macht hinter den gefundenen ganzen Zahlen ein Comma, setzt 2 Nullen an den übriggebliebenen Rest, duplirt den Quotienten, dividirt damit, und findet so eine neue Zahl, die man hinter das Comma setzt, und hernach in allem verfährt wie gewöhnlich. So oft man zu dem Rest ein neues Paar Nullen hinzu-

In Decimalbrüchen.

*) Von der Decimalrechnung siehe unten das 25. Hauptstück.

hinzusetzt, giebt dies eine neue Zahl für den Quotienten oder die Wurzel, und man kann damit fortfahren, so lange man will. Ich will dies an dem vorhergehenden Beyspiele zeigen. Der Quotient oder die Wurzel war 1893, der Rest 3007:

```
                  |1893,794
         3.0.0.7.0.0
  3786)  2 6 5 0 2
               4 9
         ----------
         2 6 5 0 6 9
         ------------
          3 5 6.3.1.0.0
  37874)  3 4 0 8 6 6
                  8 1
          -----------
          3 4 0 8 7 4 1
          --------------
             1 5 4.3 5 9.0.0
  378758)    1 5 1 5 0 3 2
                       1 6
             --------------
             1 5 1 5 0 3 3 6
             ----------------
                 2 8 5 5 6 4
```

Dieser neugefundene Quotient wird also ausgesprochen 1893 Ganze, 7 Zehntel, 9 Hundertel und 4 Tausendtel. Wenn man diese Zahl mit sich selbst multiplicirte, so würde man 3586455 und einen Bruch herausbekommen, so daß also die Genauigkeit weit genug getrieben ist. Hängte man noch zwei Nullen an, so bekäme man in der Wurzel Zehntausendtel. Weil der zehnte Theil einer mathematischen Ruthe ein Fuß, der zehnte Theil eines Fußes ein Zoll, der zehnte Theil eines Zolls eine Linie heißt 2c. (s. S. 131. u. 132.), so sieht man, daß wenn die gegebne Zahl 3586356 Ruthen wären, die Quadratwurzel davon 1893 Ruthen 7 Fuß 9 Zoll und 4 Linien seyn würde.

In gewöhnlichen Brüchen.

Man kann anstatt der Decimalbrüche auch einen gewöhnlichen Bruch finden. Man macht nämlich das Uebriggebliebene zum Zähler, und die verdoppelte Wurzel plus 1 zum Nenner. Z. E. der Rest war 3007, die ver-

verdoppelte Wurzel beträgt 3786, 1 dazu 3787, also der Bruch $\frac{3007}{3787}$. In der That kömmt $1893\frac{3007}{3787}$, wenn man es mit sich selbst multiplicirt, der gegebnen Zahl noch näher, als die vorher angegebnen Decimalbrüche.

Ausziehen der Wurzel aus Brüchen.

Aus Brüchen zieht man die Wurzel des Zählers aus, welche den neuen Zähler, und die Wurzel des Nenners, welche den neuen Nenner giebt. Z. E. die Quadratwurzel von $\frac{9}{25}$ ist $\frac{3}{5}$, weil von 9 3 und von 25 5 die Wurzel ist. Aus $10\frac{311}{625}$ oder $\frac{6561}{625}$ ist die Wurzel $\frac{81}{25}$ oder $3\frac{6}{25}$; denn 625 ist die Quadratzahl von 25 und 6561 von 81. Ist der Zähler oder Nenner des gegebnen Bruchs eine surde Zahl (§. 4.), so hängt man an den Zähler sowohl als an den Nenner so viel Paare von Nullen, als man will, und zieht so die Wurzel aus; z. E. man verlangte die Wurzel von $\frac{57}{91}$ zu wissen, so setzt man dies so auf:

```
      5.7|00|00|00|7549
      49
      ---
       8 00
  14)  7 0
        25
      ----
       725
      ----
        75 00
   150) 6 0 0
           16
        -----
        6016
        -----
        148 400
 1508)  1 3 5 7 2
              81
        ---------
        1 3 5 8 0 1
        -----------
          1 2 5 9 9
```

Quadratwurzel des Zählers.

```
      9 1|0 0|0 0|0 0|9539
      8 1 | | | | | |
     -----
      1.0.0.0
 18)  9 0
        2 8
     ------
      9 2 5
     ------
        7.5.0.0
 190)   5 7 0 9
       ---------
        1 7 9.1.0.0
 1906)  1 7 1 5 4
              8 1
       -------------
        1 7 1 6 2 1
       -------------
            7 4 7 9
```

Quadratwurzel des Nenners.

Also wird die ziemlich nahe Quadratwurzel $\frac{7548}{9539}$ seyn.

Erleichterung bey dem Ausziehen der Quadratwurzel.

Man findet in einigen Büchern die Quadratzahlen von 1 bis 1000 oder auch wohl weiter *) ausgerechnet. Wenn man ein solches Buch hat, so kann man sich dadurch große Erleichterung verschaffen. Man schlägt nämlich nach, welche Quadratzahl den 3 oder 4 ersten Klassen der gegebnen Zahl am nächsten kömmt, setzt ihre Wurzel hinten in den Quotienten. Auf diese Art würde das vorher S. 265 ausgerechnete Exempel sehr kurz werden. Die nächste Quadratzahl unter 736850 ist 736164 und die Wurzel davon 858. Man setzt dies daher also auf:

```
        73|68.|5.0|1 3|8583
        73 61  6 4 | |
       ------------
           6  8 6.1.3
 1716)     5  1 4 8 9
          ------------
           1  7 1 2 4
```

Man

*) In den meisten Tafeln der Sinuum und Tangentium, z. E. in Wolfens, findet man sie bis 1000, in Hiob Ludolphs Tetragonometria aber bis 100000.

Abkürzung der gewöhnlichen Ausziehungen.

Man kann das Untersetzen von zwei Reihen und das Addiren nebst dem Ausstreichen ersparen, wenn man die neugefundene Zahl des Quotienten gleich quadrirt, und hernach die vorn im Haken stehende Zahl mit ihm multiplicirt. Wir wollen dies an dem eben angeführten Beyspiele zeigen.

```
          7.3|6 8|5 0|1 3|8583
          6 4
          ---
            9 6 8
      16)   8 2 5
            -----
            1 4.3.5.0
     170)   1 3 6 6 4
            ---------
                6 8 6.1.3
   1716)        5 1 4 8 9
                ---------
                1 7 1 2 4
```

Nachdem ich hier bey der zweiten Klasse gesagt habe: 16 in 96 habe ich 5 mal; so spreche ich: 5 mal 5 (5 quadrirt) ist 25; 5 hin, 2 im Sinn; 5 mal 6 ist 30 und 2 ist 32, 5 mal 1 ist 5, und 3 ist 8. Bey der dritten Klasse spreche ich, nachdem ich 8 zum neuen Quotienten genommen habe: 8 mal 8 ist 64, 8 mal 0 ist 0 und 6 dafür an die Stelle, 8 mal 7 ist 56, 8 mal 1 ist 8 und 5 ist 13 Bey der letzten Klasse heißt es: 3 mal 3 ist 9, 3 mal 6 ist 18 u. s. w.

Beyspiele zur Uebung.

1) Welche aufgehen.

Von 4900 ist die Wurzel 70; von 2401 49; von 3249 57; von 7396 86; von 9801 ist sie 99; von 34225 185; von 42025 205; von 87616 296; von 210681 459; von 850084 922; von 4016016 2004; von 5929225 2435; von 11943936 3456; von 81000000 9000; von 98604900 ist sie 9930; von 9167679504 95748; von 1499935441 38729; von 475316482624 ist sie 689432; von 15241578750190521 ist sie 123456789; von $\frac{4}{9}$ $\frac{2}{3}$; von $\frac{16}{25}$ $\frac{4}{5}$; von $\frac{81}{100}$ $\frac{9}{10}$; von $\frac{144}{169}$ $\frac{12}{13}$; von $\frac{570025}{532100}$ $\frac{755}{705}$.

2) Welche nicht aufgehen.

Von 652900 ist die nächstkleinste Wurzel $808\frac{36}{1617}$ oder in Decimalbrüchen 808,022 (d. i. 808 Ganze 2 Hundertel, 2 Tausendtel oder kürzer 22 Tausendtel); von 15 ist sie $3\frac{6}{7}$, oder 3,872; von [illegible] [illegible] oder [illegible]; von [illegible] [illegible] oder [illegible]. §. 6.

§. 6.

Die Regeln bey der Ausziehung der Cubikwurzeln sind folgende: Ausziehung der Cubikwurzel.

I. Vorbereitung.

Man macht hinten den Divisionsstrich, und theilt die gegebnen Zahlen von der Rechten zur Linken in Klassen, deren jede 3 Ziffern enthält. Die vorderste zur Linken kann Eine, zwei oder drei Ziffern haben. Z. E. wenn die gegebne Zahl 39651821, oder 1978345621 wäre, so würde die Vorbereitung folgende seyn:

39|651|821| 1|978|345|621|

II. Verfahren bey der ersten Klasse.

Hier ist nichts weiter nöthig, als daß man in der Tabelle (§. 3.) die nächste Cubikzahl aufsuche, und sie unter die erste Klasse, ihre Wurzel aber hinter den Divisionsstrich in den Quotienten setze. Die nächste Cubikzahl unter 39 in dem ersten Exempel ist 27 und die Wurzel davon 9; in dem zweiten Exempel ist 1 Cubikzahl und Wurzel zugleich.

III. Verfahren bey den übrigen Klassen.

1) Nachdem man abgezogen, zieht man die drei Ziffern der folgenden Klasse herunter.

2) Man quadrirt den Quotienten (d. i. man multiplicirt ihn mit sich selbst), und das herkommende Factum triplirt man (multiplicirt es mit 3). Was dann herauskömmt, wird vorn als Divisor in einen Haken gesetzt.

3) Man dividirt bis auf die erste Ziffer der neu heruntergezogenen Klasse. Das Factum von

von der neu gefundenen Zahl des Quotienten und dem Divisor schreibt man unter bis auf die gedachte erste Ziffer.

Ist der Divisor zu groß, so setzt man eine Null in den Quotienten, und zieht die folgende Klasse herunter, worauf man sich einen neuen Divisor durch Quadriren und Tripliren macht.

4) Man multiplicirt das Quadrat der zuletzt hingeschriebenen Zahl des Quotienten mit dem Triplum aller vorhergehenden, und schreibt das Factum so unter, daß die letzte Ziffer davon unter der zweiten der zuletzt heruntergesetzten Klasse zu stehen kömmt.

Das Triplum einer Zahl ist das Factum, welches herauskömmt, wenn man sie mit 3 multiplicirt; z. E. das Triplum von 36 ist 108.

5) Man cubirt den neuesten Quotienten, d. i. man multiplicirt sein Quadrat mit ihm selbst *) und schreibt das Factum so hin, daß die letzte Ziffer auch unter der letzten Ziffer der herabgezogenen Klasse zu stehen kömmt.

6) Man addirt die 3 untergeschriebenen Reihen, und streicht sie darauf durch.

7) Man zieht die Summe der 3 Reihen ab.

8) Man zieht die neue Klasse herunter, so lange eine da ist.

*) Wenn man die Tabelle §. 3. bey der Hand hat, so kann man diese Mühe ersparen.

```
       39|651|821|341
       27                          34
       ----                        34
       12651                      ----
   27) 108                        136
        144                      102
          64                     -----
      --------                   1156
       12304                        3
      --------                   -----
         347821                  3468
 3468)   3468
            1021
         --------
         347821
         --------
             *
```

341 kömmt heraus, und das Beyspiel geht auf. Der erste Quotient war 3; sein Quadrat ist 9 und das Triplum davon 27, welches bey der zweiten Klasse als Divisor vorn in den Haken gesetzt ist. Der zweite Quotient ist 4, und 4 mal 27 macht 108; wenn man 3 triplirt, so bekömmt man 9, quadrirt man 4, so bekömmt man 16, 9 × 16 aber macht 144; der Cubus von 4 ist 64; alle 3 Reihen zusammen 12304, und wenn man diese abzieht, bleibt 347 übrig. Den neuen Divisor 3468 erhält man auf folgende Art. 34 mit sich selbst multiplicirt giebt 1156, wie an der Seite zu sehen ist, und davon ist das Triplum 3468. Man findet die dritte Ziffer des Quotienten 1; 1 mal 3468 ist 3468; 34 mit 3 multiplicirt giebt 102; diese Zahl sollte mit dem Quadrat des neuen Quotienten 1 multipliciret werden, allein das Quadrat von 1 ist nur 1, und 1 multipliciret nicht. Also wird bloß 102 untergeschrieben. Nun soll noch die letzte Ziffer des Quotienten cubirt werden; allein der Cubus von 1 ist nur 1; diese 1 wird neben 102 geschrieben, weil es nicht nöthig ist, eine eigene Reihe daraus zu machen.

Nun das andre Beyspiel:

```
         1|9 7 8|3 4 5|6 2 1|1255
         1
         -
           9 7 8
       3)  6
           1 2 8
           -----
           7 2 8
           -----
           2 5.0 3 4 5
    432)   1 1 6 0
               9 0 0
                 1 2 5
           -----------
           2 2 5 1 2 5
           -----------
             2 5.2.2.0 6.2.1
  46875)     1 3 4 3 7 5
                   9 3 7 5
                       1 2 5
             ---------------
             2 3 5 3 1 3 7 5
             ---------------
               1 6 8 9 2 4 6
```

(Nebenausrechnungen.)

```
   12          12 (3
   12          --
   --          36
  144 3)       25
  ---          --
  432         900

  125         125 (3
  125         ---
  ----        875
 15625         25
 ----- 3)     ---
 46875       9375
```

Wie man Brüche zu der Wurzel hinzu findet.

Will man bey einem nicht aufgehenden Beyspiele die Wurzel genauer haben, so macht man hinter den gefundenen ganzen Zahlen ein Comma, hängt an den Rest, so oft man will, 3 Nullen an, und fährt alsdenn

so

so lange fort, als man es gut findet. Natürlicherweise wird aber ein solches Beyspiel bey jeder Klasse immer weitläuftiger. Wir wollen das oben abgebrochene fortsetzen, wo ein Rest von 1689246 blieb.

```
                                |1255,35
                1 6 8 9.2.4 6.0.0.0
    4725075) 1 4 1 7 5 1 1 5
                     3 3 8 8 5
                             1 7
             -------------------
             1 4 1 7 8 6 1 3 7 7
             -------------------
                2 7.1 3 8.4 6.2.3.0.0.0
  472733427) 1 3 6 3 6 6 7 1 3 5
                         9 4 1 4 7 5
                                   1 1 5
                -------------------------
                2 3 6 3 7 6 1 2 8 3 7 5
                -------------------------
                  3 5 0 0 8 4 9 4 6 2 5
```

(Nebenausrechnungen.)

```
      1255             1255
      1255            ------ (3
      ----             3765
      6275            ------ (9
     6275             33885
    2510
   1255
  -------
  1575025
  ------- (3
  4725075

      12553            12553
      12553           ------ (3
      -----            37659
      37659           ------ (25
     62765            941475
    62765
   25106
  12553
  ---------
  157577809
  --------- (3
  472733427
```

Die so gefundene Wurzel heißt 1255 Ganze 3 Zehntel 5 Hundertel, oder, welches einerley ist, 1255 Ganze und 35 Hundertel. Wenn das gegebne Cubikruthen wären, so spräche man die Wurzel so aus: 1255 Ruthen, 3 Fuß, 5 Zoll. Führe man nun fort, und setzte noch einmal 3 Nullen an, so erhielte man auch Linien; noch einmal, so erhielte man auch Zehntellinien ꝛc.

Die Probe, ob man die Cubikwurzel richtig ausgezogen, macht man durch zweymaliges Multipliciren derselben. Wenn man hernach das etwa übriggebliebene zurechnet, so muß die gegebene Zahl herauskommen; z. E.

```
              125535
              125535
              ------
              627675
             376605
            627675
           627675
          251070
         125535
         -----------
         15759036225
              125535
         -----------
         78795181125
        47277108675
       78795181125
      78795181125
     31518072450
    15759036225
    ----------------
    1978310612505375
          35008494625
    ----------------
    1978345621000000
```

Abkürzung

Wenn man die bey den Quadratzahlen erwähnten Quadrattabellen hat, so kann man in der Ausziehung der Cubikwurzel die Mühe der Ausrechnung derjenigen Quadrate sparen, deren Triplum man vorn in den Haken zu setzen hat, wofern die Wurzeln die Anzahl von 3 bis 5 Ziffern nicht übersteigen. Hat man Tafeln von Cubikzahlen zur Hand, so läßt sich die Ausziehung der Cubikwurzel noch weit mehr verkürzen.

Bey:

Beyspiele zur Uebung.

1) Welche aufgehen.

Von 24389 ist die Cubikwurzel 29; von 681472 ist sie 88; von 2744000 140; von 5359375 175; von 41781923 347; von 672221376 876; von 973242271 991; von 12895213625 2345; von 59960115944 ist sie 3914; von 8048096064 2004; von 953839072339453 98437; von $\frac{27}{125}$ $\frac{3}{5}$; von $\frac{216}{2197}$ $\frac{6}{13}$; von $\frac{29791}{74088}$ $\frac{31}{42}$.

2) Welche nicht aufgehen.

Von 9 ist die nächste Cubikwurzel 2 Ganze und 8 Hundertel; von 73 ist sie 4 Ganze, 1 Zehntel, 7 Hundertel, 9 Tausendtel; von 243987652 ist sie 624 Ganze, 8 Zehntel, 6 Hundertel, 9 Tausendtel; von $\frac{9}{73}$ $\frac{208}{417}$.

Zwanzigstes Hauptstück.

Allgemeine Lehre von den Proportionen.

---

§. 1.

Wenn man zwei verschiedene Zahlen mit einander vergleicht, so nimmt man wahr, daß die eine aus der andern auf zweierlei Art habe entstehen können. Z. E. nimmt man die beiden Zahlen Was Verhältniß sey.

3 9

so sieht man, daß 9 aus 3 entstanden sey, entweder durch Hinzusetzung der Zahl 6, oder durch Multiplication mit 3. Oder man nehme

12 8

so wird 8 aus 12 entstanden seyn, entweder durch Abziehung der Zahl 4, oder durch Divi-

 sion

sion mit $1\frac{1}{2}$. Die Art, wie eine Zahl aus der andern hervorgebracht wird, wird das **Verhältniß** oder die **Ration** zwischen beiden genannt. Ist die zweite Zahl kleiner als die erste, so nennt man es ein **fallendes**; ist sie aber größer, so heißt es ein **steigendes Verhältniß**; z. E. 3 und 9 standen in einem steigenden, 12 und 8 in einem fallenden Verhältniß. Wenn ich mir vorstelle, daß die eine Zahl aus der andern durch die Addition oder Subtraction entstanden sey, so heißt das Verhältniß **arithmetisch**; hingegen wenn ich es mir vorstelle als ein durch die Multiplication oder Division entstandenes, so wird es **geometrisch** genannt. Ein arithmetisches Verhältniß wird durch einen Querstrich angedeutet, z. E. 3—9 *) heißt so viel, als die Zahl 3 betrachtet in ihrem arithmetischen Verhältniß zu 9. Das geometrische Verhältniß deutet man durch zwei über einander stehende Punkte an, und 3 : 9 heißt so viel, als die Zahl 3 in ihrem geometrischen Verhältniß zu 9 **). Sowohl das arithmetische als das geometrische Verhältniß läßt sich durch eine Zahl begreiflich machen, die man über dem Zeichen des Verhältnisses in Haken setzen kann; diese Zahl kann der **Exponent** oder die erklärende Zahl genannt werden. Die erklärende Zahl eines arithmetischen Verhältnisses heißt die **Differenz** oder der **Unterschied**; z. E. die Differenz zwischen 3 und 12 ist 9; bey einem geometrischen Verhältnisse wird sie das Nomen rationis (der Name des Verhältnisses) genannt; z. E.

Fallendes oder steigendes.

Arithmetisches oder geometrisches.

Zeichen desselben.

Exponent.

Differenz.

Nomen rationis

*) Andre gebrauchen anstatt eines Querstriches einen Punkt, und schreiben 3 . 9.

**) Gemeiniglich sagt man ganz kurz 3 zu 9, es mag vom arithmetischen oder geometrischen Verhältnisse die Rede seyn.

z. E. das nomen rationis von 3 : 12 ist 4. Nun wird man folgende Anzeigen von Verhältnissen verstehen:

$$\overset{(3)}{5 - 8}.\quad \overset{(5)}{4 - 9}.\quad \overset{(6)}{7 - 13}.\quad \overset{(19)}{8 - 27}.$$

$$\overset{(4)}{9 - 5}.\quad \overset{(5)}{7 - 2}.$$

$$\overset{(8)}{3 : 24}.\quad \overset{(6)}{2 : 12}.\quad \overset{(7)}{3 : 21}.\quad \overset{(2\frac{1}{2})}{6 : 15}.$$

$$\overset{(4)}{8 : 2}.\quad \overset{(1\frac{1}{3})}{16 : 12}.$$

Wenn man schlechtweg vom Verhältniß spricht, so pflegt man immer das geometrische zu verstehen.

Ein steigendes Verhältniß ist nicht immer durch Addition oder Multiplication, und ein fallendes nicht immer durch Subtraction oder Division entstanden, sondern es geht gar wohl an, daß das erstere auch durch eine Division, und das andere durch eine Multiplication (nämlich mit einem ächten Bruche) entstehe; z. E. $\overset{(\frac{2}{3})}{6 : 4}$ ist nicht durch Subtraction entstanden, und doch sinkend; $\overset{(\frac{3}{5})}{1\frac{1}{5} : 2}$ ist durch Division entstanden und doch steigend. Es ist aber freilich möglich, jedes steigende Verhältniß durch Addition oder Multiplication, und jedes fallende durch Subtraction oder Division hervorzubringen; z. E. man kann $\overset{(1\frac{1}{2})}{6 : 4}$ anstatt $\overset{(\frac{2}{3})}{6 : 4}$, und $\overset{(1\frac{2}{3})}{1\frac{1}{5} : 2}$ anstatt $\overset{(\frac{3}{5})}{1\frac{1}{5} : 2}$ setzen.

Die Differenz findet man durch Subtrahiren des kleinern Theils von dem größern, das Nomen rationis durch Dividiren.

§. 2.

Wenn man zwei oder auch mehrere Verhält- *Was Proportion sey.*
nisse von einerley Exponenten neben einander setzt, so entsteht eine **Proportion**, die man Deutsch ein **Gleichverhältniß** nennen kann.

Arithmetische. Eine arithmetische Proportion ist also die Vergleichung zweier arithmetischen Verhältnisse; eine geometrische hingegen zweier geometrischen; oder in beiden Fällen anstatt zweier auch mehrerer. In einer arithmetischen Proportion stehen alle Verhältnisse von gleicher Differenz, und in einer geometrischen alle von gleichem Nomine rationis; z. E. 3—7, 4—8, 5—9, 6—10. Alle diese arithmetischen Verhältnisse sind gleich, weil sie alle einerley Differenz haben, nämlich 4. Dies setzt man vermittelst des Zeichens =, welches gleich oder äqual ausgesprochen wird (s. S. 16), so auf.

Geometrische.

$$3—7=4—8=5—9=6—10.$$

d. i. 3 zu 7 wie 4 zu 8, wie 5 zu 9, wie 6 zu 10. Ferner sind folgende geometrische Verhältnisse alle gleich, weil sie einerley Nomen rationis haben, nämlich 2 : 6, 3 : 9, 4 : 12, 5 : 15. Dies setzt man so auf:

$$2 : 6=3 : 9=4 : 12=5 : 15.$$

Glieder der Proportion. Gewöhnlicherweise besteht eine Proportion nur aus zwei verglichenen Verhältnissen, und also aus 4 Gliedern, die man nach ihrer Ordnung das erste, zweite, dritte und vierte nennt; z. E. 3—9=5—11; 7:21=8:24 *). Wenn aber das zweite und dritte Glied aus einerley Zahl bestehen, so kann man allenfalls die Mühe sparen, diese Zahl doppelt zu schreiben, und braucht sie also nur einmal zu schreiben. Z. E. anstatt 3—9=9—12 darf man nur schreiben

Stetige Proportion. 3. 9. 12; anstatt 3:9=9:27 setzt man 3.9.27. Eine solche Proportion, wo man das mittlere Glied

*) D. i. 3 zu 9 ist gleich 5 zu 11 ic.

Glied zweimal lesen muß, wird eine **zusammenhangende** oder **stetige Proportion** genannt.

Man pflegt eine arithmetische stetige Proportion vorn mit ∸ oder ÷ zu zeichnen; z. E. ∸ 3 9. 12. oder ÷ 3. 9. 12. Diejenigen, welche sich zur Anzeigung der arithmetischen stetigen Proportion des Zeichens ∸ bedienen, zeichnen eine geometrische mit ∺, z. E. ∺ 3. 9. 27. Unter denen, welche die arithmetische mit ÷ zeichnen, schreiben einige die geometrische so ∸ 3. 9. 27, andere so ∺, z. E. ∺ 3 : 9 : 27.

§. 3.

Bemerkungen von der arithmetischen Proportion.

Wenn man in einer arithmetischen Proportion das erste und dritte Glied versetzt, so behält die Proportion dennoch ihre Richtigkeit; z. anstatt $3 - 9 = 7 - 13$. kann man auch setzen $3 - 7 = 9 - 13$., und da eine Proportion nichts verliert, es mögen ihre einzelnen Glieder oder auch die beiden Verhältnisse versetzt werden, so kann man eine jede gegebne arithmetische Proportion auf achterlei Art darstellen:

$$\begin{array}{ll} 3 - 7 = 9 - 13. & 9 - 13 = 3 - 7. \\ 7 - 3 = 13 - 9. & 13 - 9 = 7 - 3. \\ 3 - 9 = 7 - 13. & 7 - 13 = 3 - 9. \\ 9 - 3 = 13 - 7. & 13 - 7 = 9 - 3. \end{array}$$

Wenn man das erste Glied zu dem vierten addirt, so kömmt eine eben so große Summe heraus, als wenn man das zweite und dritte addirt. Z. E. $3 - 7 = 9 - 13$; hier macht

3 und 13 zusammen 16, 7 und 9 auch 16.

In einer stetigen Proportion wird also das mittlere Glied grade die Hälfte von der Summe der beiden äußersten Glieder (d. i. des ersten und

 des

des letzten) seyn, z. E. ÷ 3. 9. 15; hier macht 3 und 15 18, und davon ist 9 die Hälfte.

Es ist also leicht zwischen zwei gegebnen Zahlen die mittlere arithmetische Proportionalzahl zu finden. Man addirt nämlich die beiden gegebnen, und dividirt die Summe mit 2. Weil nun eine jede Summe sich mit 2 dividiren läßt, so folgt, daß zwischen zwei gegebnen Zahlen, sie mögen beschaffen seyn, wie sie wollen, sich allemal eine mittlere Proportionalzahl finden lasse. Z. E. es wäre gegeben $3\frac{1}{7}$ und $15\frac{1}{4}$: so wird, da ihre Summe $18\frac{11}{28}$ beträgt, die Hälfte davon, nämlich $9\frac{11}{56}$, die mittlere Proportionalzahl seyn; denn wenn man zu $3\frac{1}{7}$ $6\frac{3}{56}$ hinzusetzt, so erhält man $9\frac{11}{56}$, und dazu wieder $6\frac{3}{56}$ hinzugesezt, giebt $15\frac{1}{4}$.

§. 4.

Bemerkungen von der geometrischen Proportion.

Auch eine geometrische Proportion behält ihre Richtigkeit, wenn man das zweite und dritte Glied versetzt; z. E. da 3 : 9 = 4 : 12, so ist auch 3 : 4 = 9 : 12. Im erstern Fall ist das nomen rationis 3, im andern $1\frac{1}{3}$. Auch hier sind also 8 verschiedene Arten der Darstellung möglich, nämlich:

$$
\begin{array}{ll}
3 : 4 = 9 : 12. & 9 : 12 = 3 : 4. \\
4 : 3 = 12 : 9. & 12 : 9 = 4 : 3. \\
3 : 9 = 4 : 12. & 4 : 12 = 3 : 9. \\
9 : 3 = 12 : 4. & 12 : 4 = 9 : 3.
\end{array}
$$

Wenn man das erste und vierte Glied mit einander multiplicirt, so kömmt eben so viel heraus, als wenn man das zweite und dritte multiplicirt; z. E.

$$3 : 4 = 9 : 12$$

Hier giebt sowohl das erste und vierte, als das zweite und dritte Glied 36 zum Factum. Man sieht

sieht nunmehr, daß, wenn eins von den vier Gliedern verloren geht, man es leicht wieder finden könne; z. E. fehlt das zweite Glied, so multiplicirt man das erste und vierte, und dividirt das herauskommende Factum durch das dritte, so erhält man das zweite. Fehlt das vierte (welches am häufigsten ist): so heißt die Aufgabe: so wie sich die erste Zahl zur zweiten verhält, so verhält sich die dritte zu der noch unbekannten vierten *). Man multiplicirt also das zweite und dritte, und dividirt das Factum durch das erste Glied, worauf der Quotient das verlangte vierte Glied giebt.

Dieser Satz von Findung der vierten Proportionalzahl ist der Grund der ganzen Regel de tri, wie sich im Folgenden hinreichend zeigen wird.

Wenn man beide Glieder eines geometrischen Verhältnisses durch einerley Zahl multiplicirt oder dividirt, so bleibt das Verhältniß unverändert. Wenn nun diese Veränderung mit einem Verhältnisse vorgenommen wird, das in einer Proportion mit einem andern Verhältnisse steht, so wird in der Proportion dadurch nichts geändert werden. Hierdurch erhalten folgende Sätze ein Licht. Folgesätze aus der Lehre vom Verhältnisse.

1) Wenn man zwei Brüche von einerlei Nenner in einer Proportion findet, so kann man ihre Zähler in Ganze verwandeln: denn wenn man einen Bruch mit seinem Nenner multiplicirt, so kommen grade so viel ganze heraus, als der Zähler Einheiten hat. Z. E. anstatt

$$\frac{1}{7} : \frac{3}{7} = 2 : 6$$

kann man setzen

$$1 : 3 = 2 : 6.$$

Gesetzt

*) In Zahlen sagt man z. E. so: 3 verhält sich zu 4, wie 9 zu der noch erst zu findenden Zahl.

Gesetzt die Aufgabe wäre $\frac{3}{8}$ verhält sich zu $\frac{7}{8}$ wie 9 zur gefundenen Zahl, so ist nicht nöthig, daß man 9 mit $\frac{7}{8}$ multiplicirt, und was herauskömmt durch $\frac{3}{8}$ dividire, sondern man sagt: wie 3 zu 7, so 9 zur zu findenden Zahl. Folglich multiplicirt man 9 mit 7, und das Factum (63) dividirt man mit 3, so findet man die verlangte vierte Proportionalzahl (21).

Wenn die Brüche von einerlei Nenner auch nicht in der ersten und zweiten Stelle stehen, sondern in der ersten und dritten, so macht das dennoch keine Veränderung, weil die dritte Zahl mit der zweiten versetzt werden kann; z. E. anstatt wie sich $\frac{3}{7}$ zu 5 verhält, so verhält sich $\frac{4}{7}$ zu 6^2, kann man setzen:

$$\frac{3}{7} : \frac{4}{7} = 5 : 6\frac{2}{3}; \text{ und ferner}$$
$$3 : 4 = 5 : 6\frac{2}{3}$$

Wenn also die Aufgabe wäre: wie $\frac{3}{8}$ zu 14 so $\frac{7}{8}$ zu der noch unbekannten vierten Zahl, so würde man dafür sagen können: wie 3 zu 7, so 14 zur unbekannten.

2) Wenn nur entweder der erste oder einer der beiden folgenden Sätze aus einem Bruch besteht, so verwandelt man den Zähler des Bruchs in Ganze, und multiplicirt mit seinem Nenner eine von den beiden folgenden ganzen Zahlen; z. E. anstatt

$$\frac{3}{4} : 7 = 9 : 84$$

kann man setzen:

$$3 : 28 = 9 : 84$$

oder

$$3 : 7 = 36 : 84.$$

Anstatt

$$7 : \frac{2}{3} = 42 : 4$$

kann man setzen:

$$21 : 2 = 42 : 4.$$

Anstatt

$$9 : 2 = \frac{5}{6} : \frac{5}{27}$$

kann man setzen:

$$54 : 2 = 5 : \frac{5}{27}.$$

3) Wenn in dem ersten Satze ein Bruch, und in einem der beiden folgenden ebenfalls ein Bruch, aber von verschiednem Nenner ist, so verwandelt man den Nenner jedes Bruchs erst in Ganze, und diese Ganze multiplicirt man mit dem Zähler des andern Bruchs; z. E. anstatt

$$\tfrac{2}{3} : 7 = \tfrac{1}{4} : 2\tfrac{5}{8}$$

kann man setzen:

$$8 : 7 = 3 : 2\tfrac{5}{8}$$

4) Wenn in allen 3 ersten Sätzen Brüche von verschiedenen Nennern sind, so muß der Zähler des ersten Satzes mit beiden Nennern der andern Sätze multiplicirt werden. Hingegen wird nur einer von diesen letztern (welcher, das ist gleichgültig) mit dem Nenner des ersten Satzes multipliciret; z. E. anstatt

$$\tfrac{2}{3} : \tfrac{3}{7} = \tfrac{4}{5} : \tfrac{6}{7}.$$

setzt man erst

$$10 : \tfrac{3}{7} = 12 : \tfrac{6}{7}$$

hernach aber

$$70 : 3 = 12 : \tfrac{6}{7}$$

oder auch

$$70 : 9 = 4 : 7$$

5) Wenn der erste Satz gegen den zweiten oder dritten durch eine gleiche Zahl sich heben läßt, so muß man die Aufhebung gebrauchen; z. E. anstatt

$$63 : 9 = 14 : 2$$

kann ich zuerst sagen, indem ich den ersten Satz gegen den zweiten mit 9 aufhebe:

$$7 : 1 = 14 : 2$$

oder versetzt

$$7 : 14 = 1 : 2$$

wenn ich nun 7 gegen 14 mit sich selbst aufhebe, so heißt es $1 : 2 = 1 : 2$, an welcher Proportion Richtigkeit man unmöglich zweifeln kann.

Dieser Satz ist der Grund der ganzen sogenannten Welschen Practik. Wenn z. E. die drei Sätze 18, 27 und

und 4 gegeben wären, um den vierten dazu zu finden, so hebe man erst den ersten Satz gegen den zweiten (mit 9) auf, und sage: wie 2 zu 3, so 4 zu der zu findenden. Hernach hebe man noch den ersten neuen Satz gegen den dritten (mit 2) auf, und sage: wie 1 zu 3, so 2 zur noch unbekannten vierten. Weil nun 3 mal 2 (der zweite Satz mit dem vierten multiplicirt) 6 macht, und 1 (als der erste Satz) nicht dividirt, so wird 6 die vierte Proportionalzahl seyn.

Findung der mittlern geometrischen Proportionalzahl.

Wenn aus einer stetigen geometrischen Proportion (§. 2. S. 280 f.) die mittlere Proportionalzahl verloren gegangen ist, so findet man sie auf die Art wieder, daß man den ersten Satz mit dem dritten multiplicirt, und aus dem Facto die Quadratwurzel zieht. Z. E. man sollte zwischen 4 und 9 die mittlere Proportionalzahl suchen, so sagt man: 4 mal 9 ist 36, und von 36 ist die Quadratwurzel 6. Also wie sich 4 zu 6 verhält, so verhält sich 6 zu 9.

Nutzen derselben.

Die Findung der mittlern Proportionalzahl ist von großem Nutzen. Wenn jemand z. E. in der Mitte eines Gartens ein großes Lusthaus und an den beiden Enden zwei kleinere, beide von gleicher Größe, hätte, und er wollte nun in der Mitte zwischen dem großen und jedem kleinern noch ein viertes und fünftes bauen, so erfordern die Regeln des guten Aussehens, daß die neuen Häuser die kleinern grade so viel an Größe übertreffen, als sie selbst von dem großen übertroffen werden, das ist, ihre Höhe (worauf es jetzt nur allein ankommen soll) muß in der mittlern Proportion zwischen dem größern und kleinern Hause stehen. Gesetzt nun, die Höhe des größern Lusthauses wäre 9 Fuß und 8 Zoll (den geometrischen Fuß zu 10 Zoll gerechnet), das kleinere hingegen 7 Fuß 2 Zoll. Beides mit einander multiplicirt, giebt 7056 Zoll; daraus ist die Quadratwurzel 8 Fuß 4 Zoll, und dies wird also die Höhe der neuen Lusthäuser seyn müssen.

Unmöglichkeit, die mittlere geometrische Proportionalzahl allemal zu finden.

Wenn mir zwei Zahlen gegeben sind, deren Factum eine surde Zahl ist (Hauptst. 19. §. 4.), so läßt sich keine genaue mittlere Proportionalzahl dazwischen finden; z. E. zwischen 3 und 15; denn 3 mal 15 ist 45, und daraus kann keine genaue Quadratwurzel gefunden werden. Gesetzt, das eine Lusthaus wäre 9 Fuß und 8 Zoll nach gewöhnlichem Maße (den Fuß zu 12 Zollen gerechnet) hoch gewesen, das kleine aber 7 Fuß und 2 Zoll, so würde die Höhe des neuen mittlern Hauses

sich

sich nicht in Zahlen angeben lassen; denn 9 Fuß und 8 Zoll machen 116, 7 Fuß und 2 Zoll aber 86 Zoll; beides mit einander multiplicirt giebt 9976; davon ist die nächst kleinere Wurzel 99 Zoll, d. i. 8 Fuß und 3 Zoll, nebst einem Bruche, der einem Ganzen sehr nahe kömmt; allein eine genaue Wurzel läßt sich in Zahlen nicht finden, ob sie gleich in Linien gefunden werden kann.

§. 5.

Eine Reihe von Zahlen, wo immer eine Zahl zur folgenden sich verhält, wie die vorige zu ihr, heißt eine Progression oder Fortschreitung. Ist zwischen den Zahlen immer einerlei Differenz, so ist es eine arithmetische; ist immer einerlei Name des Verhältnisses (nomen rationis) dazwischen, so ist es eine geometrische Progression. Was Progression sey. Arithmetische. Geometrische.

Beyspiele einer steigenden arithmetischen Progression mit der Differenz 2.

(2) (2) (2) (2) (2) (2) (2) (2)
1. 3. 5. 7. 9. 11. 13. 15. 17.

Einer fallenden mit der Differenz 3.

(3) (3) (3) (3) (3) (3)
19. 16. 13. 10. 7. 4. 1.

Einer geometrischen steigenden mit dem Namen des Verhältnisses 5.

(5) (5) (5) (5) (5)
3. 15. 75. 375. 1875. 9375.

Einer fallenden mit dem Namen des Verhältnisses $1\frac{1}{2}$.

($1\frac{1}{2}$) ($1\frac{1}{2}$) ($1\frac{1}{2}$) ($1\frac{1}{2}$) ($1\frac{1}{2}$)
243. 162. 108. 72. 48. 32.

Sowohl

Sowohl von der arithmetischen als geometrischen Progression soll in eignen Hauptstücken gehandelt werden.

Man merke hier nur noch folgendes. Zu einer Ration gehörten zwei Termini oder Sätze, zu einer ordentlichen Proportion vier, zu einer stetigen drei. Zu einer Progression gehören zum wenigsten vier Sätze, die sich aber in sechs zergliedern lassen. Denn wenn ich z. E. 3. 6. 12. 24., so ist dies eben so gut als

$$3 : 6 = 6 : 12 = 12 : 24.$$

Ein und zwanzigstes Hauptstück.

Von Berechnung der arithmetischen Progressionen.

---

§. 1.

Wahrnehmung dabey.

Wenn man eine Reihe Zahlen oder Sätze hat, die eine arithmetische Progression ausmachen, so findet man, daß die Summe des zweiten Satzes von vorn und des zweiten von hinten jederzeit eben so groß sey, als die Summe des ersten und letzten *). So auch des dritten, vierten, fünften rc. von beiden Seiten. Z. E. in folgender Progression macht jedes Paar von Sätzen 17 aus, und die Anzahl der Paare ist 3.

I.

---

*) Der erste und letzte Satz pflegen die beiden äußersten Sätze genannt zu werden.

Wenn der erste Satz aus 1 besteht, so fällt das Dividiren mit demselben natürlicherweise weg, und man braucht daher bloß den zweiten mit dem dritten zu multipliciren. Daher nennt man die Beyspiele, die zum ersten Satze eine 1 haben, **Multiplications-Beyspiele.** Wenn der letzte Satz aus 1 besteht, so braucht man ihn nicht mit dem zweiten zu multipliciren, weil 1 nicht multiplicirt (s. S. 49); man nennt also die Beyspiele, deren letzter Satz 1 ist, **Divisions-Beyspiele.** Wenn endlich weder der erste Satz noch der letzte aus einer 1, sondern entweder aus einer höhern ganzen Zahl oder aus einem Bruche besteht, so werden solche Beyspiele **Proportions-Beyspiele** genannt. Weil aber diese Eintheilung von weiter keinem erheblichen Nutzen ist, so werde ich mich daran nicht binden, sondern die Beyspiele, die vorn oder hinten eine 1 haben, mit denen, wo weder hinten noch vorn eine 1 ist, durch einander mischen, übrigens aber von leichtern zu schwerern Beyspielen fortgehen, und daher die Beyspiele in verschiedne Klassen theilen.

§. 4.

Abkürzung aller Arten der Regel de tri.

Man muß sich gleich vom Anfang dazu gewöhnen, die Beyspiele der Regel de tri so viel als möglich abzukürzen. Dies geschieht vornämlich auf zweierlei Art: 1) indem man den ersten Satz gegen den zweiten und dritten aufhebt, wenn es angeht; dies nennt man das **Kleinern der Regeldetri-Beyspiele;** 2) indem man mit dem ersten bloß in den zweiten dividirt, und mit dem Quotienten den dritten multiplicirt. Je besser man rechnen gelernt hat, desto leichter und geschwinder sieht man ein, wo diese Verkürzungen sich anbringen lassen.

Gesetzt, das Beispiel wäre:

Ell.		Rthl.		Ell.
693	kosten	5040;	was kosten	44?

so hebt man zuerst den ersten Satz gegen den zweiten mit 9 auf, hernach eben dieselben mit 7, und zuletzt noch den ersten gegen den dritten mit 11. Dadurch erhält das Beispiel folgende Gestalt:

Ell.		Rthl.		Ell.
693	—	5040	—	44
9) 77		9) 160		11) 4
7) 11		7) 80		
11) 1				

Nach dieser Kleinerung würde es heissen: 1 Elle kostet 80 Rthl., wie viel 4 Ellen? Darauf ist die Antwort ohne Feder oder Griffel zu finden: 320 Rthl. (Das ist also der Preis von 44 Ellen.)

Wenn die gegebnen Zahlen sehr leicht zu zerfällen sind, so setzt man ihre Zerfällung unter sie, und streicht alsdenn die Zahlen weg, die dem ersten Satze mit einem von den beiden letztern gemein sind. Z. E. die Aufgabe wäre:

Ell.		Rthl.		Ell.
15	—	20	—	21
~~3~~		4		~~3~~
~~5~~		~~5~~		7

Hier ist die 3 des ersten Satzes gegen die 3 des dritten, und die 5 des ersten gegen die 5 des zweiten fortgestrichen. Es bleiben also bloß die beiden Zahlen 4 und 7 übrig, und die herauskommende vierte Zahl muß also 28 seyn. So auch in größern Beyspielen, z. E.

Ell.		Rthl.		Ell.
280	—	25	—	504
~~5~~) 56		~~5~~		~~7~~) 72
~~7~~		5		8
8				9

Hier

Hier findet sich, daß der erste Satz aus 5 7 und 8, der zweite aus 5 und 5, der dritte aus 7 8 und 9 zusammengesetzt ist. Nachdem man gegen einander ausgestrichen, bleibt im mittlern Satze 5, im letztern 9; beides mit einander multiplicirt macht 45, und 45 Rthl. kommen also heraus.

Ell.		Gr.		Ell.
8	—	17	—	27

Hier kann man sagen, 8 in 17 $2\frac{1}{8}$mal. Also nimmt man 27 erst 2mal, das sind 54, und hernach noch $\frac{1}{8}$ dazu; das sind 3 und $3\frac{3}{8}$, folglich zusammen $57\frac{3}{8}$ Gr. oder 2 Rthl. 9 Gr. $4\frac{1}{2}$ Pf. Auf diese letztere Art (daß man nämlich mit dem ersten Satze in dem zweiten dividirt) pflegt man besonders alsdenn oft zu verfahren, wenn man etwas bloß mit dem Kopfe ausrechnen soll. Daß die Brüche im gemeinen Leben entweder ganz weggeworfen, oder für ein Ganzes gerechnet werden, weiß man schon. Also anstatt 2 Rthl. 9 Gr. $4\frac{1}{2}$ Pf. würde man entweder 4 oder 5, ja in manchen Fällen gar 6 Pf. setzen. Anstatt in den zweiten Satz zu dividiren, kann man auch in den dritten dividiren.

Ell.		Rthl.		Ell.
147	—	238	—	266

Hier finden beide Arten der Abkürzung nach einander statt; die erste so:

$$\begin{array}{llllll} & 147 & - & 238 & - & 266 \\ 7) & 21 & 7) & 34 & 7) & 38 \\ 7) & 3 & & & & \end{array}$$

Die zweite so: 3 in 34 $11\frac{1}{3}$; 11 mal 38 ist 418; und $\frac{1}{3}$, d. i. $12\frac{2}{3}$, dazu macht $430\frac{2}{3}$. Oder 3 in 38 $12\frac{2}{3}$, 12 mal 34 ist 408, und $\frac{2}{3}$, d. i. $22\frac{2}{3}$ dazu ist $430\frac{2}{3}$. *)

Ueberdies muß man sich aller Vortheile des Dividirens und Multiplicirens bedienen, die oben (Hauptst. 4. 5. 7. 8.) gezeigt sind. Von einigen andern Vortheilen siehe unten §. 16.

*) Die allerleichtesten Beyspiele nach der Kleinerung sind diejenigen, in welchen zweimal eine 1 vorkömmt. Z. B. 12 Ell. kosten 15 Rthl., was 4 Ellen? heißt nach geschehener Kleinerung: 1 Elle kostet 5 Rthl., was 1 Elle? Ferner statt 35 Ellen kosten 7 Rthl., was 15 Ellen? heißt es zuletzt 1 Elle kostet 1 Rthl., was 3 Ellen, wo denn die Antwort nothwendig und natürlich 3 Rthl. seyn muß. Im Grunde ist es aber doch eben so leicht, die Fragen zu beantworten: 4 Ellen kosten 15 Rthl., was 4 Ellen? und 7 Ellen kosten 7 Rthl., was 3 Ellen? und es kann sich also ereignen, daß man ein Regeldetribeyspiel ohne Noth zu weit kleinert.

§. 5.

Erste Klasse von Beyspielen.

1) 1 Elle 9 Gr., wie viel 2 Ellen? 18 Gr. 2) † 3 E. 15 Gr., was 1 E.? *) 5 Gr. 3) † 5 E. 15 Gr., was 3 E.? 9 Gr. 4) † 7 ℔ 1 Gr., was 1 ℔? 3 Gr. 5) 9 ℔ 28 Rthl., was 10 ℔? $3\frac{1}{9}$ Rthl. oder 31 Rthl. 2 Gr. 8 ₰. 6) 1 Loth 19 Gr., was 27 Loth? 513 Gr. d. i. 21 Rthl. 9 Gr. **) 7) 1 Ct. 20 Gr., was 27 Ct.? $22\frac{1}{2}$ Rthl. ***) 8) 16 ℔ 3 Rthl., was 55 ℔? $10\frac{5}{16}$ Rthl. 9) 1 ℔ 2 ₰., was 144 ℔? 288 ₰ oder 1 Rthl. 10) † 6 Ct. 8 Rthl., was 15 Ct.? 20 Rthl. 11) 10 ℔ 7 Gr., was 1 ℔? $\frac{7}{10}$ Gr d. i. $8\frac{2}{5}$ ₰. ****) 12) † 9 ℔ 13 Rthl., was 3 ℔? 4 Rthl. 8 Gr. 13) 1 Malter 18 Rthl., was 216 M.? 3888 Rthl 14) An Einem Tage werden verzehrt 14 Rthl., wie viel in einem Jahre (das Jahr zu 365 Tagen gerechnet? 5110 Rthl 15) † In 4 Jahren werden ausgegeben 37776 Rthl., wie viel in 17 Jahren? 160548 Rthl. 16) † 3264 E. 2312 Rthl., was 1 E.? 17 Gr. 17) † 14592 ℔ 2295 Rthl., was 304 ℔? $47\frac{13}{16}$ Rthl. d. i. 47 Rthl. 19 Gr 6 ₰. 18) † 21888 E. 255 Rthl., was 456 E.? 5 Rthl. 7 Gr. 6 ₰. 19) † 46656 Rthl. geben 1728 Centn. (d. i. dafür erhalte ich so viel): was 157464 Rthl.? 5832 Centn. 20) † 421875 Rthl. geben 15625 Ellen, was 31255875 Rthl., 1157625 E. 21) 1 Ct. 23 Rthl., was 1000 Ct.? 23000 Rthl. 22) † 87552 Wsp. 61965 Rthl., was 5472 Wsp.? 3872 Rthl. 19 Gr. 6 ₰. 23) † 1 Metze 9 ₰., was 15 M.? 11 Gr. 3 ₰. *) 24) † 1 ℔ 16 Gr., was 100

*) Bey allen mit einem † gezeichneten Beyspielen ist eine Aufhebung des ersten Satzes entweder gegen den zweiten, oder gegen den dritten, oder gegen beide möglich. Es ist gut, wenn der Lehrer sich von angehenden Schülern immer anzeigen läßt, wie ein ihnen zum Ausrechnen gegebnes Beyspiel nach geendigter Kleinerung laute, damit ihnen gewiesen werden könne, welchen Vortheil sie etwa noch übersehen haben.

**) Man multiplicire 19 Gr. mit 3 mal 9.

***) 6 Centner kosten grade 5 Rthlr. weil 6 mal 20 120 gr. ausmacht. 27 Centner müssen also $3\frac{1}{2}$ mal 5 Rthlr. kosten.

****) Wenn man den mittlern Satz mit dem letztern multiplicirt hat, und der erste Satz ist alsdenn doch noch größer, als das Factum der beiden letztern, so kömmt entweder ein Bruch heraus, oder man resolvirt den zweiten so lange, bis er durch den ersten dividirt werden kann; d. i. man verwandelt Thaler in Groschen, Groschen in Pfennige 2c.

*) Hier läßt sich folgende Verkürzung anbringen; 9 pf. sind $\frac{3}{4}$ Gr. Man multiplicirt also 15 mit 3, und dividirt das Factum mit 4, so erhält man $11\frac{1}{4}$ zum Quotienten, welches Gro-

100 ℔? 66 Rthl. 16 Gr. 25) 15 ℔ 19 Rthl., was 28 ℔, 35$\frac{7}{15}$ ₰. 26) 19 Rthl. 15 ℔, was 532 Rthl.? 420 ℔ *). 27) † 672 Ell. 28 Rthl., was 143 Ellen? 5 Rthl. 23 Gr. 28) † 15 Metz. 1 Rthl. was 10 M.? 16 Gr. 29) 1 Gr. giebt 8 Ellen, was 16 Gr.? 128 Ellen. 30) † 128 ℔ 384 Rthl., was 512 ℔? 1536 Rthl. 31) † 3456 Ell. 20736 Rthl., was 1 E.? 6 Rthl. 32) † Es nimmt jemand jährlich (oder in 365 Tagen) ein 438 Rthl., wie viel täglich? 1 Rthl. 4 Gr. 9$\frac{3}{5}$ ₰. 33) 3 ℔ 8 ₰, was 139 ℔, 1 Rthl 6 Gr. 10$\frac{2}{3}$ ₰. 34) 6 ₰ 1 Loth, was 120000 ₰? 20000 Loth, d.i. 5 Ct. 75 ℔.

§. 6.

Anstellung der Probe in der Regel de tri.

Ich will hier überhaupt sowohl für die erste Klasse von Beyspielen, als für die übrigen alle, zeigen, wie man die Probe einer Regeldetriaufgabe anstellen müsse. Die gewöhnlichste Probe pflegt man so einzurichten, daß der erste Satz der Aufgabe nun der dritte, der dritte der erste, und der gefundene vierte Satz der zweite wird, derjenige aber, welcher in der Aufgabe der zweite war, ausgelassen, und zu suchen verlangt wird. Z. E. wenn die Aufgabe hieß 6 Ct. 8 Rthlr., was 15 Ct.? und die gefundene Antwort 20 Rthl. war: so setze man die Probe so: 15 Centner kosten (wie ich gefunden habe) 20 Rthl., was werden 6 Centner kosten? Bekömmt man nun 8 Rthl. heraus, so war die vorige Ausrechnung richtig. Zuweilen ist die Probe, so leicht als die Aufgabe, wie z. E. in dem jetzt eben angeführten Beyspiele. Zuweilen ist sie leichter, wie

Groschen sind. Eben das ist der Erfolg, wenn man sagt: 1 Metze kostet 3 Dreyer, was 15 Ellen? Antwort: 45 Dreyer oder 11$\frac{1}{4}$ gr.

*) Hier lässt sich, welches aber nicht jedem sogleich in die Augen fällt, 19 gegen 532 aufheben. Man dividirt 532 erst mit 4, was herauskömmt (133) mit 7, so erhält man 19. Man streicht diese 19 gegen die 19 des ersten Satzes weg, und braucht nun bloß 15 mit 4, und hernach mit 7 zu multipliciren.

z. E. in den sogenannten Divisionsbeyspielen *). Nicht selten aber ist die Probe schwerer, als die Aufgabe selbst, welches sogar bey vielen Beyspielen der vorigen Klasse eintrifft. Z. E. ich hätte ausgerechnet: wenn 9 ℔. 28 Rthl. kosten, so kosten 10 ℔. 31 Rthl. 2 Gr. 8 ₰. **): so würde man die Probe so aufsetzen müssen: 10 ℔. kosten 31 Rthlr. 2 Gr. 8 ₰. was 9 ℔? welches als ein zur (§. 7.) folgenden zweiten Klasse gehöriges Beyspiel anzusehen seyn würde. Außer dieser gewöhnlichen Probe giebt es aber auch noch andere. Nämlich:

1) Man macht den zweiten Satz zum ersten, den ersten zum zweiten, und den gefundenen vierten zum dritten. Z. E. die Ausrechnung wäre gewesen: An 1 Tage werden 14 Rthl. verzehrt, folglich in einem Jahre von 365 Tagen 5110 Rthl., so ist die Probe 14 Rthl. währen 1 Tag, wie lange 5110 Rthl?

2) Man macht den vierten zum ersten, den dritten zum zweiten, den zweiten zum dritten, und der erste muß wieder herauskommen. Z. E. 5110 Rthl. 365 Tage; wie lange 14 Rthl?

3) Man dividirt den ersten Satz, wenn er nicht aus 1 besteht, mit einer beliebigen Zahl, läßt die übrigen unverändert, und dividirt den herauskommenden vierten Satz mit eben der Zahl, womit man den ersten dividirt hatte, so muß zuletzt eben das herauskommen, was vorher herauskam. Z. E. man hat ausgerechnet: wenn 14 Rthl. einen Tag währen, so währen 5110 Rthl. 365 Tage. Nun sagt man aber, indem man den ersten Satz mit 7 dividirt: 2 Rthlr. währen 1 Tag, wie lange 5110 Rthl.? Antwort 2555 Tage: und dies mit 7 dividirt, 365 Tage.

4) Man multiplicirt den ersten Satz mit einer beliebigen Zahl, verfährt sodann wie gewöhnlich, und multiplicirt das Herauskommende mit eben der Zahl. Man sagt z. E. anstatt des vorigen Beyspiels, indem man 14 mit 5 multiplicirt:

Rthl.

*) S. oben S. 288 §. 3. Z. E. von 3456 Ell. 30736 Rthl. was 1 Ell? ist die Probe 1 Ell. 6 Rthl. was 3456 Ellen?

**) Siehe S. 292 das fünfte Beyspiel.

Rthl.		Tag		Rthl.
70	—	1	—	5110

oder welches einerley ist

Rthl.		Tag		
7	—	1	—	511 rthl.

Es kommen 73 Tage heraus, und diese mit 5 multiplicirt geben 365.

5) Man dividirt den zweiten oder dritten Satz mit einer beliebigen Zahl, verfährt alsdenn wie gewöhnlich, und multiplicirt das Herauskommende mit eben der Zahl, womit man vorher dividirt hatte. Z. E. anstatt

Tag		Rthl.		Tage
1	—	14	—	365

setzt man, indem man den zweiten Satz mit 7 dividirt:

Tag		Rthl.		Tage
1	—	2	—	365

Es kömmt heraus 730; dies mit 7 multiplicirt giebt 5110 Rthl. Oder man setzt, indem man den letzten Satz mit 5 dividirt:

Tag		Rthl.		Tage
1	—	14	—	73

Antwort 1022, mit 5 multiplicirt 5110.

6) Man multiplicirt den zweiten oder dritten Satz mit einer beliebigen Zahl, verfährt alsdenn wie gewöhnlich, und dividirt das Herauskommende mit eben der Zahl, womit man vorher multiplicirt hatte. Z. E. man setzt, indem man 14 mit 5 multiplicirt:

Tag		Rthl.		Tage
1	—	70	—	365

Es kömmt heraus 25550, mit 5 dividirt, 5110 Rthl.

7) Man dividire einen von den beiden hintern Sätzen mit einer beliebigen Zahl, und multiglicirt mit eben derselben den andern. Z. E. man setzt, indem man 14 mit 7 dividirt, und 365 mit 7 multiplicirt,

Tag		Rthl.		Tage
1	—	2	—	2555

oder, indem man 365 mit 5 dividirt und 14 damit multiplicirt

```
Tag     —     Rthl.     —     Tage
 1      —      70       —      73
```

8) Endlich ist es auch zu einer Probe oft schon hinreichend, wenn man in einer andern Ordnung multiplicirt und dividirt, als man vorher gethan hatte. Z. E. man hätte ausgerechnet: wenn 15 ℔. 19 Rthl. kosten, so wird man 28 ℔. für $35\frac{7}{15}$ Rthl. bekommen, und die Ausrechnung wäre folgende gewesen:

```
  ℔          Rthl.          ℔
  15    —     19     —      28
  ——          ——(4          ——
   3          76             4
              ——(7
   5         532             7
           3)———
             177  1
           5)———
              35  2  7/15
```

Hier ist erst 19 mit 4, hernach mit 7 multiplicirt, darauf mit 3 und hernach mit 5 dividirt. Wenn man nun erst mit 7 multiplicirt, hernach mit 5 dividirt, ferner mit 4 multiplicirt, und mit 3 dividirt, und es kömmt eben so viel heraus, so bestärkt die Probe die Richtigkeit der vorigen Ausrechnung.

```
  ℔          Rthl.          ℔
  15    —     19     —      28
  ——          ——  (7        ——
   5         133             7
   3       5)———
             26 3/5
             ————(4          4
            106 2/5
          3)—————
             35 7/15 Rthl.
```

Obgleich in den hier angeführten Beyspielen manche Probe nicht sehr wichtig scheint, so hat doch eine jede zu gewisser Zeit ihren Nutzen, wie sich bey der Ausübung leicht zeigt.

§. 7.

Zweite Klasse von Beyspielen.

In der ersten Klasse der Beyspiele bestand der mittlere Satz nur aus einerley Benennung. Zur zweiten gehören diejenigen Beyspiele, wo in der Mitte mehr als Eine Beuennung da ist; z. E. 24 Centner kosten 6 Rthl. 18 Gr. 7 Pf. was kosten 385 Centner? oder: 1 Rthl. giebt

1 Ct.

1 Ct. 15 ℔. 3 L. was geben 42 Rthl? Hier hält man es auf folgende Art. Ist sowohl der erste als der letzte Satz zerfällbar, so läßt man um die Resolution zu ersparen, die verschiednen Benennungen des zweiten Satzes stehen, und multiplicirt so, als S. 199 ff. gezeigt ist; das Dividiren geschieht nach S. 208. Z. E.

Ct.	Rthl.		Gr.		₰.		Ct.
24	— 6	—	18	—	7	—	385
3	33	:	20	:	11 (5		5) 77
8	237	:	2	:	5 (7		7
	2608	:	2	:	7 (11		11
3)	869	:	8	:	10⅓		
8)	108 Rthl.		16 Gr.		$1\frac{1}{24}$ ₰.		

Hier ist 385 in 5, 7 und 11 zerfällt, und mit diesen drei Zahlen nach einander multiplicirt worden. Hernach ist mit 24, welches in 3 und 8 zerfällt worden, dividirt.

Besonders läßt sich hier die verhältnißmäßige Zerfällung *) gut anbringen; z. E.

Ct.	Rthl.		Gr.		Pf.	Ct.	
1	— 27		19		8 —	329	
						1	1
	222	:	13	:	4	8	8
	1112	:	18	:	8	5	40
	7789	:	10	:	8	7	280
	9152 Rthl.		14 Gr.		4 Pf.		329

Zuweilen erspart es einige Mühe, wenn man erst mit dem ersten Satze dividirt und hernach mit dem letzten multiplicirt; z. E. in dem vorher angeführten Beyspiele

*. S. Haup st. 6, §. 6, Hauptst. 7, §. 4. und Hauptst. 12, §. 4.

Ct.		Rthl.	Gr.	₰.		Ct.
24	—	6	18	7	—	385

kann man so sagen: 24 in 6 Thalern habe ich 6 Gr. 24 in 18 Groschen habe ich 9 ₰. 24 in 7 ₰. habe ich $\frac{7}{24}$. Auf diese Art hat man denn 6 Gr. 9$\frac{7}{24}$ ₰. mit 385 zu multipliciren.

Rthl.		Gr.		Pf.	
—		6	=	9$\frac{7}{24}$	385
1	=	9	=	10$\frac{11}{24}$	5.
9	=	21	=	1$\frac{5}{24}$	7.
					11
108 Rthl.		16 Gr.		1$\frac{7}{24}$ Pf.	

Man kann auch die Zerfällung mit plus und minus anbringen; z. E. man zerfällt 329 in 4 × 8 × 10 + 9.

Ct.		Rthl.		Gr.		Pf.		Ct.
1	—	27	=	19	=	8	—	329
		111	=	6	=	8		4
		890	=	5	=	4		8
		8902	=	5	=	4		10
		250	=	9	=	—	+	9
		9152 Rthl.		14 Gr.		4 Pf.		

Oder in 6 + 5 + 11 — 1.

Ct.		Rthl.		Gr.		Pf.		
1	—	27	=	19	=	8	—	329
		166	=	22	=	—		6
		834	=	14	=	—		5
		9180.	=	10.	=	—		11
		27.	=	19	=	8		—1
		9152 Rthl.		14 Gr.		4 Pf.		

Wenn

Wenn es sich aber mit der Zerfällung ohne Weitläuftigkeit nicht will thun lassen, oder man kann sich auch nicht recht mit dem Zerfällen behelfen: so muß man zu der weitläuftigen Art seine Zuflucht nehmen, welche darin besteht, daß man die Aufgabe simplificirt *) d. i. den mittlern Satz in die kleinste Benennung resolvirt. (Hauptst. 9, §. 17.), hernach der Regel gemäß verfährt, und das Herauskommende wieder auf höhere Benennungen reducirt. (Hauptst. 9, §. 18.) Z. E. die Aufgabe hieße:

Ell.		Rthl.	Gr.	Pf.		Ell.
317	—	19	12	4	—	211

so multiplicirte man, um sie zu simplificiren, die Thaler mit 24, rechnete 12 Gr. zu; die herauskommenden Groschen würden mit 12 multiplicirt und 4 Pf. zugerechnet. Dies machte 5620 Pf. Nun hieße das simplificirte Beyspiel:

Ell.		Pf.		Ell.
317	—	5620	—	211**)

Man multiplicirt mit 211, so kommen 1185820 Pf., diese mit 317 dividirt, bekömmt

*) Simplificiren, oder vereinfachen heißt eine Aufgabe so einrichten, daß sie aus 3 ganz einfachen Benennungen besteht; z. B. so oder so viel Ellen kosten so oder so viel Pfennige (nicht mehr Thaler, Groschen und Pfennige), was eine andere Anzahl von Ellen?

**) Wenn das Beyspiel simplificirt ist, so kann man versuchen, ob sich der erste Satz gegen den zweiten und dritten aufheben läßt. In dem oben stehenden geht es zwar nicht an, hieße es aber (nach der Resolution): 318 Ellen kosten 5622 Pfennige, was 212 Ellen? so ließen sich einige Abkürzungen anbringen, z. E.

	Ell.			Pf.			Ell.
	318	—		5622	—		212
3)	106		3)	1874		2)	106
2)	53					53)	2
53)	1						

man 3740 $\frac{240}{317}$ pf.; und wenn man dies reducirt, 12 Rthl. 23 Gr. 8 $\frac{240}{317}$ pf.

Findet es aber jemand bequemer, so kann er die Multiplication auch praktisch anstellen, und hernach erst die Thaler mit 317 dividiren, hernach die Groschen, und endlich die Pfennige auf folgende Art (211 ist zerfällt in 7 × 3 × 10 + 1):

```
Ell.    Rthl.       Gr.      Pf.       Ell.
317  —  19    —    12   —   4    —    211
     ----------------------------(7
        136   —    14   —   4          7
     ----------------------------(3
        409   —    19   — —            3
     ----------------------------(10   10 + 1
       4097   —    22 Gr.
     ------------------------          die oberste und
317| 4117 Rthl. | 10 Gr.  4 pf.        unterste Reihe
     317|       |                      addirt.
     ----       |
      947       | 12 Rthl.
      634       |
     -------------
      313      sind Thaler, welche zu Groschen
     ----(4       gemacht, und 10 Gr. dabey
     1252         zugerechnet werden.
     ----(6
     7522 |
     6341 | 23 Gr.
     ----
     1182
      951
     ----
      231      sind Groschen, welche mit 12 zu
     ----(12      Pfennigen gemacht, und
     2776 |
     2536 | 8 240/317 pf.  dabey 4 pf. zugerechnet
     ----                  werden.
      240
      ---
      317
```

Beyspiele zur Uebung.

(1)

Wo der zweite Satz nicht resolvirt zu werden braucht.

1) 1 Stück 35 Rthl. 20 Gr. 6 pf., was 13 Stücke? 466 Rthl. 2 Gr. 6 pf. 2) 36 ℔ 341 Rthl. 18 Gr., was 1 ℔? 9 Rthl. 11 Gr. 10 pf. 3) 1 Eimer 20 Rthl. 15 Gr. 5 pf., was 27 Eimer? 557 Rthl. 8 Gr. 3 pf. 4) 28 Ct.

4) 28 Ct. 466 Rthl. 2 Gr., was 1 Ct.? 16 Rthl. 15 Gr. 6 pf. 5) 1 Ct. 18 Rthl. 19 Gr. 6 pf., was 21 Ct.? 395 Rthl. 1 Gr. 6 pf. 6) 1 ℔ 8 Rthl. 20 Gr. 8 pf., was 300 ℔? 2658 Rthl. 8 Gr. 7) 12 Wsp. 75 Rthl. 9 Gr., was 1 Wisp.? 6 Rthl 6 Gr. 9 pf. 8) 1 Stück 12 Rthl. 19 Gr. 6 pf., was 59 St.? 755 Rthl. 22 Gr. 6 pf. 9) 30 Fische 1 Rthl. 10 Gr. 6 pf., was 1 Fisch? 1 Gr. 1⅘ pf. 10) 42 Ct. 99 Rthl. 18 Gr., was 8 Ct., 19 Rthl. 11) 8 Ct. 192 Rthl. 18 Gr. 8 pf, was 345 Ct.? (verhältnißmäßig zerfällt in 5, 20, 80 und 240)? 8313 Rthl. 13 Gr. 12) 56 Ct. 123 Rthl. 15 Gr. 5 pf. was 8 Ct.? 17 Rthl 15 Gr 11 pf. 13) 36 Ell. 27 Rthl. 16 Gr. 4 pf., was 108 Ell? 83 Rthl. 1 Gr. 14) 144 Ell. 80 Rthl., was 864 Ell.? 480 Rthl. 15) 5 Schock 40 Rthl. 20 Gr., was 28 Schock? 228 Rthl. 16 Gr. 16) 1 Pf. 18 Rthl. 7 Gr. 3 pf., was 175 Pf.? 3202 Rthl. 20 Gr. 9 pf. 17) 18 Ell. 62 Rthl. 13 Gr. 6 pf., was 6 Ell.? 20 Rthl. 20 Gr. 6 pf.

(2)

Wo der zweite Satz fast nothwendig resolvirt werden muß.

1) 4211 Ct. 81471 Rthl. 3 Gr. 8 pf., was 1 Ct.? 19 Rthl. 8 Gr. 4 pf. 2) 9173 Rthl. geben 16 Ct. 31 ℔ 19 L. 1 Q., was 1237 Rthl.? 2 Ct. 21 ℔ 19 L. 1 Q. 3) 73 Ell. 15 Rthl. 19 Gr. 2 pf., was 633 Ell.? 136 Rthl. 23 Gr. 10$\frac{8}{73}$ pf. 4) 7831 Mark 4164 Rthl. 20 Gr. 8 pf., was 205 M.? 109 Rthl. 8 pf.

§. 8.

Zu der dritten Klasse rechne ich diejenigen Beyspiele, deren erster und letzter Satz (oder wenigstens einer von beiden) aus mehrern Benennungen besteht. Man resolvirt, um die Aufgabe zu simplificiren *), beide Sätze auf einerlei Benennung, und wenn der mittlere aus mehrern Benennungen besteht, so wird derselbe gewöhn- Dritte Klasse.

*) Vom Simplificiren oder Vereinfachen s. §. 7, S. 299.

gewöhnlich *) nach dem vorhergehenden Paragraphen ebenfalls auf die kleinste Benennung gebracht. Hernach geht alles nach der ordentlichen Regel. Z. E.

Ct.	℔	L.	Q.		Rthl.	Gr.	pf.		℔	L.
3	19	4	2	—	17	18	9	—	18	4

Hier setzt man anstatt des ersten Satzes 44690 Quentchen, anstatt des zweiten 5121 Pfennige. Anstatt des dritten ist es nicht genug, 580 Loth zu setzen; sondern weil der vorderste Satz aus Quentchen besteht, so muß der hintere ebenfalls (mit 4) zu (2320) Quentchen gemacht werden, und das Beyspiel heißt nun so;

Q.		pf.		Q.
44690	—	5121	—	2320.

Wenn man hier den ersten Satz gegen den dritten aufhebt (das ist, an beiden die Null wegstreicht), und hernach, wie gewöhnlich verfährt, so bekömmt man 22 Gr. $1\frac{3787}{4469}$ pf. heraus.

℔	L.	Q.		Rthl.	Gr.	pf.		℔	L.	Q.
2	14	3	—	3	6	9	—	9	4	1

Wenn hier der erste und letzte Satz durch Resolution simplificirt ist, so heißt es:

Q.		Rthl.	Gr.	pf.		L.
315	—	3	6	9	—	1169

Hier ist die Resolution des zweiten Satzes oder der Thaler, Groschen und Pfennige nicht nöthig, weil sich der erste Satz sehr bequem in 5, 7 und 9 zerfällen läßt. Der letzte Satz kann verhältnißmäßig zerfällt werden, auf folgende Art:

ver=

*) Außer wenn der erste Satz sich bequem zur Division zerfällen läßt.

```
   7 |7
   7 |1
  35 |5
 140 |4
 980 |7
----
1169
```

Nun wird die Ausrechnung also aussehen:

```
Q.        Rthl. Gr.  Pf.        Q.
315   —   3 = 6 = 9     —     1169
---       -----------
 9        22 = 23 = 3            7 |7
 7        22 = 23 = 3            7 |1
 5       114 = 20   3           35 |5
         459   9    —          140 |4
        3215 = 15   —          980 |7
        ---------------
        3835Rl. 18Gr. 9pf.
     9) ---------------
         426 = 4 = 9
     7) ---------------
          60 = 21 = 3
     5) ---------------
         12Rl. 4Gr. 3pf.
```

Wenn man die Division früher vornehmen kann, als die Multiplication, so giebt dies eine große Erleichterung, wenn nur keine Brüche mit unterlaufen, welches aber freilich sehr häufig zu geschehen pflegt. Das vorige Beyspiel, welches sich bei der Division ohne allen Bruch zertheilen läßt, sähe alsdenn also aus:

```
Q.        Rthl.  Gr.   pf.        Q.
315   —    3      6 = 9     —    1169
        9) ----------------
 9                8 = 9            7 |7
 7      7) ----------------        7 |1
 5                1 = 3           35 |5
        5) ----------------      140 |4
                        3        980 |7
           ---------------(7
                  1 = 9.
                  1 = 9. (1
                  8   9. (5
           1 = 11     — (4
          10 =  5       (7
          ----------------
          12 Rtl. 4 Gr. 3 pf.
```

Am besten werden solche Beyspiele nach dem unten §. 16. anzugebenden zweiten Vortheile ausgerechnet:

Q.		Rthl.	Gr.	Pf.		Q.
315	—	3 :	6	9	—	1169 (3
						3507 Rthl.
					12)	292 Rthl. 6 Gr.
					8)	36 Rthl. 12 Gr. 9 Pf.
						3835 Rthl. 18 Gr. 9 Pf.
					9)	426 : 4 : 9 :
					7)	60 : 21 : 3 :
					5)	12 : 4 : 3 Pf.

Hier sind die 1169 Quentchen erst mit 3 (d. i. mit der Zahl der Thaler) multiplicirt; dies gab 3507 Rthl. Diese 3507 Rthl. sind mit 12 dividirt, weil 6 Groschen der 12te Theil von 3 Thalern ist; dies gab 292 Rthl. 6 Gr. Diese 292 Rthl. 6 Gr. sind mit 8 dividirt, weil 9 Pf. der 8te Theil von 6 Groschen ist. Alle drei Posten zusammengerechnet, geben dann 3835 Rthl. 18 Gr. 9 Pf. die man mit 9, 7 und 5 (d. i. mit 315) dividirt.

Beyspiele zur Uebung.

1) 22 ℔. 6 Rthl. 4 Gr. 5 Pf. was 2 Ct. 66 ℔.? 80 Rthl. 9 Gr. 5 Pf. 2) 5 ℔. 20 Loth 7 Rthl. was 100 ℔.? 124 $\frac{4}{9}$ Rthl. 3) 30 Schock und 2 Mandel Aepfel 1 Rthl. 14 Gr. 1 Pf. 1 Heller; was 4 Stück? 1 Pf. 4) 1 Ct. 55 ℔. 17 Rthl. 4 Gr. 6 Pf. was 1 ℔.? 2 Gr. 6 Pf. 5) 55 ℔. 8 Rthl. 6 Pf. was 1 ℔.? 3 Gr. 6 Pf. 6) 18 Schock und 48 Heringe 23 Rthl. 12 Gr. was 1 Stück? 6 Pf. 7) 1 Rthl. 16 Gr. geben 20 ℔. was 183 Rthl. 8 Gr.? 20 Ct. 8) 2 Ct. 44 ℔. 12 Rthl. 12 Gr. was 4 Ct.? 20 Rthl. 20 Gr. 9) 2 Wsp. 2 Sch. 14 M. 1 Mäßchen 101 Rthl. 18 Gr. 9 Pf. was 18 Sch. 4 M. 3 Mäßchen? 36 Rthl. 14 Gr. 3 Pf. 10) 5 Ct. 16 Loth 57 Rthl. 8 Gr. 3 Pf. was 1 ℔.? 2 Gr. 6 Pf. 11) 3 Rthl. 3 Gr. 6 Pf. geben 1 Ct. was 100 Rthl.? 31 $\frac{119}{151}$ Ct. 12) 1 ℔. 6 Gr. 3 Pf. was 6 Ct. 36 ℔.? 181 Rthl. 6 Gr. 13) 13 ℔. 9 L. 3 Q. 15 Rthl. 4 Gr. was 27 ℔. 13 L.? 31 Rthl. 5 Gr. 9 $\frac{1053}{1703}$ Pf. 14) 96 ℔. 7 Rthl. was 31 Ct. 4 ℔.? 248 Rthl. 22 Gr. 6 Pf. 15) 17 Ct. 18 ℔. 131 Rthl. 2 Gr. 8 Pf.

Pf. was 72 ℔.? 5 Rthl. 16) 48 Ct. 97 ℔. 3024 Rthl. 13 Gr. 6 Pf. was 15 ℔? 8 Rthl. 10 Gr. 6 Pf. 17) 21 Wsp. 6 Sch. 12 M. 248 Rthl. was 2 W. 8 Sch. 12 Metzen? 27 Rthl. 13 Gr. 4 Pf. 18) 468 Wsp. 4 Sch. 8 M. 14108 Rthl. 10 Gr. 8 Pf. was 4213 W. 16 Sch. 8 M.? 126976 Rthl. 19) 26793 Fuder 7 Eimer 11 Kannen 9002648 Rthl. 19 Gr. 6 Pf. was 63 K.? 27 Rthl. 13 Gr. 6 Pf. 20) 12 F. 3 E. 1 K. 4116 Rthl. 10 Gr. 6 Pf. was 12 Kannen? 5 Rthl. 6 Gr. 21) 638 Wsp. 10 Sch. 8 M. 1984 Rthl. was 70 Wsp. 22 Sch. 8 M.? 220 Rthl. 10 Gr. 8 Pf. 22) 33 Schock 3 Mandel 9 Stück Bretter 75 Rthl. 8 Gr. was 60 Stück? 2 Rthl. 5 Gr. 4 Pf. 23) 100 Ellen 376 Rthl. 15 Gr. 7 Pf. was 1 Ell.? 3 Rthl. 18 Gr. $4\frac{3}{4}$ Pf. 24) 3 Rthl. 11 Gr. 8 Pf. geben 1 Stück; was 109 Rthl. 22 Gr. 9 Pf.? $48\frac{3}{4}$ St. 25) 9 Rthl 13 Gr. 4 Pf. geben 1 ℔. was 309 Rthl. 23 Gr.? $32\frac{7}{18}$ ℔. 26) 275 Ballen 8 Rieß 1 Buch 551 Rthl. 2 Gr. 8 Pf. was 2482 B. 2 R. 9 B.? 4960 Rthl. 27) 43 Ct. 58 ℔. 9 L. 881 Rthl. 18 Gr. 8 Pf. was 391 Ct. 84 ℔. 17 L.? 7936 Rthl. 28) 379 Rthl. 21 Gr. 6 Pf. geben 105 ℔. 15 Loth; was 75 Rthl. 23 Gr. 6 Pf.? 21 ℔. 3 L. 29) 110 mL. 4 L. 1 Q. 784 Rthl. 2 Gr. 8 Pf. was 96 mL. 4 L. 1 Q.? 684 Rthl. 13 Gr. 4 Pf. 30) 56 Ct. 51 ℔. 8 L. 2 Q. 1513 Rthl. 16 Gr. 6 Pf. was 395 Ct. 28 ℔. 27 L. 2 Q.? 10595 Rthl. 19 Gr. 6 Pf. 31) 981 Rthl. 14 Gr. 11 Pf. 481 Ct. 91 ℔. 18 L. was 40246 Rthl. 11 Gr. 7 Pf.? 19755 Ct. 14 ℔. 2 L.

§. 9.

Allgemeine Regel von den Beyspielen der Regel de tri mit Brüchen.

Wenn in einem Beyspiel der Regel de tri Brüche vorkommen, so ist die allgemeine Regel zu merken, daß mit dem Nenner des ersten Satzes einer der beiden hintern Sätze (oder auch an dessen statt das Factum beider hintern), mit den Nennern der beiden hintern Sätze aber der erste Satz multiplicirt werden muß.

Z. E. wenn das Beyspiel hieße $\frac{7}{8}$ ℔. kosten $\frac{3}{5}$ Thaler was $\frac{2}{9}$ ℔. so setzte man die Nenner, nachdem man unter jedem Bruche einen Strich gemacht, herunter, multiplicirte den Zähler des ersten Satzes (7) mit 5 und mit 9, hingegen entweder den Zähler des zweiten Satzes (3) oder

(3) oder des dritten (2) oder das Factum 6 mit 8, und dann ginge alles weiter nach der allgemeinen Regel.

Das Beyspiel würde also, ehe man zur Ausrechnung schritte, so aussehen:

$$\begin{array}{ccccc} \text{℔.} & & \text{Rthl.} & & \text{℔.} \\ \frac{7}{8} & - & \frac{3}{5} & - & \frac{2}{9} \\ \hline 7 \;(5 & & 3 \;(8 & & 2 \\ \hline 35 \;(9 & & 24 & & \\ \hline 315 & & & & \end{array}$$

Oder:

$$\begin{array}{ccccc} \text{℔.} & & \text{Rthl.} & & \text{℔.} \\ \frac{7}{8} & - & \frac{3}{5} & - & \frac{2}{9} \\ \hline 7 \;(5 & & 3 & & 2 \;(8 \\ \hline 35 \;(9 & & & & 16 \\ \hline 315 & & & & \end{array}$$

Im ersten Fall hieße das eigentlich auszurechnende Beyspiel:

315 ℔. kosten 24 Rthl. was 2 ℔?

Im zweiten Fall hingegen:

315 ℔. kosten 3 Rthl. was 16 ℔?

In beiden Fällen ist die Antwort: $\frac{48}{315}$ oder $\frac{16}{105}$ Rthl.

§. 10.

Vierte Klasse.

Wenn der erste Satz und der eine der beiden letzten einen Bruch von gleichem Nenner haben, so ist weiter nichts nöthig, als daß man den Zähler des Bruchs, wenn es ein ächter Bruch ist, unter den Bruch hinsetze, oder, wenn es ein vermischter Bruch ist, ihn vorher in einen unächten verwandle *). Mit dem vordern Nenner

*) Daß diese Heruntersetzung des Zählers eines aus einem vermischten Bruche entstandnen unächten Bruchs das Einrichten des vermischten Bruchs genannt werde, ist schon oben S. 287 erwähnt worden.

ner aber hinten, und mit dem hintern vorn zu multipliciren ist darum unnöthig, weil man doch beide Sätze wieder mit eben der Zahl gegen einander würde aufheben können *).

```
Z. E.  ℔.      Rthl.      Gr.       ℔.
       7/8  —   9    ;    15    —   3/8
```

Hier setzt man ohne Bedenken 7 ℔. 9 Rthl. 15 Gr. was 3 ℔.? auf folgende Art:

```
 ℔.    Rthl.    Gr.     ℔.
 7/8  —  9      15  —   3/8
 ---    24              ---
 7     ----             3
       231
       ---(3
       693
    7)----
       99 Gr. d. i. 4 Rthl. 3 Gr.
```

Ein andres Beyspiel: 7/8 ℔. kosten 3/8 Thaler, was 6 ℔?

Hier sagt man: 7 ℔. kosten 3 Thaler, was 6 ℔. Antwort: 2 4/7 Rthl.

```
 ℔.    Rthl.    ℔.
 7/8 — 3/8  —   6
 ---   ---
 7     3
 7   |18| 2 4/7 Rthl.
```

Stehen Ganze vor dem Bruch so werden sie mit dem Nenner des Bruchs multiplicirt und der Zähler wird zugerechnet: z. E.

```
 ℔.      Rthl.    Gr.    ℔.
 7 3/5 — 20   ;   14  —  6 1/5
 -----   ---             -----
   38    494             31
 -----   ---             13
 2)19    247             ---
 -----   ---            403 Gr. d. i. 16 Rthl. 19 Gr **).
19) 1   19) 13
```

So

*) Man sehe jedoch die am Ende dieses Paragraphen befindliche Anmerkung.

**) Hier ist der erste und letzte Satz eingerichtet. Man sagt $7\frac{3}{5}$ ℔. sind $\frac{38}{5}$ ℔. und $6\frac{1}{5}$ ℔. sind $\frac{31}{5}$ ℔. Man nimmt aber 38 und 6 ganze Pfunde dafür, weil der Nenner in beiden gleich ist.

So auch, wenn die Sätze aus mehrern Benennungen bestehen; z. E.

```
     Ct.  Pfd.  L.     Rthl. Gr. Pf.     Pfd.  L.
     6 : 13 : 7¾  —  9 : 10 : 4   —   24 : 1⅖
    110               ———(24            ———(32
    ———               226               796
    673               ———(12            ———(5
    ———(8          4) 2716              3847
   5384               ———               ————
   ————(4             679                 *
  21543            7) ———
  —————(5             97 Pf. d. i. 8 Gr. 1 Pf.
 101716
4)——————
  26929
7)——————
   3847
  ——————
     *
```

Die 3847 des ersten Satzes sind gegen die 3847 des letzten Satzes aufgehoben, welches durch den Stern angedeutet wird.

Beyspiele zur Uebung.

1 $\frac{1}{3}$ Quentchen 2 Pf. was $\frac{2}{3}$ Q.? 4 Pf. 2) $\frac{1}{7}$ Pfd. 9 Gr. was $\frac{6}{7}$ Pfd.? 2 Rthl. 6 Gr. 3) 1$\frac{1}{5}$ Ct. 6 Rthl. was 17$\frac{3}{5}$ Ct.? 38 Rthl. 4) $\frac{3}{4}$ Pfd. 5$\frac{1}{4}$ Rthl. was 1 Pfd.? 7 Rthl. 5) $\frac{7}{10}$ Stein $\frac{9}{10}$ Rthl. was 4 Ct. 1 St.? 27 Rthl. 6) 3$\frac{3}{4}$ Q. 6 Pf. was 10 Pfd. 4 L. 1$\frac{3}{4}$ Q.? 7 Rthl. 5 Gr. $\frac{2}{5}$ Pf. 7) 1$\frac{7}{8}$ Q. 3 Pf. was 5 Pfd. 4 L. $\frac{7}{8}$ Q.? 3 Rthl. 15 Gr. 7 Pf. 8) 19 Pfd. 24$\frac{8}{9}$ L. 16 Rthl. 8 Gr. 9 Pf. was 19$\frac{7}{9}$ L.? 12 Gr. 3$\frac{9}{32}$ Pf.

12$\frac{7}{8}$ Pfd. 6 Rthl. 3 Gr. 2 Pf. was 3 Ct. 17$\frac{5}{8}$ Pfd.? 165 Rthl. 13 Gr. 6 Pf. 10) 19 Rthl. 2 Gr. 6$\frac{1}{3}$ Pf. 18 Ct. 5 Pfd. 9$\frac{2}{3}$ L. was 3 Rthl. 2 Gr. 1 Pf.? 2 Ct. 100 Pfd. 24$\frac{5773}{18507}$ L. 11) 8 Ct. 51 Pfd. 5$\frac{3}{5}$ L. 214 Rthl. 20 Gr. 8 Pf. was 54 Pfd. 24$\frac{4}{5}$ L? 12 Rthl. 15 Gr. 4 Pf. 12) 5$\frac{1}{4}$ Pfd. 15 Rthl. was 8$\frac{3}{4}$ Pfd.? 25 Rthl 13) 9$\frac{1}{7}$ Pfd. 3 Rthl. 8 Gr. 6$\frac{6}{7}$ Pf., was 13 Pfd.? 4 Rthl. 18 Gr. 6$\frac{3}{4}$ Pf.

Anmerk. Wenn der mittlere Satz aus mehrern Benennungen besteht (wie §. 7), so kann man ihn zuweilen unresolvirt lassen, ungeachtet er bei der kleinsten Benennung einen Bruch hat. Wenn aber alsdann gleich der Nenner des zweiten Satzes dem Nenner des ersten Satzes gleich ist, so dürfen doch die beiden Nenner nicht gegen ein-

an-

ander als aufgehoben angesehen werden, sondern einer der letztern Sätze, am natürlichsten der zweite, muß mit dem Nenner des ersten uoch besonders multiplicirt werden, so daß das Beyspiel alsdenn gewissermaßen zur folgenden fünften Klasse gehört. Ein Beyspiel wird dies deutlich machen. $7\frac{1}{5}$ ℔. kosten 13 Rthl. 5 Gr. $4\frac{1}{5}$ Pf. was 21 ℔? dies wird so ausgerechnet:

℔.		Rthl.		Gr.		Pf.			℔.
$7\frac{1}{5}$	—	13	:	5	:	$4\frac{1}{5}$		—	21
36		92	:	13	:	$5\frac{2}{5}$	(7		3) 7
3) 12		462	:	19	:	3	(5		5
3		3) 154	:	6	:	5			
4		4) 38 Rthl.		13 Gr.		$7\frac{1}{4}$ Pf.			

Hier giebt der erste Satz nach geschehener Einrichtung des Bruchs 36; diese 36 sind gegen den dritten Satz (21) mit 3 gehoben, so daß für den ersten Satz nur 12 bleiben. 12 zerfällt man in 3 und 4, unter die 7 aber, welche an die Stelle des dritten Satzes gekommen war, setzt man noch 5 als den Nenner des ersten Satzes, um anzuzeigen, daß der zweite Satz mit der 5 müsse multiplicirt werden, ob man gleich die ausdrückliche Hinsetzung der 5 in den dritten Satz sich wohl ersparen kann. Nun multiplicirt man den zweiten Satz erst mit 7, hernach mit 5, und dividirt ihn darauf erst mit 3, und dann mit 4.

§. 11.

Wenn nur entweder der erste oder einer der beiden letztern Sätze einen Bruch hat, so wird mit dem vordern Nenner einer der hintern Sätze, oder der vordere Satz mit dem Nenner des zweiten oder dritten Satzes multiplicirt; z. E. Fünfte Klasse.

℔		Gr.		℔	
$\frac{7}{8}$	—	9	—	3	(8
7				24	(9
				216	
				7) $30\frac{6}{7}$ Gr.	

℔ — Rthl. — ℔
21 — 9 — $\frac{7}{8}$
$\frac{21}{168}$ (8 — $\frac{9}{168}$ (7 — 7
$\frac{63}{168}$ | $\frac{9}{24}$ Rthl.

Ct. ℔ — Rthl. — ℔
5 45 — $35\frac{7}{8}$ — 85
595 — 287 — 5) 17
5) 119 — 7) 41 — 17) 1
17) 17 — 8) $5\frac{1}{8}$ Rthl.
17) 1
$\frac{1}{8}$ (8

Wenn man mit dem Nenner des einen hintern Satzes den andern hintern Satz aufheben kann, so thut man es, und unterläßt dafür, mit diesem Nenner den ersten Satz zu multipliciren; z. E.

L. — G. — L.
3 — $4\frac{5}{8}$ — 8) 16
37 (2 — 2
74
3) $24\frac{2}{3}$ Gr.

L. — ℞ — L.
9 — 3) 6 — $5\frac{2}{3}$
2 — 17 (2
34
9) $3\frac{7}{9}$ ℞

Beyspiele zur Uebung.

1) $\frac{3}{4}$ Sch. 18 Gr., was 1 Sch.? 1 Rthl. 2) $\frac{3}{4}$ L. 17 Gr., was 19 L.? 17 Rthl. 22 Gr 8 pf. 3) 1 Scheffel wiegt $\frac{3}{4}$ Ct., was 12 S.? 9 Ct. 4) 1 Rthl. 9 Gr. geben $\frac{5}{8}$ Loth, was 2 Rthl. 18 Gr.? $1\frac{1}{4}$ L. 5) 3 Ct. kosten 7 Rthl. 8 Gr., was $\frac{1}{5}$ Ct.? $11\frac{11}{15}$ Gr. 6) 18 ℔ kosten $6\frac{6}{7}$ Rthl., was 21 ℔? 8 Rthl. 7) 3 Ct. 13 ℔ kosten $283\frac{11}{12}$ Rthl., was 49 ℔? 40 Rthl. 13 Gr. $5\frac{1}{3}$ pf. 8) 112 Stein kosten $24\frac{1}{3}$ Rthl. 8 Gr. $7\frac{1}{5}$ pf., was 27 St.? 58 Rthl. 16 Gr. 9) 16 ℔ kosten $7\frac{27}{28}$ Rthl., was 6 Ct.

6 Ct. 76 ℔? 366 Rthl. 8 Gr. $6\frac{6}{7}$ pf. 10) 18 Ct. 15 ℔ kosten 62 Rthl. 6 Gr. $11\frac{2}{5}$ pf., was 19 ℔? 14 Gr. $\frac{149}{175}$ pf. 11) 24 ℔ kosten 4 Rthl. 7 Gr. $9\frac{5}{18}$ pf., was 4 Ct. 20 ℔? 82 Rthl. 20 Gr. $11\frac{89}{108}$ pf. 12) 3 Ct. 54 ℔ kosten 40 Rthl. 20 Gr. $10\frac{2}{3}$ pf., was 15 Ct. 34 ℔? 179 Rthl. 5 Gr. $7\frac{5}{18}$ pf. 13) 12 Ellen 9 Rthl., was $7\frac{3}{4}$ Ellen? 5 Rthl. 19 Gr. 6 pf. 14) 81 Ellen 36 Rthl., was $7\frac{7}{8}$ Ellen? 3 Rthl. 12 Gr. 15) 95 ℔ kosten 43 Rthl. 21 Gr. 6 pf., was $6\frac{1}{3}$ ℔? 2 Rthl. 22 Gr. $2\frac{4}{5}$ pf. 16) 17 Ct. 86 ℔ kosten 58 Rthl. 15 Gr. 7 pf., was $25\frac{3}{4}$ ℔? 18 Gr. $6\frac{2845}{7844}$ pf. 17) 8 Ct. 85 ℔ kosten 389 Rthl. 18 Gr. 7 pf., was 1 Ct. $27\frac{6}{7}$ ℔? 55 Rthl. 16 Gr. $4\frac{3}{7}$ pf. 18) $\frac{5}{12}$ ℔ kosten 14 Gr., was 1 Ct. 65 ℔? 245 Rthl. 19) $\frac{5}{6}$ Stein kosten 28 Rthl. 3 Gr. 10 pf., was 51 Ct. 3 St.? 8718 Rthl. 6 Gr. 20) $4\frac{4}{5}$ Ct. kosten 36 Rthl., was 12 Ct.? 90 Rthl. 21) $8\frac{8}{9}$ ℔ kosten 3 Rthl., was 16 ℔? 5 Rthl. 9 Gr. $7\frac{1}{5}$ pf. 22) 84 Ct. $67\frac{4}{5}$ ℔ kosten 5171 Rthl., was 9 ℔? 5 Rthl. 23) $3\frac{3}{7}$ ℔ kosten 4 Rthl. 10 Gr. 2 pf., was 25 Ct. 38 ℔? 3597 Rthl. 3 Gr. $2\frac{2}{3}$ pf. 24) 8 ℔ $15\frac{2}{3}$ L. kosten 36 Rthl. 9 Gr. 2 pf., was 6 Ct. 14 ℔ 7 L.? 2889 Rthl. 8 Gr. $5\frac{31}{103}$ pf.

§. 12.

Wenn der erste Satz einen Bruch hat, und einer der beiden hintern Sätze ebenfalls, die Nenner dieser Brüche aber verschieden sind, so wird mit dem Nenner des vordern Bruchs einer der beiden hintern Sätze, und mit dem hintern Nenner der vorderste Satz multiplicirt; z. E. Sechste Klasse.

```
 ℔          Gr.          ℔
 7/8   —     9 (8   —   2/3
 ───        ───         ───
  7          72          2
 ─── (3     ─── (2
  21         144
        21) ───
            6 18/21 | 6/7 Gr.
```

```
  ℔     L.       Rthl.  Gr.        ℔
    1   12 3/5 —   1    15 2/7 —   3
 ------          -----
    44                39          32
 --------(5      --------(7      ----
   223               275          96
 --------(7     ---------(6      ------(5
  1561               1650         480
                ----------(80     zerfällt in 6 × 80.
          1561|132000  84 Gr.
                 7126  d. i. 3 Rthl. 12 876/1561 Gr.
                 87
```

Es lassen sich aber bei den Beyspielen dieser Art zuweilen einige nützliche Verkürzungen anbringen.

Erstlich, wenn die beiden Nenner auch wirklich verschieden sind, so kann doch der eine in dem andern enthalten seyn; z. E. wenn vorn Sechstel sind und hinten Drittel, oder umgekehrt, vorn Achtel und hinten Zweitel, oder umgekehrt. In diesem Fall dividirt man mit dem kleinern Nenner in den größern, und mit dem herauskommenden Quotienten multiplicirt man den Satz, welcher den kleinern Nenner hat; den andern Satz aber multiplicirt man gar nicht. Z. E. wenn vorn Zwölftel und hinten Drittel wären, so sollte man eigentlich vorn mit 3 und hinten mit 12 multipliciren; allein man sagt 3 in 12 habe ich 4mal, und nun multiplicirt man bloß den hintern Satz mit 4. Hier sind ein paar solche Beyspiele.

```
     ℔         Gr.        ℔
    3/4   —    7/8   —     6
   -----      -----    6)---
     3        7 Gr.        1
   -----(2
     6
 6)-----
     1
```

℔	L.		Rthl.	Gr.	Pf.		L.
1	$12\frac{3}{10}$	—	1	2	3	—	$2\frac{1}{2}$

$\frac{44}{443}$ (10 $\frac{26}{315}$ (12 $\frac{5}{25}$ (5

443 | 7875 (25 | 17 Pf.
3434 | d. i. 1 Gr. $5\frac{344}{443}$ Pf.
34

Zweitens, wenn der eine Nenner zwar nicht in dem andern enthalten ist, aber beide dennoch mit Einer Zahl aufgehoben werden können, so hebt man sie gegen einander auf, und multiplicirt nur mit den herausgekommenen kleinern Zahlen. Z. E. wenn der vordere Satz 6 zum Nenner hätte, und einer der hintern 9, so sollte man vorn mit 9 und hinten mit 6 dividiren; allein weil beides mit 3 aufzuheben ist, so sagt man 3 in 6 2, 3 in 9 3, und nun multiplicirt man vorn nur mit 3, und hinten nur mit 2. Auch hievon will ich ein paar Beyspiele hersetzen.

Ell.		Gr.		Ell.
$1\frac{7}{8}$	—	9	—	$2\frac{11}{12}$

5) $\frac{15}{3}$ 9) $\frac{9}{1}$ 5) $\frac{35}{7}$
9) $\frac{9}{1}$ 14 Gr. (2

```
 L.            Gr.   Pf.          lb.   L.
 9 4/15   —    3     3 7/10   —   1  ,  13
 ------        --                 ---------
 139           39 (12             45
 ---           --  (10            oder
 278 (2       397                 5×9
                  (3
             1191
             ----  (5
             5955
           ------- (9
    278 | 53595 | 192 Pf.
          25779 | d. i. 16 Gr. 219/278 Pf.
             21 |
```

Drittens, endlich läſſt ſich das, was vorher S. 310. erinnert worden; daß man nämlich den einen von den beiden hintern Sätzen mit dem Nenner des andern dividiren könne, anſtatt den erſten Satz damit zu multipliciren, nicht nur auf dieſe Klaſſe von Beyſpielen überhaupt, ſondern auch auf die jetzt eben gezeigten beiden Abkürzungen anwenden.

In dem vorher (S. 311) gegebnen Beyſpiele geht der mittlere Satz mit dem Nenner des letzten auf:

```
 lb.       Gr.       lb.
 7/8   —   9    —    2/3
 ---       --        ---
 7      3) 3         2
                     --  (8
                     16
                     --  (3
                     48
                  7) 6 6/7 Gr.
```

In dem Beyſpiele der vorhergehenden Seite 1 7/8 Ell. ꝛc. konnte der zweite Satz ebenfalls durch die 3, womit man den erſten multipliciren ſollte, dividirt werden:

Ell.

```
     Ell.          Gr.         Ell.
     1 7/8   —     9    —     2 11/12
    ------     3)------      -------
      15           3            35
  5)------     3)------   5)-------
       3           1             7(2
  3)------                  -------
       1                     14 Gr.
```

In folgendem Beyspiele findet eben diese Abkürzung statt;

```
     L.          Gr.       Pf.         L.
   9 1/15   —     7        8 1/20  —   16
   ------      ---------------      4)-----
    136           92                   4
4)------          ---(20            4)-----
    34          1841(3                  1
               --------
       34 |    5523  | 162 Pf.
               2185  | d. i. 13 Gr. 6 21/34 Pf.
                  1  |
```

Beyspiele zur Uebung.

1) $5\frac{1}{2}$ Sch. kostet $5\frac{3}{5}$ Rthl. was 28 Sch.? 26 Rthl. 11 Gr. $4\frac{4}{55}$ Pf. 2) $25\frac{1}{2}$ Sch. kostet 9 Rthl. was $\frac{1}{4}$ Sch.? 2 Gr. $1\frac{7}{17}$ Pf. 3) $2\frac{1}{3}$ Rthl. geben $10\frac{1}{2}$ Elle; was 1 Rthl.? $4\frac{1}{2}$ Ell. 4) $\frac{3}{4}$ Ellen $1\frac{2}{3}$ Rthl. was 1 Elle? 2 Rthl. 5 Gr. 4 Pf. 5) $\frac{2}{3}$ Ellen 1 Rthl. was $\frac{7}{8}$ Elle? 1 Rthl. 7 Gr. 6 Pf. 6) $16\frac{1}{2}$ Ellen 8 Rthl. 6 Gr. was $20\frac{3}{4}$ Ellen? 10 Rthl. 9 Gr. 7) $6\frac{2}{3}$ Ell. $17\frac{1}{2}$ Rthl. was 1 Ell.? 2 Rthl. 15 Gr. 8) $\frac{7}{11}$ Last 231 Rthl. 12 Gr. 9 Pf. was $\frac{7}{32}$ Last? 79 Rthl. 14 Gr. $1\frac{19}{32}$ Pf. 9) $\frac{13}{15}$ Ct. kosten 10 Rthl. 11 Gr. 5 Pf. was $\frac{100}{117}$ Ct.? 10 Rthl. 21 Gr. $4\frac{84}{481}$ Pf. 10) 1 Ct. $12\frac{2}{5}$ ℔. kosten 37 Rthl. 6 Gr. $10\frac{7}{10}$ Pf. was 17 ℔.? 5 Rthl. 4 Gr. $3\frac{35}{712}$ Pf. 11) $36\frac{3}{4}$ ℔. kosten 4 Rthl. 3 Gr. $2\frac{5}{8}$ Pf. was 9 Ct. 39 ℔.? 115 Rthl. 18 Gr. $7\frac{1}{3}$ Pf. 12) $27\frac{5}{8}$ ℔. kosten 3 Rthl. 4 Gr. $2\frac{3}{4}$ Pf. was 7 Ct. 65 ℔.? 95 Rthl. 6 Gr. $10\frac{1}{2}$ Pf. 13) 2 Ct. $73\frac{5}{7}$ ℔ kosten 308 $\frac{46}{63}$ Rthl. was 2 Ct. 37 ℔.? 270 Rthl. 3 Gr. 4 Pf. 14) 8 Ct. $7\frac{5}{9}$ ℔. kosten 24 Rthl. 6 Gr. $3\frac{3}{4}$ Pf. was 60 Ct. 25 ℔. 181 Rthl. 2 Gr. $6\frac{25052}{31058}$ Pf. 15) 13 Rthl. 20 Gr.

$2\frac{29}{5}$ Pf. geben 23 ℔. was 96 Rthl. 21 Gr. $5\frac{5}{8}$ Pf.? 1 Ct. 51 ℔. 16) 76 Rthl. 11 Gr. $3\frac{563}{1458}$ Pf. geben 90 Ct. 14 ℔. was 30 Rthl. 14 Gr. $6\frac{2}{3}$ Pf.? 36 Ct. 8 ℔. 17) $5\frac{3}{4}$ ℔. kosten $24\frac{2}{3}$ Rthl, was 7 ℔.? 30 Rthl. 8 $\frac{8}{23}$ Pf.

§. 13.

Siebente Klasse.

Wenn ein jeder der beiden hintern Sätze einen Bruch hat, der vordere aber keinen, so muß der vordere mit beiden Nennern multiplicirt werden (sie mögen gleich oder verschieden seyn). Wenn sich aber der dritte Satz mit dem Nenner des zweiten, oder der zweite mit dem Nenner des dritten aufheben läßt: so thut man dies, und multiplicirt mit solchen Nennern den vordern Satz nicht.

Sind die Nenner so beschaffen, daß sie mit einander multiplicirt eine Zahl geben, mit der man auf einmal multipliciren kann, so multiplicirt man allerdings lieber einmal, als zweimal. Z. E. der eine Nenner hieße 2 und der andere 5, so multiplicirt man den vordern Satz nicht erst mit 2, und hernach mit 5, sondern man hängt ihm bloß eine Null an, welches so gut ist, als wenn man ihn mit 10 multiplicirt hätte. So multiplicirt man nicht mit 2 und 4, sondern gleich mit 8; ferner, wenn man es so weit gebracht hat (s. o. S. 59-62), nicht mit 6 und 4 sondern gleich mit 24 u. s. w.

Ein paar leichte Beyspiele dieser Art, bey denen sich keine Verkürzung anbringen läßt, sind folgende:

℔.		Gr.		℔.
1	—	$\frac{2}{5}$	—	$2\frac{2}{3}$
15		2		8
		16(8		
	15)	$1\frac{1}{15}$ Gr.		

℔. — Gr. — ℔.

13 — $16\frac{3}{7}$ — $2\frac{5}{7}$

91 (7 — 115 (3 — 15

637 (7 — 345 (5 — zerfällt in 3 × 5

637 | 1725 | $2\frac{451}{637}$ Gr.

451 |

In folgenden geht entweder Ein hinterer Satz oder auch beide durch den Nenner des andern auf.

℔. — Gr. — ℔.

6 — $2\frac{3}{19}$ — $5\frac{3}{7}$

42 (7 — 41 — 38

2) 21 — 21) $1\frac{20}{21}$ Gr. — 19) 2

1

Ellen — Pf. — Ellen.

3 — $9\frac{1}{5}$ — $16\frac{2}{3}$

9 (3 — 460 — 50

9) $51\frac{1}{9}$ Pf. — 5) 10

mℓ — Rthl. — mℓ.

7 — $9\frac{1}{5}$ — $2\frac{9}{23}$

46 — 55

23) 2 — 5) 11

22 (2

7) $3\frac{1}{7}$ Rthl.

Oft geht ein Satz nicht mit einem ganzen Nenner, sondern nur mit einem Theil desselben auf. In diesem Fall hebt man mit dem einen Theil auf, und mit dem andern multiplicirt man. Z. E. wenn der eine hintere Satz 27 hieße, und der andere hätte 6 zum Nenner, so würde

würde man (weil 6 aus 2 und 3 zusammengesetzt ist) 27 mit 3 dividiren, mit 2 hingegen den ersten Satz multipliciren. Ein paar Beyspiele werden dies noch mehr erläutern.

```
      ℔.          Rthl.   Gr.           ℔.
      63     —      7    13 13/15   —   5 1/16
     315(5         181                  81
     630(2        2728(15            3) 27
  9)  70       8)  341               9)  3
                   1023(3
              70)  14 43/70 Gr.
```

Hier ist vorn nicht mit 15 (dem Nenner des zweiten Satzes) sondern bloß mit 5 multiplicirt, weil der dritte Satz (81) sich mit 3 dividiren ließ. Ferner ist der erste Satz nicht mit dem Nenner des dritten (16) sondern nur mit 2 multiplicirt, weil sich der zweite Satz mit 8 dividiren ließ.

```
    Ellen         Rth.  Gr.  Pf.        Ellen
     83     —      9  ·  7   6 3/8   —   3 1/9
    166(2         223                    28
    498(3         2682               4)   7
                 21459
              3)  7153(7
          498 | 50071 | 100 Pf.
                  2   | d. i. 8 Gr. 4 271/498 Pf.
```

Hier ist statt 8 nur mit 2, statt 9 nur mit 3 vorn multiplicirt, weil im hintersten Satze mit 4 und im mittlern mit 3 dividirt ist.

Beyspiele zur Uebung.

1) 1 Ct. kostet 41 47/49 Rthl. was 7/8 Ct? 36 5/7 Rthl. 2) 1 Ct. 17 Rthl. 17 Gr. 10 47/64 Pf. was 8/9 Ct? 15 Rthl. 18 Gr. 6 7/8 Pf. 3) 1 Elle 1/2 Rthl. was 1 3/4 Ellen? 7/8 Rthl.

$\frac{7}{8}$ Rthl. 4) 48 ℔. kosten $\frac{8}{9}$ Rthl. was $\frac{6}{7}$ ℔.? $4\frac{4}{7}$ Pf. 5) 25 ℔. $\frac{8}{9}$ Rthl. was $\frac{9}{10}$ ℔.? $5\frac{12}{25}$ Pf. 6) 3 Q. kosten $\frac{13}{15}$ Gr. was $\frac{9}{13}$ Q.? $\frac{1}{5}$ Gr. oder $2\frac{2}{5}$ Pf. 7) 48 ℔. kosten $10\frac{5}{7}$ Rthl was 1 Ct. $7\frac{3}{5}$ ℔.? $26\frac{1}{4}$ Rthl. 8) 35 ℔. kosten $15\frac{5}{7}$ Rthl. was $42\frac{7}{8}$ ℔.? $19\frac{1}{4}$ Rthl. 9) 5 Ct. 24 ℔. kosten 88 Rthl. 20 Gr. $6\frac{7}{8}$ Pf. was $56\frac{2}{3}$ ℔.? 8 Rthl. 18 Gr. 6[illegible] Pf. 10) 8 Ct. 36 ℔. kosten 96 Rthl. 12 Gr. $7\frac{5}{8}$ Pf. was 28 Ct. $84\frac{8}{9}$ ℔.? 333 Rthl. 12 Gr. 4[illegible] Pf. 11) 2 Ct. 105 ℔. kosten 28 Rthl. 22 Gr. $10\frac{23}{24}$ Pf. was 4 Ct. $47\frac{1}{2}$ ℔? 43 Rthl. 10 Gr. $4\frac{7}{10}$ Pf. 12) 1 Rthl. 9 Gr. 3 Pf. geben $9\frac{1}{2}$ ℔. was 4 Gr. $2\frac{2}{5}$ Pf.? $1\frac{1}{5}$ ℔. 13) 19 Rthl. 8 Gr. 4 Pf. geben 6 Ct. 14 ℔. $19\frac{2}{5}$ L. was 18 Gr. $2\frac{1}{5}$ Pf.? 26 ℔. $13\frac{50767}{139300}$.

§. 14.

Wenn endlich alle 3 Sätze mit Brüchen versehen sind, so wird mit dem Nenner des zweiten sowohl als des dritten Satzes der vordere Satz und mit dem Nenner des vordern Satzes einer der beiden hintern oder das Factum der beiden hintern multiplicirt; z. E. *Achte Klasse.*

```
  L.          Gr.    Pf.       ℔        L.
 2 1/4  —     18    7 2/5  —   2   —   13 2/7
 ----        ---               ---
   9         223(12             77(32
 ----        ----              ----
  45(5      1117(5             541(7
 ----                         -----
 315(7                        2164(4
                               1117
                              -----
                              15148
                              2164
                             2164
                            2164
                     315 | 2417188 | 7673 Pf.
                            22243 3 | d. i. 26 Rthl. 15
                             2319   | Gr. 5 163/315 Pf.
                              21
                              25
```

Auch

Auch hier findet die beym vorigen Paragraphen angemerkte Abkürzung statt, daß man den dritten Satz mit dem Nenner des zweiten, und den zweiten mit dem Nenner des dritten dividirt, wenn es angeht; z. E.

L. — Gr. — L.
$3\frac{1}{5}$ — $2\frac{2}{3}$ — $8\frac{1}{4}$
16 — 8 — 33
4) 8 : 2 — 3) 33 : 11
2 (5 = 10 — 11 (10 = 110
16) 110 (2 : $6\frac{14}{16}$ | $\frac{7}{8}$ Gr.

Natürlicherweise versteht sich auch, daß wenn der Nenner des vordern und eines der beiden hintern Säze gleich ist, alsdenn die Multiplication mit beiden unterbleibe; z. E.

L. — ₰ — L.
$2\frac{3}{4}$ — $3\frac{1}{4}$ — $1\frac{2}{3}$
11 (3 = 33 — 13 (5 = 65 — 5
33) 65 : $1\frac{32}{33}$ Pf.

Sind aber die Nenner aller drei Sätze gleich, so muß der vordere Satz dennoch mit einem der hintern Nenner multiplicirt werden; z. E.

L. — ₰ — L.
$2\frac{3}{4}$ — $3\frac{1}{4}$ — $1\frac{1}{4}$
11 (4 = 44 — 13 (5 = 65 — 5
44) 65 : $1\frac{21}{44}$ Pf.

Läßt sich der vordere Nenner gegen einen der beiden hintern (oder auch allenfalls gegen beide) heben, so wird diese Aufhebung vorgenommen; z. E.

L. — Gr. — L.
$1\frac{1}{2}$ — $2\frac{3}{4}$ — $2\frac{1}{3}$
3 (6 = 18 — 11 (7 = 77 — 7
18) 77 : $4\frac{5}{18}$ Gr.

Hier sollte der erste Satz mit den beiden hintern Nennern 3 und 4 (also mit 12), und einer der hintern mit 2 multiplicirt werden. Man hebt aber 2 gegen 12 auf, und multiplicirt hinten gar nicht, vorn aber nur mit 6.

Bey

Bey Gelegenheit dieses Beyspiels läßt sich noch eine andre Anmerkung machen. Der erste Satz hieß 3; anstatt ihn nun mit 6 zu multipliciren, darf man nur das Factum des mittlern und letzten Satzes (77) erst mit 3 und hernach mit 6 dividiren, wodurch wenigstens einige Ziffern erspart werden.

Beyspiele, wo der erste Nenner gegen die beiden letztern aufgehoben werden kann, sind folgende:

```
L.         Gr.          L.
1 5/6  —   2 1/3   —   3 1/2
-----      -----       -----
11           7          7
           -----(7
            49
    11)------
        4 5/11 Gr.
```

Hier machen die beiden hintern Nenner gerade eben so viel aus, als der vordere, nämlich 6; daher wird weder vorn noch hinten multiplicirt.

```
L.          Gr.   ₰           L.
2 7/12  —   3 ,  2 5/9   —   3 5/8
------      ----------       -----
  35             38           29
-----(6     ----------(9
 210            347
                 29
             ---------
               3123
                694
     21(0 | ----------
     ---- |  1006(3
      3      -------  1
              335
            --------
      7        47   6 103/210 ₰
```

Hier hebt man den Nenner 12 gegen 9 mit 3 und gegen 8 mit 4 auf, folglich bleibt vorn 1, in der Mitte 3, und hinten 2. Man multiplicirt also hinten mit nichts, und vorn mit 6.

Beyspiele zur Uebung.

1) $\frac{3}{4}$ ℔ $\frac{7}{8}$ Rthl., was $\frac{5}{6}$ ℔? 23 Gr. 4 ₰. 2) $\frac{2}{3}$ ℔ $\frac{7}{8}$ Rthl., was $\frac{5}{6}$ ℔? 1 Rthl. 2 Gr. 3 ₰. 3) $\frac{1}{9}$ ℔ $\frac{7}{8}$ Rthl., was $\frac{5}{8}$ ℔? 1 Rthl. 15 Gr. $4\frac{1}{2}$ ₰. 4) $\frac{1}{4}$ Stück $\frac{7}{8}$ Rthl., was $\frac{3}{4}$ St.? 2 Rthl. 15 Gr. 5) $\frac{3}{8}$ ℔ $\frac{5}{8}$ Gr., was $1\frac{1}{8}$ ℔? $1\frac{7}{8}$ Gr. 6) $5\frac{3}{4}$ ℔ kosten $8\frac{2}{9}$ Rthl., was $\frac{5}{7}$ ℔? 1 Rthl. $6\frac{26}{161}$ pf. 7) $8\frac{1}{2}$ ℔ kosten $11\frac{1}{3}$ Rthl., was $43\frac{3}{4}$ ℔? $58\frac{1}{3}$ Rthl. 8) $2\frac{2}{3}$ Stein kosten $8\frac{8}{9}$ Rthl., was $9\frac{5}{8}$ St.? 32 Rthl. 2 Gr. 9) $2\frac{1}{5}$ ℔ kosten $6\frac{1}{4}$ Rthl., was $4\frac{4}{5}$ ℔? 12 Rthl. 20 Gr. $6\frac{6}{7}$ ₰. 10) $444\frac{4}{9}$ Stück kosten $555\frac{5}{9}$ Rthl., was $666\frac{2}{3}$ St.? $833\frac{1}{3}$ Rthl. 11) 4 Stein $15\frac{3}{8}$ ℔ kosten $79\frac{3}{4}$ Rthl., was $5\frac{3}{8}$ ℔? 4 Rthl. 3 Gr. $9\frac{3}{25}$ ₰. 12) 7 ℔ $9\frac{4}{5}$ L. kosten $5\frac{7}{8}$ Rthl., was $29\frac{9}{40}$ L.? 17 Gr. $7\frac{1}{2}$ ₰. 13) $8\frac{2}{5}$ Ct. kosten 24 Rthl. 18 Gr. $6\frac{6}{7}$ ₰, was $1\frac{2}{5}$ Ct.? 4 Rthl. 3 Gr. $1\frac{1}{7}$ ₰. 14) $111\frac{1}{2}$ ℔ kosten 67 Rthl.

67 Rthl. 3 Gr. $5\frac{1}{7}$ ₰, was $4983\frac{3}{5}$ ℔? 2974 Rthl. 8 Gr. $1\frac{113}{175}$ ₰. 15) $5\frac{7}{10}$ ℔ 4 Rthl. 4 Gr. $\frac{48}{155}$ ₰ *), was $7\frac{3}{4}$ ℔? 5 Rthl. 16 Gr. 16) $5\frac{3}{8}$ Ct. kosten 12 Rthl. 11 Gr. $3\frac{9}{25}$ ₰, was $34\frac{3}{8}$ Ct.? 79 Rthl. 18 Gr. 17) $16\frac{1}{8}$ ℔ kosten 10 Rthl. 14 Gr. $7\frac{1}{2}$ pf., was $6\frac{2}{3}$ ℔? 4 Rthl. 9 Gr. 18) $4\frac{5}{8}$ ℔ kosten $1\frac{5}{8}$ Rthl., was 1 Ct. 14 St. $8\frac{2}{3}$ ℔? 69 Rthl. 8 Gr. 19) 25 Ct. $107\frac{1}{7}$ ℔ kosten $714\frac{2}{7}$ Rthl. was 12 Ct. $108\frac{4}{7}$ ℔? 357 Rthl. 3 Gr. $5\frac{1}{7}$ pf. 20) 8 ℔ $7\frac{3}{10}$ L. kosten 6 Rthl. 8 Gr. $2\frac{4}{5}$ pf., was kosten 12 ℔ $10\frac{25}{32}$ L.? 9 Rthl. 12 Gr. 4 pf. 21) 2 Ct. $71\frac{14}{15}$ ℔ kosten 51 Rthl. 5 Gr. $9\frac{11}{28}$ pf., was 18 Ct. $60\frac{1}{7}$ ℔? 358 Rthl. 16 Gr. $5\frac{3}{4}$ pf. 22) $\frac{7}{8}$ Ct. kosten 28 Rthl. 14 Gr. $7\frac{7}{10}$ pf., was $\frac{5}{8}$ Ct.? 27 Rthl. 5 Gr. $11\frac{11}{27}$ pf. 23) $\frac{1}{8}$ ℔ kosten $\frac{5}{8}$ Rthl. was 12 Ct. $46\frac{1}{5}$ ℔? 3037 Rthl. 8 Gr. 24) $6\frac{6}{7}$ Ct. kosten $48\frac{8}{9}$ Rthl.. was $\frac{5}{8}$ Ct.? 4 Rthl. 10 Gr. $11\frac{1}{3}$ pf. 25) $\frac{4}{5}$ Ct. kosten $8\frac{4}{9}$ Rthl., was $54\frac{7}{8}$ Ct.? 579 Rthl. 5 Gr 8 pf. 26) $\frac{7}{12}$ Ct. kosten $3\frac{2}{3}$ Rthl., was $\frac{5}{7}$ Ct.? 4 Rthl. 11 Gr. $9\frac{3}{10}$ pf. 27) $\frac{3}{8}$ Ct. kosten 2 Rthl. 15 Gr. $6\frac{2}{7}$ pf., was $\frac{3}{7}$ Ct.? 3 Rthl. $7\frac{11}{15}$ pf. 28) $\frac{6}{7}$ ℔ kosten 3 Gr. $2\frac{2}{77}$ pf., was $\frac{17}{18}$ ℔? 3 Gr. 6 pf. 29) 8 Rthl. 9 Gr. $7\frac{3}{4}$ pf. geben 5 ℔ 3 L. $2\frac{2}{3}$ Q., was 4878 Rthl. 22 Gr. $2\frac{200}{407}$ pf? 27 Ct. 30) 6 Ct. 13 ℔ 2 L. $3\frac{11}{12}$ Q. kosten 89 Rthl. 13 Gr. $2\frac{1}{5}$ pf., was 86 Ct. 19 ℔ 2 L. $1\frac{4}{7}$ Q.? 1261 Rthl. 2 Gr. $7\frac{21007668}{35185485}$ pf.

§. 15.

Neunte Klasse.

Wenn der Bruch des ersten und letzten Satzes nicht von gleicher Sorte oder Benennung ist (z. E. vorn ist ein Bruch von einem Lothe und hinten ein Bruch von einem Quentchen), so kann die Regel de tri bei einem solchen Beyspiele nicht eher angebracht werden, als bis die Brüche auf eine gleiche Benennung gebracht sind. Dies geschieht entweder 1) durch die Verwandlung des Bruchs der höhern Sorte in eine ganze Zahl oder in einen Bruch der geringern Sorte, d. i. durch die sogenannte Resolution

*) Ob hier gleich keine ganze Pfennige da sind, so werden doch die Groschen ordentlich zu Pfennigen gemacht, nur daß nichts zugerechnet wird.

tion (Hauptst. 14, §. 9, S. 228 ff.) oder 2) durch die Verwandlung des Bruchs der geringern Sorte nebst seinem davorstehenden Ganzen in einen Bruch der höhern Sorte, d. i. durch die sogenannte Reduction (Hauptst. 14, §. 10, S. 230, ff.). Das erste ist gewöhnlicher, und auch mehrentheils leichter. Hernach geht ein solches Beyspiel nach der ordentlichen Regel.

Z. E. der erste Satz hieße 1 ℔ $3\frac{5}{8}$ L., der letzte aber 2 ℔ 13 L. $2\frac{1}{2}$ Q., so müssen entweder vorn Quentchen (durch Verwandlung des Bruchs) hinzugeschafft, oder die hintenstehenden Quentchen müssen ebenfalls durch Verwandlung des Bruchs) hinweggeschafft werden. Im ersten Fall sagt man $\frac{5}{8}$ Loth sind, wenn man sie resolvirt, $3\frac{1}{3}$ Q. Im andern Fall sind $2\frac{1}{2}$ Q. $\frac{5}{8}$ Loth. Der Aufsatz ist also entweder

℔	L.	Q.		Gr.	pf.		℔	L.	Q.
1 :	3	$3\frac{1}{3}$	—	17 :	2	—	2 :	13 :	$2\frac{1}{2}$.

oder:

℔	L.		Gr.	pf.		℔	L.
1 :	$3\frac{5}{8}$	—	17	2	—	2	$13\frac{5}{8}$.

In beiden Fällen bekömmt man zur Antwort: 1 Rthl. 13 Gr. $2\frac{160}{431}$ pf. Auf gleiche Art setzt man anstatt

℔	L.	Q.		Gr.	pf.		℔	L.
1 :	3 :	$\frac{1}{5}$	—	19 :	2	—	8 :	$2\frac{1}{5}$

entweder

℔	L.	Q.		Gr.	pf.		℔	L.	Q.
1 :	3 :	$\frac{4}{5}$	—	19 :	2	—	8 ,	2 :	$\frac{4}{5}$.

oder

℔	L.		Gr.	pf.		℔	L.
1 :	$3\frac{1}{20}$	—	19 :	2	—	8 :	$2\frac{1}{5}$.

In beiden Fällen bekömmt man zur Antwort: 5 Rthl. 21 Gr. $2\frac{226}{701}$ pf.

Hieher gehört auch der Fall, wenn in einem der beiden äußern Sätze (dem vordersten oder hintersten) ein Bruch einer höhern Sorte, in dem andern aber eine ganze Zahl einer geringern Sorte steht; z. E. 1 ℔ $3\frac{4}{5}$ L. 19 Gr. 2 ₰, was 8 ℔ 2 L. 3 Q.? Denn auch hier muß

muß entweder der Lothbruch in Quentchen, oder die ganzen Quentchen in einen Lothbruch verwandelt werden, und man setzt entweder

℔	L.	Q.		Gr.	₰		℔	L.	Q.
1 :	3 :	$2\frac{2}{5}$	—	19 :	2	—	8	2 :	3.

oder

℔	L.		Gr.	₰		℔	L.
1	$3\frac{3}{5}$	—	19	2	—	8 :	$2\frac{3}{4}$

Die Antwort ist in beiden Fällen: 5 Rthl. 19 Gr. $3\frac{240}{358}$ pf.

So auch anstatt 1 Rthl. $2\frac{2}{5}$ Gr. geben 2 L. 3 Q., was 2 Rthl. 9 Gr. 10 ₰?

entweder

Rthl.	Gr.	pf.		L.	Q.		Rthl.	Gr.	pf.
1 :	2 :	$2\frac{2}{5}$	—	2	3	—	2	9	10

oder

Rthl.	Gr.		L.	Q.		Rthl.	Gr.
1	$2\frac{1}{5}$	—	2	3	—	2	$9\frac{5}{6}$

Die Antwort ist in beiden Fällen: 6 L. $\frac{231}{786}$ Q.

Endlich kann man auch diejenigen Beyspiele hieher rechnen, wo bey mehrern Benennungen eines Satzes ein Bruch steht; z. E. wenn Centner mit einem Bruche, Pfunde mit einem Bruche und Lothe mit einem Bruche im ersten und dritten Satze, und Thaler mit einem Bruche, Groschen mit einem Bruche und Pfennige mit einem Bruche in dem mittlern Satze stehen. Man verfährt hier so, daß man die Brüche der größern Benennungen sämmtlich, und hernach alles, was zu einem jeden Satze gehört, zusammen addirt, worauf hernach ein gewöhnliches Regeldetri-Beyspiel entsteht, z. E. wenn die Aufgabe hieße: $9\frac{1}{12}$ Ct. $8\frac{15}{16}$ ℔. $7\frac{7}{8}$ L. kosten 491 Rthl. $10\frac{5}{8}$ Gr, was $4\frac{7}{8}$ Centner $5\frac{3}{4}$ ℔ $6\frac{1}{2}$ L.? so setzte man den ersten Satz so auf

	Ct.	℔	L.	
	9 :	8	$7\frac{7}{8}$	
$\frac{1}{12}$ Centner sind	— :	106 :		und $\frac{9}{16}$ ℔.
				Dazu $\frac{15}{16}$ ℔.
$\frac{9}{16}$ ℔ und $\frac{15}{16}$ ℔ sind		1 :	16.	$1\frac{1}{2}$ ℔.
				d. i. 1 ℔ 16 L.

Der erste Satz beträgt
also zusammen 10 Ct. 5 ℔ $23\frac{7}{8}$ L.

Der

Der zweite Satz braucht hier keiner weitern Auflösung.

Der dritte Satz wird so aufgesetzt:

	Ct.	℔		L.
	4	5	:	$6\frac{1}{2}$
$\frac{7}{8}$ Centner sind	—	96	:	8
$\frac{3}{4}$ ℔ sind	—	—	:	24
Der dritte Satz zusammen	4 Ct.	102 ℔		$6\frac{1}{2}$ L.

Wenn man hernach ordentlich nach der Regel verfährt, so erhält man den vierten Satz 240 Rthl. 23 Gr. 6 ₰.

Beyspiele zur Uebung.

1) 1 Ct. 2 St. 21 ℔ 16 L. kosten 64 Rthl., was $4\frac{3}{8}$ ℔? 1 Rthl. 18 Gr. 8 ₰. 2 $6\frac{1}{9}$ Ct. $61\frac{1}{11}$ ℔ $\frac{64}{99}$ L. kosten $38\frac{2}{9}$ Rthl. $13\frac{3}{5}$ Gr. $7\frac{37}{40}$ pf., was $16\frac{1}{2}$ Ct.? 96 Rthl. 1 Gr. $8\frac{107}{320}$ pf. 3) $2\frac{38}{275}$ Ct. kosten 52 Rthl. 12 Gr., was 24 ℔? 5 Rthl. 8 Gr. $6\frac{6}{7}$ pf. 4) $5\frac{5}{7}$ Ct. $25\frac{7}{10}$ ℔ $19\frac{3}{5}$ L. kosten $12\frac{7}{9}$ Rthl. $16\frac{3}{7}$ Gr. $7\frac{5}{7}$ pf., was $2\frac{5}{12}$ Ct. $12\frac{4}{15}$ ℔. $10\frac{9}{14}$ L.? 5 Rthl. 17 Gr. $7\frac{3586543}{5134200}$ pf.

§. 16.

Es giebt außer den vorher §. 4 angeführten Verkürzungen und Vortheilen noch verschiedene andre, die, wenn sie zu rechter Zeit angebracht werden, einem Rechner sehr zu statten kommen. *Noch einige Vortheile bey Regel de tri beyspielen*

Erster Vortheil.

Verwandlung der ganzen Zahlen in Brüche und umgekehrt.

Ein Bruch-Beyspiel ist oft leichter, als ein Beyspiel ohne Brüche. Man kann daher zuweilen mit Vortheil Brüche anstatt ganzer Zahlen setzen; z. E. die Aufgabe wäre 24 Ellen kosten 2 Rthl. 2 Gr. 8 pf., was 27 Ellen; so kann man (weil 2 Gr. 8 pf. $\frac{1}{9}$ Thaler sind) anstatt des mittlern Satzes $2\frac{1}{9}$ Rthl. setzen, und nun wird das Beyspiel ganz kurz, nämlich

Ellen

$$
\begin{array}{ccccc}
\text{Ellen} & & \text{Rthl.} & & \text{Ellen} \\
3)\frac{24}{8} & — & \frac{2\frac{1}{9}}{19} & — & 9)\frac{27}{3} \\
 & & 8)\overline{\;\;\;\;\;\;} \; 2\frac{3}{8}\,\text{Rtl.} & & 3)\frac{3}{1}
\end{array}
$$

oder die Frage wäre: wenn $2\frac{5}{8}$ Centner 9 Rthl. 9 Gr. kosten, was kosten 3 Centner, so sagt man lieber

$$
\begin{array}{ccccc}
\text{Ct.} & & \text{Rthl.} & & \text{Ct.} \\
2\frac{5}{8} & — & 9\frac{3}{8} & — & 3)\frac{3}{1} \\
3)\frac{21}{7} & & 7)\frac{75}{10\frac{5}{7}\,\text{Rthl.}} & &
\end{array}
$$

So auch in Absicht auf den ersten und dritten Satz. 2 ℔ 8 L. kosten 1 Rthl. 3 Gr., was 3 ℔ 24 Loth? Dafür sagt man

$$
\begin{array}{ccccc}
℔ & & \text{Rthl. Gr.} & & ℔ \\
2\frac{1}{4} & — & 1 \;\cdot\; 3 & — & 3\frac{3}{4} \\
9)\frac{9}{1} & & 9)\frac{27}{3} & & \frac{15}{45}(3 \\
 & & & & \overline{\;1\,\text{R.}\,21\,\text{G.}}
\end{array}
$$

Man sieht leicht, daß es hiebey vornehmlich darauf ankömmt, daß jemand Ganze leicht in Brüche verwandeln könne, welche Fertigkeit man sich fast nur allein durch eine längere Erfahrung und Uebung im Rechnen erwerben kann.

Umgekehrt ist es zuweilen fast eben so zuträglich, einen Bruch in ganze Zahlen zu verwandeln; z. E. 21 Ellen kosten $3\frac{2}{6}$ Rthl., was 55 Ellen? Hier kömmt man kürzer weg, wenn man sagt

Ellen

Ellen — Rthl. Gr. pf. — Ellen

21 — 3) 3 5 4 — 55

3 — 1 1 $9\frac{1}{3}$ (5 — 5

7 — 5 8 $10\frac{2}{3}$ (11 — 11

59 : 1 $9\frac{1}{3}$

7) 8 R. 10 Gr. $6\frac{10}{21}$ pf.

Denn wenn man nach der gewöhnlichen Art es auch noch so kurz machte, so würden doch immer viel mehr Zahlen darauf gehen:

E. — Rthl. — E.

21 (9 — $3\frac{2}{9}$ — 55

189 — 29 (5 — 5

145 (11 — 11

189 | 1595 | 8 Rthl.

83 (24

1992 | 10 Gr.

10 (12

1224 | $6\frac{90}{189}$ | $\frac{10}{21}$ pf.

90

Zweiter Vortheil.

Zerfällung des Geldsatzes.

Weil die Groschen immer als ein Bruch vom Thaler, und die Pfennige als ein Bruch vom Groschen anzusehen sind, so kann man mit der Zerfällung der Groschen gegen Thaler und der Pfennige gegen Groschen viel Mühe sparen. Der Satz, worin Thaler, Groschen und Pfennige stehen, wird der Geldsatz genannt; es wird hier aber nur der mittlere, und nicht einer der beiden äußern verstanden; z. E.

Ct. — Gr. — Ct.
1 — 18 — 200
$\frac{2}{3}$ Rthl. — 400 (2
3) 400
133$\frac{1}{3}$ Rthl.

℔ — Gr. pf. — ℔
1 — 16 , 8 — 142
$\frac{1}{3}$ $\frac{1}{3}$ — 284 (2
3) 94 R. 16 G.
94 G. 8 pf.
98 R. 14 G. 8 pf.

Ct. Rthl. Gr. pf. Ct.
1 — 3 , 8 2 — 85
$\frac{1}{3}$ $\frac{1}{8}$ — 255 (3 Rthl.
$\frac{1}{3}$ R.) 28 Rthl. 8 Gr.
$\frac{1}{8}$ G.) 14 Gr. 2 pf.
283 Rtl. 22 Gr. 2 pf.

℔ — Gr. ℒ — Ct. ℔
1 — 16 4$\frac{1}{5}$ — 1 — 20
$\frac{2}{3}$ Rtl. $\frac{1}{3}$ Gr. $\frac{1}{5}$ ℒ 130.
$\frac{2}{3}$ 260
86 Rtl. 16 Gr.
$\frac{1}{3}$ 43 Gr. 4 pf.
$\frac{1}{5}$ 26 pf.
88 Rtl. 13 Gr. 6 pf.

Ct. Rthl. Gr. pf. Ct.
5 — 19 , 4 , 3 — 953
5) 3 R. 20 G. $\frac{3}{5}$ pf. 2859 (3
$\frac{5}{6}$ Rthl. $\frac{5}{6}$) 794 Rtl. 4 G. (4765)
$\frac{3}{5}$) — — 571$\frac{4}{5}$ pf. (2859)
3654 Rtl. 3 Gr. 7$\frac{4}{5}$ pf.

Zuweilen kann man gleich Groschen und Pfennige zusammen als einen Bruch vom Thaler nehmen, welches besonders wegen der Neuntel zu merken ist; 2 Gr. 8 pf. sind $\frac{1}{9}$ Rthl. 5 Gr. 4 pf. $\frac{2}{9}$ Rthl., 10 Gr. 8 pf. $\frac{4}{9}$ Rthl.

Rthl., 13 Gr. 4 pf. $\frac{5}{9}$ Rthl., 18 Gr. 8 pf. $\frac{7}{9}$ Rthl. und 21 Gr. 4 pf. $\frac{8}{9}$ Rthl. Z. E.

℔. Rthl. Gr. pf. ℔.
1 — 3 : 2 : 8 — 76
$\frac{1}{9}$ Rthl. 228(3
$\frac{1}{9}$ $8\frac{4}{9}$
$236\frac{4}{9}$ Rthl.

Oder:

℔. Rthl. Gr. pf. ℔.
5 — 27 : 18 : 8 — 92
5) 5 13 : 4 460(5
$\frac{5}{9}$ 9) 51 Rth. 2 Gr. 8 pf.
511 Rth. 2 Gr. 8 pf.

Hier sind 92 ℔. erst mit 5 Rthl. multiplicirt; hernach ist dieses Fünffache mit 9 dividirt, welches also $\frac{5}{9}$ macht.

Was hier vom Gelde gesagt ist, ließe sich, wenn man es verlangte, auch auf Maß und Gewicht anwenden: z. E. wenn es hieße 1 Rthl. giebt 3 Ct. 66 ℔. 8 L. was 157 Rthl.? so verwandelte man 66 ℔. in $\frac{3}{5}$ Ct. und 8 Loth in $\frac{1}{4}$ ℔.

Rthl. Ct. ℔. L. Rthl.
1 — 3 : 66 : 8 — 157
$\frac{3}{5}$ $\frac{1}{4}$ 471(3
5) 94 Ct. 22 ℔.
4) 39 ℔. 8 L.
565 Ct. 61 ℔. 8 L.

Auf gleiche Art ließen sich auch die Scheffel in Brüche von Wispel oder Malter, und die Metzen in Brüche vom Scheffel verwandeln. Weil aber dergleichen Beyspiele selten anders, als bey anzustellenden Proben vorkommen, welche derjenige, der sich dieser Abkürzungen bedient, kaum mehr gebrauchen wird, so ist die bloße Anzeige davon genug.

Dritter Vortheil.

Verwechselung der Benennung des zweiten und dritten Satzes.

Der herauskommende vierte Satz ist immer gleich, wenn man gleich die Zahl des zweiten Satzes zu der Zahl des dritten macht. Z. E. man mag sagen 1 Elle 3 Gr. was 4 Ellen? oder 1 Elle 4 Gr. was 3 Ellen? so ist in beiden Fällen die Antwort 12 Gr. Daraus folgt nun, daß man nöthigenfalls die Ueberschrift des zweiten und dritten Satzes vertauschen kann. Z. E. wenn die Aufgabe wäre 1 Elle 22 Gr. was 18 Ellen, so wäre die kürzeste Ausrechnung nach der gewöhnlichen Art folgende:

Elle		Gr.		Ellen
1	—	22	—	18
		1 Rthl. 20 Gr.	(2	2
		16 Rthl. 12 Gr.	(9	9

Etwas kürzer und viel leichter wird man davon kommen, wenn man die 18 für Groschen ansieht, und da 18 Gr. $\frac{3}{4}$ Thaler sind die 22 mit 3 multiplicirt und mit 4 dividirt

Ell.		Gr.		Ell.
1	—	22	—	18
		66 (3		$\frac{3}{4}$
		4) $16\frac{1}{2}$ Rthl.		

Dies geht aber nicht bloß mit den Zahlen unter 24 an, sondern auch mit größern; z. E. die Aufgabe hieße:

Ell.		Rthl.	Gr.		Ell.
1	—	1	19	—	75

so

so sieht man wohl, daß, wenn die 75 Ellen Groschen wären, sie 3 Rthl. 3 Gr. ausmachen würden. Folglich verfährt man so:

Ell.		Rthl.		Gr.		Ell.
1	—	1	:	19	—	75
				43		$3\frac{1}{8}$ Rthl.
				129 (3		
8)				$5\frac{3}{8}$		
				$134\frac{3}{8}$ Rthl.		

Ständen anstatt 75 Ellen 81, so würde man eben so leicht fertig:

Ell.		Rtl.		Gr.		Ell.
1	—	1	:	19	—	81 $\frac{3}{8}$
				43		$3\frac{3}{8}$ Rthl.
				129 (3		
8)				$16\frac{1}{8}$		
				$145\frac{1}{8}$ Rthl.		

Wenn man das Beyspiel hat 1 Ell. 1 Rthl. 12 Gr. (oder 36 Gr.) was 66 Ellen? und sich besinnt, daß 66 Gr. gerade einen Dukaten ausmachen, übrigens auch weiß, daß 36 Dukaten 99 Rthl. ausmachen (das Stück zu 2 Rthl. 18 Gr. gerechnet): so wird die Antwort nicht anders seyn können, als 99 Rthl.

Vierter Vortheil.

Verwandlung des ersten Satzes in einen Bruch vom zweiten.

Wenn der erste Satz aus einer Zahl besteht, die einen bequemen Bruch von der Benennung des zweiten Satzes abgeben kann, so setzt man

 an

an ihre Stelle den Bruch und multiplicirt hernach mit dessen Nenner den zweiten Satz, ingleichen mit dem dritten Satze; mit dem Zähler aber dividirt man; nur muß man hernach was herauskömmt, nicht nach der Benennung des zweiten Satzes nennen, sondern nach der nächst kleinern Benennung, z. E.

Ellen		Rthl.		Elle
8	—	7	—	2

Hier sind 8, wenn ich sie nicht, als Ellen, sondern als Groschen betrachte, $\frac{1}{3}$ von 1 Rthl. als der Benennung des mittlern Satzes. Man setzt es also auf:

```
      Rthl.
8  —  7  —  1
—     —(3
⅓     21 Gr.
```

So auch

```
Ct.       Rthl.     Ct.
21   —    19   —    5
—         —(5
⅞ Rthl.   95
          —(8
          760
       7) ———
          108 4/7 Gr. d. i. 4 Rthl.
               12 Gr. 6 6/7 pf.
```

Oder weil man vorhersieht, daß mehr als 24 Gr. herauskommen werden, und folglich doch wieder mit 24 oder 3 × 8 dividirt werden muß, so multiplicirt man mit 8 nicht, und dividirt hernach nur durch 3, nämlich so:

```
    Rthl.
    19
    —(5
    25
 7) ——
    13 4/7 Rthl.
 3) ————
    4 11/21 Rthl.
```

Fer-

Ferner:

```
Rthl. Gr.     ℔.    Rthl.   Gr.
 1  : 4  —  3  —   16      8
 ─                 ──
 28                392
 ──                ────
 ⅞ ℔.              1176 (3
                   ────
                   9408 (8
                 7)────
                   1344 L.
                32)────
                    42 ℔.
```

Oder weil man doch sieht, daß man mit 32 wird dividiren müssen, so multiplicirt man nicht mit 8, sondern dividirt blos mit 4, nämlich so:

```
Rthl.      Gr.
 16         8
 ────────────
 392
 ────
 1176 (3
7)────
 168
4)───
 42 ℔
```

Ueberhaupt muß man die Gelegenheit des Aufhebens des ersten Satzes gegen den zweiten und dritten bey dieser Abkürzung nicht versäumen, sondern sie vorangehen lassen, z. E.

```
 ℔.      Gr.      ℔.
 28  —   21  —    7
7)──   7)──    7)──
 14       3 (6    1
7)──     ──
  2      18 Pf.
 ──
  1
 ──
  6
```

Man sieht leicht, daß die Zerfällung des ersten Satzes gegen den zweiten in denjenigen Fällen am meisten Nutzen schafft, wenn der erste Satz größer ist, als das Factum des zweiten und dritten, folglich besonders in Beyspielen, wo hinten 1 ist.

Fünfter Vortheil.

Zusammensetzung des dritten Satzes aus dem ersten.

Wenn der dritte Satz größer ist, als der erste, so kann man oft aus dem ersten den letzten zusammensetzen; z. E. wenn der erste Satz 3 wäre, und der letzte 7: so besteht 7 aus 3 zweimal und aus dem dritten Theil davon, nämlich 1. Dies würde also ein solches Beyspiel geben:

Ellen		Gr.	Pf.			Ellen.
3.	—	7	6	—		7
		7	6		1	3
		2	6		1	3
		17 Gr.	6		$\frac{1}{3}$	1

℔.		Rthl.	Gr.			℔.
15	—	19	2	—		$37\frac{1}{2}$
		19	2		1	15
		9	: 13		1	15
		47 Rtl.	17 Gr.		$\frac{1}{2}$	$7\frac{1}{2}$

Auch wenn der hintere Satz kleiner ist, als der vordere, geht es zuweilen an, daß man den hintern Satz aus dem vordern hervorbringe. Z. E. wenn vorn 18 stände, und hinten 10, so sagt man $\frac{1}{9}$ von 18 ist 2, und 2 4 mal genommen macht 8, 8 aber und 2 zusammen 10, auf folgende Art:

Ell.		Rthl.	Gr.	Pf.			Ell.
18	—	19 :	2 :	9	—		10
		2 :	2 :	$11\frac{2}{3}$		$\frac{1}{9}$	2.
		8 :	11 :	$10\frac{2}{3}$		4	8
		10 Rtl.	14 Gr.	$10\frac{1}{3}$ Pf.			

Sech=

Sechster Vortheil.

Willkürliche Vermehrung oder Verminderung eines Satzes.

Zuweilen hat man Vortheil davon, wenn man einen Satz von den drey Sätzen ein wenig vermehrt oder vermindert; z. E. wenn der mittlere Satz nahe an eine volle Zahl gränzt, so rechnet man das Beyspiel nach dieser vollen Zahl aus, und rechnet alsdenn das wenige Uebrige entweder zu, oder zieht es ab. Gesetzt der mittlere Satz hieße 3 Rthl. 23 Gr. 6 pf. so ist es in manchen Fällen zuträglich, lieber die volle Zahl 4 Rthl. anzunehmen. Z. E.

Ct.		Rthl.		Gr.	Pf.		Ct.
1	—	3	=	22	6	—	12

Dies Beyspiel würde man sogar im Kopf auf folgende Art ausrechnen können: Wenn 1 Centner 4 Rthl. kostete, so würden 12 Centner 48 Rthl. weniger $1\frac{1}{2}$ Gr. also 12 Centner 48 Rthl. weniger 18 Gr. d. i. 47 Rthl. 6 Gr. kosten.

Ein Beyspiel, wo der vorderste Satz mit Vortheil vergrößert wird, ist folgendes:

℔		Rthl.	Gr.	Pf.		℔.
$\frac{8}{9}$	—	1	3	4	—	$\frac{3}{7}$
	8)	—	3	5		
		1	6	9		
		3	20	3	(3	
	7)		13 Gr.	$2\frac{1}{7}$ Pf.		

Hier thut man, als hieße der erste Satz 1 ℔. Man dividirt nämlich den mittlern Satz mit 8, und indem man den herauskommenden Quotienten zurechnet, so erhält man den Preis von 1 ℔. Wenn man darauf mit 3 multiplicirt und mit 7 dividirt, so kömmt der Preis von $\frac{3}{7}$ ℔. heraus.

Endlich noch ein Beyspiel, wo man den hintersten Satz bequem vergrößern kann:

℔. Rthl. Gr. ℔.
1 — 1 , 6 — 15
20 Rthl. — (16
1 Rthl. 6 Gr.
18 Rtl. 18 Gr.

Auch dies Beyspiel läßt sich durch Vergrößerung des letzten Satzes bequem mit dem bloßen Kopfe ausrechnen. Wären es 16 ℔. sagt man, so wären es 16 mal 30 Gr. oder 0 Gulden, d. i. 20 Rthl. Nun aber geht der Preis Eines Pfundes ab, und es sind nur 18 Rthl. 18 Gr.

Mit dem Vermindern ist es eben so;

℔. Gr. Pf. ℔.
$1\frac{1}{4}$ — 19 2 — 13
5)
3 10 Pf.
15 4
7 Rthl. 16 — (12
8 Rthl. 7 Gr. 4 pf.

Weil $1\frac{1}{4}$ ℔. $\frac{5}{4}$ ℔. ausmacht, so verringert man $1\frac{1}{4}$ ℔. dadurch auf 1 ℔. wenn man von 19 Gr. 2 pf. den 5ten Theil abzieht. Das Übrigbleibende multiplicirt man hernach mit 12, welches leicht ist, weil 12 mal 4 pf. 4 Gr. und 12 mal 15 Groschen oder 15 halbe Thaler 7 Rthl. 12 Gr. machen. Das Einfache und Zwölffache zusammen addirt giebt das Dreizehnfache.

℔. Gr. Pf. ℔.
8 — 16 2 — 9

Hier sagt man, indem man den zweiten Satz um 2 Pf. verringert, wenn 8 ℔. 16 Gr. koste-

kosteten, so würden 9 ℔. 18 Gr. kosten. Nun kosten aber die 8 ℔. noch 2 Pf. mehr; 9 ℔ müssen also den achten Theil von 2 Pf. nämlich $\frac{1}{4}$ Pf. mehr und also zusammen 18 Gr. $2\frac{1}{4}$ Pf. kosten.

Das Vermindern des dritten Satzes ist vorher schon angezeigt worden, wo mit 12 anstatt 13 multiplicirt wurde.

Siebenter Vortheil.

Die Verminderung des zweiten oder dritten Satzes in Vergleichung mit dem ersten.

Oft trifft es sich, daß der zweite oder dritte Satz nicht um sehr viel von dem ersten verschieden ist. In diesem Falle läßt sich eine bequeme Erleichterung anbringen, welche besonders bey dem Rechnen aus dem Kopfe sehr bequem ist. Man nehme den Fall, daß 16 Ellen 19 Rthl. kosten, und es würde gefragt, wie viel nun 21 Ellen kosten. Hier sieht man leicht, daß 16 Ellen 3 Thaler mehr kosten, als ihre eigne Zahl beträgt. Man sagt also 16 Ellen kosten 3 Rthl. mehr, wie viel werden 21 Ellen mehr kosten. 3mal 21 ist 63, und 16 in 63 habe ich $3\frac{15}{16}$ (dies alles läßt sich sehr leicht im Kopfe ausrechnen, wie man sieht). Ich sage also: wenn 16 Ellen 3 Thaler mehr kosten, so kosten 21 Ellen $3\frac{15}{16}$ Thaler mehr, folglich $24\frac{15}{16}$ Thaler. Will man ein solches Beyspiel schriftlich aufsetzen, so wird es also aussehen:

```
Ell.    Rthl.    Ell.
16  —   19   —   21
        16       ──(3
        ──       63
         3   16) ──
                 3 15/16
                 21
                 ──────────
                 24 15/16 Rthl.
```

Oder

Oder mit Weglassung des Unnöthigen:

Ell.	Rthl.	Ell.
16 —	19 —	21
		63
		$3\frac{15}{16}$
		$24\frac{15}{16}$ Rthl.

Nun kann man auch den zweiten und dritten Satz vertauschen (s. oben den dritten Vortheil), und sagen: 16 Ellen kosten 21 Thaler, was kosten 19 Ellen, so muß ebenfalls $24\frac{15}{16}$ Thaler herauskommen. Man sagt nämlich 16 kosten 5 mehr, wie viel kosten 19 mehr? Antwort: $5\frac{15}{16}$ Rthl., denn 5mal 19 ist 95, und 16 in 95 habe ich $5\frac{15}{16}$mal; 19 und $5\frac{15}{16}$ machen $24\frac{15}{16}$; dies aber sind nun nicht Ellen, sondern Thaler. Wenn also die Aufgabe wäre: 35 Ellen kosten 17 Thaler, was kosten 38 Ellen? so würde ich erst den zweiten und dritten Satz vertauschen, und hernach sagen: 35 Ellen kosten 38 Thaler, was kosten 17 Ellen. Weiter also: 35 Ellen kosten 3 Thaler mehr, also 17 Ellen $1\frac{16}{35}$ mehr. Hieraus folgt, daß 38 Ellen $18\frac{16}{35}$ Thaler kosten.

Es ist einerlei, ob einer der hintern Sätze gegen den erstern etwas kleiner oder etwas größer ist, nur daß alsdann das Herausgebrachte nicht zugerechnet, sondern abgerechnet werden muß. Z. B. wenn gefragt würde: 27 Ellen kosten 25 Thaler, was kosten 14 Ellen? so ist dies so zu ändern: 27 Ellen kosten 2 Thaler weniger, wie viel kosten 14 Ellen weniger? Antwort: $1\frac{1}{27}$ weniger, als 14 Thaler, folglich $12\frac{26}{27}$ Thaler.

Hieße die Frage: 19 Ellen kosten 30 Thaler, was kosten 16 Ellen? so würde dies mit

Ver-

Vertauschung der beiden hintern Sätze erst so ausgedrückt: 19 Ellen kosten 16 Thaler, wie viel 30? Hernach ferner: 19 Ellen kosten 3 weniger, wie viel kosten 30 weniger: Antwort: $4\frac{14}{19}$ weniger, also $25\frac{5}{19}$ Thaler. Aufgesetzt würde dies so:

```
Ell.     Rthl.     Ell.
19   —   16   —    30
         ——        ——(3
         —3    ——— 90
              19)———
               —— 4 14/19
                  ————————
                  25 5/19 Rthl.
```

Auch auf Beyspiele mit Brüchen läßt sich dies, obgleich nicht immer mit großem Vortheil, anwenden. Z. E. $23\frac{4}{5}$ Ellen kosten $27\frac{4}{5}$ Rthlr., was kosten 30 Ellen? Verändert: $23\frac{4}{5}$ Ellen kosten 4 Thaler mehr, wie viel kosten 30 Ellen mehr? Antwort: da 4mal 30 120 ausmacht, und ich $23\frac{4}{5}$ in 120 nicht 6, sondern nur 5mal haben kann, so folgt, daß über 35 Thaler und unter 36 Thaler herauskommen müsse, welches zu wissen oft schon hinreichend ist. Wie viel der Bruch beträgt, läßt sich freilich auch (allenfalls sogar im Kopfe) ausrechnen. 5mal $23\frac{4}{5}$ sind 119, von 120 bleibt 1. Man erhielte also 1 zum Zähler, und $23\frac{4}{5}$ zum Nenner, welches einen Bruch machen würde, der eine ganze Zahl zum Zähler, und einen vermischten Bruch zum Nenner hätte. Allein solche Brüche sind bald ins Geschick zu bringen, wenn man den Zähler sowohl als den Nenner mit dem Nenner des vermischten Bruchs (also hier mit 5) multiplicirt. So erhält man 5 zum Zähler und 119 zum Nenner, also $5\frac{5}{119}$ mehr als 30, folglich $35\frac{5}{119}$ Thaler; $\frac{5}{119}$ Thaler aber machen nur ein klein wenig mehr, als $\frac{5}{120}$ oder $\frac{1}{24}$ Thaler,

folg-

folglich ein klein wenig mehr, als 1 Gr. Der Aufsatz darüber würde also aussehen:

Ell. — Rthl. — Ell.
$23\frac{4}{5}$ — $27\frac{4}{5}$ — 30
$-\;4$; $30 \cdot 4 = 120$
$23\frac{4}{5})\,120$
$5\frac{1}{23\frac{4}{5}}$ oder $\frac{5}{119}$
35 und $\frac{5}{119}$ Rthl.

Folgendes Beyspiel mit Brüchen ist etwas leichter. 22 Centner kosten $24\frac{1}{3}$ Thaler, was kosten 15 Centner? Hier sagt man: $24\frac{1}{3}$ ist $2\frac{1}{3}$ mehr als 22. Es würde also heißen müssen: 22 kosten $2\frac{1}{3}$ mehr, wie viel 15? 15mal $2\frac{1}{3}$ sind 35; 22 in 35 habe ich $1\frac{13}{22}$; folglich kosten 15 Centner $1\frac{13}{22}$ mehr, also $16\frac{13}{22}$ Thaler. Der Aufsatz ist

Ct. — Rthl. — Ct.
22 — $24\frac{1}{3}$ — 15
$2\frac{1}{3}$ (15 ; $1\frac{13}{22}$
$22)\,35$; $16\frac{13}{22}$ Rthl.
$1\frac{13}{22}$

Beyspiele zur Uebung zu dem siebenten Vortheil.

1) 9 Ellen kosten 10 Rthl., was 25 Ellen? $27\frac{7}{9}$ Rthl. 2) 15 Ct. kosten 80 Rthl., was 16 Ct.? $85\frac{1}{3}$ Rthl. 3) 21 Wispel kosten 23 Rthl., was 19 Wispel? $20\frac{17}{21}$ Rthl. 4) 113 Ellen kosten 14 Rthl., was 122 Ellen? $15\frac{13}{113}$ Rthl. 5) 27 Centner kosten 28 Rthl., was 28 Centner? $29\frac{1}{27}$ Rthl. 6) 27 Centner kosten 31 Rthl., was 29 Centner? $33\frac{8}{27}$ Rthl. 7) 39 Ellen kosten 35 Rthl., was 20 Ellen? $17\frac{37}{39}$ Rthl. 8) 17 Ellen kosten 12 Rthl., was 8 Ellen? $5\frac{11}{17}$ Rthl. 9) 110 Ct. kosten 97 Rthl., was 9 Ct.? $7\frac{103}{110}$ Rthl. 10) 59 Ellen kosten 17 Rthl., was 54 Ell.? $15\frac{33}{59}$ Rthl. 11) 39 Ct. kosten 14 Rthl., was 37 Ct.? $13\frac{11}{39}$ Rthl.

§. 17.

§. 17.

Anwendung der Reesischen sogenannten allgemeinen Regel der Rechenkunst auf die Regel de tri.

Ein gewisser Holländischer von Adel, K. F. von Rees, hat eine sogenannte allgemeine Regel der Rechenkunst *) erfunden, deren Nutzen sich im Folgenden noch zeigen wird. Damit man nun im Voraus mit derselben bekannt werde, so will ich hier kürzlich zeigen, wie sie sich auf die gewöhnliche Regel de tri anwenden lasse. Das ganze Kunststück besteht hier darin, daß man den dritten Satz gleich unter den zweiten setzt, auf folgende Art:

13 ℔	24 Rthl.
*	19 ℔

Der Stern dient anstatt des vierten noch zu findenden Satzes. Die Regel selbst heißt so: Aus beiden Columnen (Spalten oder Säulen) muß gleich viel herauskommen. Nun kömmt aus der letzten Columne (19 × 24) 456 heraus; man muß also anstatt des Sterns in der ersten eine Zahl finden, aus der, wenn sie mit 13 multiplicirt wird, ebenfalls 456 herauskömmt. Diese Zahl findet man, indem man 456 mit 13 divi=

*) K. F. de Rees allgemeine Regel der Rechenkunst oder neueste Art alle Aufgaben, in welchen etwas ein Verhältniß zu andern Dingen hat, kurz und leicht aufzulösen, ist zu Göttingen von einem Liebhaber Mathematischer Künste (d. i. von Ludwig Martin Kahle, nachmaligem Preußischen Geheimen Rathe) aus dem Holländischen übersetzt erschienen, und 1743 und 1751 wieder aufgelegt worden. Hernach hat Michael Lorenz Willig, der die beiden letztern Ausgaben des oben gedachten Buchs schon besorgt hatte, zu Bremen und Göttingen in zwei Theilen 1759 und 1760 herausgegeben: Gründliche Vorstellung der Reesischen allgemeinen Regel nebst deren Anwendung auf die üblichsten Rechnungsarten, welches Buch zu gründlicherer Kenntniß dieser Regel sehr zu empfehlen ist. Auch in N. Schmids Rechenkunst (Leipz. 1774) ist von der Reesischen Regel hin und wieder Gebrauch gemacht.

dividirt. Der Quotient ist nämlich $35\frac{1}{19}$. Wenn man diese $35\frac{1}{19}$ Rthl. anstatt des Sterns setzt, so muß alsdenn aus beiden Columnen, wenn man die obere und untere Zahl mit einander multiplicirt, gleiches herauskommen, und dies beweiset alsdenn die Richtigkeit der Rechnung.

13 ℔	24 Rthl.
$35\frac{1}{19}$ Rthl.	19 ℔
456 ——	456

Man sieht hieraus, daß bey solchen Regel=detri=Beyspielen, wo sich keine Zahl aufheben läßt, der Nutzen der Reesischen Regel nicht groß ist; hingegen ist sie, so bald Anfhebungen statt finden, desto bequemer. Denn nun heißt die Regel weiter: So oft eine Aufhebung eines Theils der Einen Columne gegen die andre statt findet, so muß man diese Aufhebung vornehmen. Z. E. die Aufgabe wäre 21 ℔ 14 Gr. was 6 ℔.

3. ~~21~~ ℔	2. ~~14~~ Gr.
*	2 ~~6~~ ℔
	4 Gr.

Hier sagt man 7 in 21 3, 7 in 14 2; 3 in 3 1 (die 1 braucht nie hingeschrieben zu werden), 3 in 6 2. Nun bleiben auf der einen Columne 2 Zweien, 2 mal 2 ist 4; auf der andern Columne bleibt nichts; es muß also an die Stelle des Sterns ebenfalls 4 kommen, dies sind 4 Gr. als der gesuchte vierte Satz.

Wenn mehrere Benennungen da sind, so muß erst die Resolution vorgenommen werden, wie in der gewöhnlichen Art; z. E 3 Ct. 4 ℔ 6 L. kosten 19 Rthl. 2 Gr. 6 pf., was kosten 8 Ct. 17 ℔ 10 L.? Dies wird nach der Reesischen Art so aufgesetzt:

3 Ct.

3 Ct. 4 ℔ 6 L. 19 Rthl. 2 Gr. 6 pf.

334 (32 458

2) 10694 2) 5502

5347 2751

8 Ct. 17 ℔ 10 L.

897 (32

* 28714

2751

28714

143570

200998

57428

5347 | 78992214 | $14773\frac{983}{5347}$ pf.

255243 23

413108

3979

1

Man sieht hieraus, daß in manchen Fällen die Reesische Regel vor der gewöhnlichen Art der Regel de tri nicht das geringste voraus hat.

Wenn Brüche vorkommen, so behält man bloß die Zähler, die Nenner setzt man auf die andre Seite; doch müssen vermischte Brüche erst vorher in unächte verwandelt werden; z. E. $\frac{3}{5}$ ℔. $\frac{2}{7}$ Gr. was $\frac{1}{4}$ ℔.?

3 ℔. 2 Gr.

7 1 ℔.

4. 21 5.

*

42 $\frac{5}{42}$ Gr.

3 $3\frac{1}{3}$ ℔.

$3\frac{1}{3}$ ℔ $2\frac{3}{5}$ Gr. was 6 Ct. $37\frac{5}{8}$ ℔.

℔	
$3\frac{1}{3}$	$2\frac{3}{5}$ Gr.
10	13
5	3
8	6 Ct. $37\frac{5}{8}$ ℔.
400	697
	5581
	13
	16743
	5581
	72553
4)00	2176(59(3
	$543\frac{59}{400}$ Gr.

§. 18.

Sogenannte verkehrte Regel de tri.

Zuweilen muß man nicht den zweiten und dritten Satz multipliciren, und durch den ersten dividiren; sondern den ersten und zweiten multipliciren, und das herauskommende Factum durch den dritten dividiren, welches die verkehrte Regel de tri (Regula de tri inversa) genannt wird. Man gebraucht dieselbe, so oft nach der ordentlichen Regel de tri etwas ungereimtes herauskommen würde. Z. E. 24 Arbeiter vollenden eine gewisse Arbeit in 6 Tagen; in wie viel Tagen wird sie von 48 Arbeitern geendet werden? Wenn man hier nach der ordentlichen Regel verführe, so würden 12 Tage her-

herauskommen, da doch allenfalls ein Kind wohl begreift, daß nur 3 Tage herauskommen müssen, welche auch wirklich herauskommen, wenn man den zweiten Satz mit dem ersten multiplicirt, und hernach mit dem dritten dividirt.

Um zu entdecken, ob ein Beyspiel nach der ordentlichen oder nach der verkehrten Regel de tri müsse gemacht werden, thut man, ehe man multiplicirt oder dividirt, 2 Fragen: 1) Muß der vierte Satz mehr betragen, als der zweite, oder weniger? Diese Frage wird jeder gesunde Menschenverstand richtig beantworten. Z. E. 2000 Mann zehren an einem bestimmten Vorrathe 15 Monathe, werden 2500 Mann kürzer oder länger daran zehren? Antwort, kürzer. In einer belagerten Stadt ist auf 9 Monathe Vorrath für die Besatzung, wenn monathlich 40 Wispel Korn verzehrt werden, wird man monathlich mehr oder weniger verzehren dürfen, wenn man nur 6 Monathe genug haben soll? Antwort, mehr. 2) Würde nach der ordentlichen Regel de tri weniger oder mehr herauskommen? Wird weniger verlangt, und die ordentliche Regel gäbe mehr; oder wird umgekehrt mehr verlangt, und die ordentliche Regel gäbe weniger: so ist beides ein Zeichen, daß nach der angeführten verkehrten Regel müsse verfahren werden. Nun ist das leicht zu sehen, ob nach der ordentlichen Regel mehr oder weniger, als der zweite Satz beträgt, herauskommen würde; denn wenn der dritte Satz größer ist, als der erste, so würde auch der vierte größer seyn, als der zweite, und umgekehrt.

Alle Abkürzungen der ordentlichen Regel de tri lassen sich auch bey der verkehrten anbringen: nur daß

 man

man den ersten Satz nicht gegen den zweiten, aber wohl den zweiten gegen den dritten aufheben darf, *) z. E.

```
Mann        Mon.        Mann.
20ØØ   —    15    —    25ØØ
5) 4(3   5) 3       5) 5
  12 Monathe.       5) 1

Mon.        Wsp.        Mon.
 9     —    40    —     6
3) 3     2) 20        3) 2
            60 Wsp.   2) 1
```

Die Reesische Art setzt Beyspiele dieser Art so auf:

```
2000 Mann                2500 Mann
  15 Monathe               * Monathe
```

Die Aufhebung einer Säule gegen die andere ist eben so, als im vorhergehenden Paragraphen.

```
2ØØØ. 4.          25ØØ. 5
15. 3.            *
*                 —
3                 12 Monathe.
```

Beyspiele zur Uebung, nebst Anzeige der Fälle, wo die verkehrte Regel statt findet. **)

(1)

Bey Bestimmung der Zeit, binnen welcher etwas geschehen kann.

1) 16 Schnitter mähen ein Feld in 4 Tagen ab; in wie viel Tagen werden es 8 Schnitter abmähen? In 8 Ta-

---

*) So wie auch, wenn Brüche da sind, der vordere und mittlere Nenner hinten, der hintere entweder vorn oder in die Mitte gebracht wird.

**) Beym Unterrichte thut man wohl, wenn man bald ein Beyspiel aus der ordentlichen, bald wieder eins aus der verkehrten Regel de tri giebt.

8 Tagen. 2) eine Quantität Korn reicht für eine gewisse Menge Leute 6 Monathe hin, wenn die Person täglich 2 ℔ Brot bekömmt; wie lange wird sie hinreichen, wenn man der Person täglich nur $1\frac{1}{2}$ ℔ giebt? 8 Monathe. 3) 10 Männer verrichten eine Arbeit in 30 Tagen; in wie viel Tagen wird sie von 24 Männer verrichtet werden? In $12\frac{1}{2}$ Tagen. 4) Es leihet einer dem andern 20 Thaler 8 Monathe lang. Nach 8 Monathen giebt der letzte das Geld ohne Interesse wieder, leihet aber dem ersten 12 Thaler zu; wie lange kann dieser die 12 Thaler behalten, ehe er so viel Interesse zu fordern hat, als er schuldig war? $13\frac{1}{3}$ Monath. 5) 1000 Personen sind mit 200 Wispel Mehl *) versehen, und können damit 12 Monathe auskommen. Es kommen aber, ehe man an zu zehren fängt, noch 200 Personen dazu; wie lange werden nun die 1200 Personen von den 200 Wispel leben können? 10 Monathe. 6) Man vollendet eine gewisse Reise in 10 Tagen, wenn man täglich 4 Meilen reiset; wie lange muß man reisen, wenn man täglich 5 Meilen zurücklegt? 8 Tage. 7) Ein Teich, der verschiedene Thüren oder Schützen von gleicher Oeffnung hat, läuft in 9 Stunden ab, wenn man 10 Thüren öffnet; in wie viel Stunden wird er ablaufen, wenn man nur 9 Thüren öffnet? In 10 Stunden. 8) 9 Thüren lassen das Wasser ab in $6\frac{2}{3}$ Stunden; wie bald thun es 6? In 10 Stunden.

(2)

Bey dem Einfluß der Zeit auf die Vollendung mehrerer oder weniger Dinge.

1) Eine Stadt ist auf 6 Monathe mit Brot versehen, wenn die Person täglich $1\frac{1}{2}$ ℔ bekömmt; wie viel wird jeder bekommen, wenn sie sich $7\frac{1}{2}$ Monath behelfen soll? $1\frac{1}{5}$ ℔. 2) 20 Leute enden in 6 Wochen eine gewisse Arbeit; wie viel müssen Leute seyn, wenn sie in 5 Wochen geendet werden soll? 24. 3) Man reist in 12 Tagen an einen gewissen Ort, indem man täglich $3\frac{1}{2}$ Meile zurücklegt; wie viel Meilen wird man täglich reisen

*) Man merke, daß die 200 Wispel nichts zur Sache thun, und also auch bey der Rechnung gar nicht weiter in Anschlag kommen; man könnte jede andre Anzahl von Wispeln oder auch jede andre Quantität dafür nehmen, ohne daß in der Zahl der Monathe dadurch etwas geändert würde.

sen müssen, wenn man nur erst in 14 Tagen dahin gelangen wollte? 3 Meilen. 4 Die Belagerten in einer Stadt könnten täglich 18 Centner Pulver verbrauchen, und ihr Vorrath würde dabey 10 Monathe währen; wie viel Centner und Pfunde werden sie täglich nun verbrauchen dürfen, wenn er 17 Monathe währen soll? 10 Ct. $64\frac{12}{17}$ ℔.

(3)

Bey Bestimmung des Geldes, das man wofür bezahlen oder fordern soll, oder desjenigen, was man für sein Geld erwarten darf.

1) Es kauft jemand ein Schiff voll Heu, das hundert Centner hält, für einen gewissen Preis (z. E. 36 Rthl.) und verkauft den Zentner zu 10 Gr.; wie hoch wird er den Centner verkaufen können, wenn das Schiff 120 Centner hält, und er dafür den vorigen Preis bezahlt? 8 Gr. 4 Pf. 2) Von 36 Wittwen einer Wittwengesellschaft erhält jede jährlich 100 Rthl. von den einmal festgesetzten jährlichen Einkünften; wie viel wird jede Wittwe erhalten, wenn ihre Zahl bis 90 gestiegen seyn wird? 40 Rthl. 3) Da der Einkauf von einem Faß Waare 1000 Rthl. betrug, wurde für einen gewissen Preis 1 ℔ gegeben; wie viel wird man für eben diesen Preis geben können, wenn das Faß mit 1280 Rthl. bezahlt wird? 25 Loth.

Anmerk. Gemeiniglich zieht man hieher auch den Verkauf des Brots; z. E. wenn der Scheffel Korn 1 Rthl. 8 Gr. gilt, wiegt ein Groschenbrot 1 ℔.; wie viel wird zu der Zeit das Korn kosten, wenn das Groschenbrot 1 ℔ 12 L. wiegt? Antwort, $23\frac{3}{11}$ Gr. Allein im folgenden Paragraphen wird es sich zeigen, daß der Korn- und Brotpreis auf diese Art nicht ganz bequem könne berechnet werden.

(4)

Beym Längen- und Breitenmaß.

1) Eine gewisse Quantität Garn (z. E. 40 ℔.) würde 110 Ellen Leinwand $\frac{6}{4}$ breit geben; wie viel Ellen $\frac{8}{4}$ breite wird herauskommen? $82\frac{1}{2}$ Elle. 2) Ein Acker, der

der 200 Ruthen lang und 90 Ruthen breit ist, folglich an Flächenmaß 18000 Quadratruthen hat, wird mit einer gewissen Summe bezahlt; wie viel Länge würde man für eben den Preis von einem andern Acker bekommen, der 30 Ruthen breit wäre? 600 Ruthen. 3) Einen Hausflur zu bepflastern braucht man 300 Stück Mauersteine, deren jeder bey einer gewissen Breite 1 Fuß lang ist; wie viel wird man Steine von gleicher Breite gebrauchen, deren aber jeder $1\frac{1}{4}$ Fuß lang ist? 240. 4) Eine Stube mit Fußtapeten zu belegen, werden 20 Ellen erfordert von solchen Tapeten, welche $\frac{3}{4}$ Ellen breit sind; wie viel wird man von solchen gebrauchen, welche $\frac{5}{4}$ breit sind? 12 Ellen.

Anmerk. Gewöhnlich zieht man hieher auch die Berechnungen der zu Kleidungsstücken erforderlichen Anzahl von Ellen, in Absicht auf das Oberzeug sowohl, als auf das Futter. Z. E. von feinem Tuche, welches $\frac{9}{4}$ breit ist, gebraucht jemand zu einem Kleide 6 Ellen, wie viel wird er von einem Sommerzeuge gebrauchen, welcher $\frac{7}{8}$ Ellen breit ist? Antwort $15\frac{3}{7}$ Ellen. Wie viel Unterfutter $\frac{11}{16}$ breit braucht man zu einem Oberzeuge von $3\frac{1}{2}$ Ellen Länge und $\frac{9}{4}$ Breite? Antwort, $11\frac{5}{11}$ Ellen. Allein auch diese Berechnung kann trügen; siehe den folgenden Paragraphen.

(5)

Bey noch andern Dingen.

Ein Fuhrmann will für ein gewisses Geld einen Kasten von 8 Centnern 28 Meilen mitnehmen; wie weit müßte er für eben so viel Geld einen andern von 14 Centnern mitnehmen? 16 Meilen. 2) 6 Centner will er für ein gewisses Geld 15 Meilen mitnehmen; wie viel Centner wird er für eben das Geld 20 Meilen mitnehmen? $4\frac{1}{2}$ Centner. 3) Wenn das Faß Bier 120 Kannen hält, so gebraucht man in einer Haushaltung jährlich 16 Fässer; wie viel wird man gebrauchen, wenn das Faß 100 Kannen hält? $19\frac{1}{5}$ Faß.

Hierher gehören nun auch alle Ausrechnungen in verschiednem Gewichte, Maß und Ellen und Münze. Z. E. 1) es erhält jemand für einen gewissen Preis in Hamburger Banco 36 Ct.; wie viel wird er für eben eine solche Summe in Preußischem Courant erhalten, vorausgesetzt, daß 142 Rthl. Preußisch Courant so gut sind, als 100 Rthl. Hamburgisch Banco. Dies kann man so aufsetzen:

Rthl.	Ct.	Rthl.
100 —	36 —	142.

d. i. in solchem Gelde, welches man Hundertthaler-Geld nennen könnte, erhalte ich für die bestimmte Anzahl von Thalern 36 Centner; wie viel in solchem, welches hundert und zweyundvierzig Thaler-Geld könnte genannt werden? Antwort, 25 Ct. 38 $\frac{34}{71}$ ℔. So auch. 2) Die Nürnberger Elle gutes Tuch gilt 2 Rthl. 16 Gr. 9 Pf. was die Leipziger, vorausgesetzt daß 37 Leipziger Ellen so lang sind, als 32 Nürnberger.

Ellen	Rthl.	Gr.	Pf.	Ellen.
32 —	2 :	16 :	9 —	37

d. i. in dem Maße, welches man das 32 Ellenmaß nennen könnte, gilt die Elle 2 Rthl. 16 Gr. 9 Pf. wie viel in demjenigen, welches das 37 Ellenmaß heißen könnte? Antwort, 2 Rthl. 8 Gr. Dergleichen Beyspiele würden ferner seyn. 3) Wenn der Stein Fleischergewicht 2 Rthl. 8 Gr. kostet; wie viel wird der Stein Krämergewicht kosten, vorausgesetzt, daß 8 Loth Fleischergewicht so gut sind, als 9 Loth Krämergewicht? 2 Rthl. 1 Gr. 9 $\frac{1}{3}$ Pf. 4) Was kosten 3 Wispel gestrichnes Maß, wenn 3 Wispel gehäuftes Maß 75 Rthl. kosten, vorausgesetzt, daß 4 Metzen gehäuftes Maß so gut sind, als 5 Metzen gestrichenes? 60 Rthl.

Anmerk. Es ist aber zu merken, daß die zuletzt angeführten Beyspiele auch alle nach der ordentlichen Regel de tri können ausgerechnet werden, wenn man sie nur darnach aufsetzt; nämlich: In Hamburg kann ich für 142 Rthl. Preußisch Geld nicht mehr als 100 Rthl. Banco bekommen; folglich werden anstatt 36 Centner mit Preußischem Gelde auch nur 25 Ct. 38 $\frac{34}{71}$ ℔. können erkauft werden.

```
    Ct.          Rthl.          Ct.
    142    —     100     —      36
2)  71         ———(18       2) 18
          71 | 1800 | 25 Ct.
             |  385 |
             |    2 |
              ———(110
              2750 | 38 52/71 ℔.
               622 |
                 5 |
```

Und so auch in den übrigen Fällen.

Ell.	Ell.		Rthl.	Gr.	Pf.	
37 :	32	=	2 ;	16 ;	9 :	2 Rthl. 8 Gr.

L.	L.		Rthl.	Gr.		Rthl.	Gr.	Pf.
9	8	=	2 ;	8	:	2 ;	1 ;	$9\frac{1}{3}$

Metz.		Metz.		Rthl.		Rthl.
5	:	4	=	75	:	60

Wenn es nun also gleich einerley ist, ob diese Beyspiele nach der verkehrten oder ordentlichen Regel de tri gemacht werden: so scheint doch die erstere Anfängern hier mehr anrathen zu seyn.

§. 16.

In welchen Fällen man die Regel de tri nicht zur Entscheidung einer Frage gebrauchen könne.

Es scheint zuweilen, als ob gewisse Fragen entweder nach der ordentlichen oder nach der verkehrten Regel de tri können entschieden werden; wenn man aber die Ausrechnung macht, so findet man, daß sie eine Unwahrheit enthält. Z. E. wenn jemand bemerkt hätte, daß ein Schuß aus einer 12 pfündigen Kanone 4 Meilen weit gehört worden, so kann er deshalb nicht schließen: Wenn zwey 12 pfündige Kanonen zu gleicher Zeit losgebrannt werden, so kann man den Schall 8 Meilen weit hören; und noch weniger: wenn eine 24 pfündige Kanone los-

losgeschossen wird, so ist sie 8 Meilen zu hören. Gleichwohl würde die Rechnung an sich richtig seyn:

	Kan.		Kan.		Meil.		Meil.
So wie	1	zu	2,	so	4	zu	8

oder

	Ib.		Ib.		Meil.		Meil.
So wie	12	zu	24,	so	4	zu	8

In einigen Rechenbüchern steht folgendes Beyspiel: Ein Fluß, der 200 Fuß lang fortfließet, hat in dieser Länge einen Fall von 1 Fuß, d. i. nach 200 Fußen fließt seine Oberfläche 1 Fuß tiefer, als vorher, und würde folglich nach 200 Meilen eine Meile tiefer seyn; wie viel wird nun das Mittelländische Meer, in welches sich der Nilstrom ergießt, niedriger liegen, als die Quelle dieses Stroms, welcher 1350 Meilen lang fließt? und darauf wird geantwortet 6¾ Meilen. Allein erstlich sind die höchsten Berge noch nicht ganz 1 Meile über die Oberfläche des Meeres erhaben; und die Quelle des Nils kann also unmöglich 6¾ Meilen höher, als das Meer liegen; zweitens könnte man auch auf kleinere Flüsse nicht einmal diese Rechnung anwenden, indem Ein Fluß immer abschüssiger und ungleicher ist, als der andre. Hier sind noch einige solche verkehrte Schlüsse, die alle regeldetrimäßig richtig sind.

Ein Kind wächst in dem ersten Jahre seines Lebens einen Fuß lang, wie lang wird es in 7 Jahren wachsen? Antwort 7 Fuß lang.

Ein Stein fällt während einer Secunde 15⅝ Fuß. Nun ist ein Stein von einem Thurme in 5 Secunden heruntergefallen; wie hoch ist der Thurm? 78⅛ Fuß.

Ein gerade auf die Erde gestellter Stock, der 1 Elle lang ist, wirft zu einer gewissen Tageszeit einen Schatten

ten von 2½ Ellen; wie hoch wird ein Thurm seyn, der einen Schatten von 200 Ellen wirft? 80 Ellen.

2 Pferde ziehen eine Last in Zeit von 6 Stunden 3 Meilen weit; wie bald werden 4 Pferde sie dahin ziehen? In 3 Stunden.

Wenn man nur ein wenig Aufmerksamkeit anwenden will, so wird man gewahr werden, daß in allen diesen Fällen der Schluß von gleichem Verhältnisse nicht gilt. Z. E. wer wird im Ernst behaupten, daß ein Kind alle Jahre gleich viel wachsen müsse, oder daß 4 Pferde noch einmahl so geschwinde fortkommen müssen, als 1? Oft aber ist der Betrug, den man sich selbst durch die Regel de tri macht, noch viel versteckter; z. E. es will jemand eine Arbeit durch 24 Arbeiter noch einmal so geschwinde geendigt wissen, als durch 12; die Arbeit aber ist so beschaffen, daß 24 Arbeiter sich nur hindern oder doch nicht mehr ausrichten können als 12. Die Belagerer einer Stadt haben Nachricht, daß die Belagerten nur auf 3 Monathe mit Lebensmitteln versehen sind; erfahren aber, daß man jedem täglich die Hälfte abgebrochen hat, und schließen nun daraus, also werde der Vorrath 6 Monathe dauern. Er kann aber länger dauern, wenn bey der schmalen Nahrung oder aus andern Ursachen viele dahin sterben. Besonders aber soll die verkehrte Regel de tri nicht geradehin auf Taxen- und Quadratmaßrechnungen angewandt werden.

Ein Kaufmann hat zu der Zeit, da er den Centner Kaffee mit 23 Rthl. bezahlte, das ℔. zu 16 Gr. verkauft; wie hoch soll er das ℔ verkaufen, wenn er 28 Rthl. für den Centner bezahlt? die Regel de tri antwortet: $19\frac{11}{23}$ Gr. die gesunde Vernunft aber antwortet: etwas weniger, denn obgleich der Preis des Kaffees aufgeschlagen ist, so ist doch unterdessen die Accise, der Zoll, die Fracht, der Gesindelohn rc. nicht aufgeschlagen.

Das

Das Korn hat 1 Rthl. 8 Gr. gekostet und das Groschenbrot hat 1 ℔ gewogen. Nun kostet es 16 Gr.; soll nun das Brot 2 ℔. wiegen? Ja, wenn nur auch der Becker alles übrige, was er zum Brotbacken braucht, wohlfeiler bekäme! Das Korn schlägt auf, und kostet 4 Rthl.; soll nun das Groschenbrot nur $\frac{1}{3}$ ℔ wiegen? Nein, etwas mehr; denn der Bekker braucht jetzt nicht mehr Zeit, Holz und Gesinde zu einer bestimmten Quantität Brot, als vorher. Er löset auch mehr aus der Kleye, als sonst ꝛc.

Ein Schneider verlangt von einem Zeuge, das $\frac{3}{4}$ breit ist, $2\frac{1}{2}$ Elle zu einer Weste; wird er deshalb von einem andern Zeuge weniger gebrauchen, welches $\frac{7}{8}$ breit ist? Schwerlich; aber er wird mehr abgeschnittene schmale Stücke zurückgeben müssen.

Mit dem Unterfutter hat es gleiche Bewandniß besonders wenn jemand ungestücktes Unterfutter verlangt.

Vierundzwanzigstes Hauptstück.

Von der vielfachen Regel und der sogenannten Kettenregel.

§. 1.

Einer oder mehrere der gegebenen Sätze der Regel de tri kann aus mehrern mit einander verbundenen Stücken bestehen, so daß es dadurch das Ansehen bekömmt, als wenn es mehr als

als 3 Sätze wären. Z. E. ich sage 300 Rthl. zu 6 vom Hundert geben 18 Rthl., wie viel geben 320 zu 5 vom Hundert. Hier hat, wie man sieht, der erste Satz (300 Rthl.) einen Beisatz (6 Rthl.), der dritte ebenfalls einen (5 Rthl.). Nun haben folgende beide Sätze ihre Richtigkeit:

Rthl.		Rthl.			Rthl.	Rthl.
100	tragen	6	Interesse;	folglich	300	18

Rthl.		Rthl.			Rthl.	Rthl.
100	tragen	5	—	folglich	320	16

Man kann aber kürzer davon kommen, wenn man die 300 mit den 6 Rthlrn. durch die Multiplication verbindet und die 320 Rthl. mit den 5 Rthl. auf folgende Art.

```
 Rthl.          Rthl.            Rthl.
⎧ 300    —       18     —      ⎧ 320
⎨   6 Rthl.     ——             ⎨    5 Rthl.
⎩ ————           *             ⎩ ————
  18øø                           16øø Rthl.
  ————
   *
```

300 Rthl. mit 6 multiplicirt gaben 1800; 320 mit 5 1600; 2 Nullen werden vorn, 2 Nullen hinten weggestrichen. 18 vorn gegen 18 in der Mitte gehen auf (welches durch den Stern angedeutet wird); also bleiben bloß 16 hinten übrig, welches also die herauskommende Anzahl von Thalern ist.

Nun kann der Fall zusammengesetzter seyn. 310 Rthl. zu 5 vom Hundert (pro Cent) tragen in 8 Monathen 12$\frac{2}{3}$ Rthl.; wie viel werden 380 Rthl. zu 4 pro Cent in 18 Monathen tragen. Hier wäre der Auffsatz:

Rthl.

```
Rthl.      Rthl.     Rthl.
⎧310 ——— 12⅖ ——— ⎧380
⎨  6R.   ———     ⎨  4 Rthl.
⎩  8M.   62      ⎩ 18 Monathe
           ———
         2)31
   31ø           38ø
  ———— (6       ———— (4
   186           152
  ———— (8       ———— (18
  1488          2736
  ———— (5     8)————
  7440           342
8)————           31
   930          ————
2)————           342
   465
                1026
           465 | 10602 | 22 372/465 | 124/155 | 4/5 R.
               |  1302 |
               |   37  |
```

Man kann aber jetzt gleich sehen, daß die Reesische Regel hier große Vortheile habe. Man setzt nämlich so auf:

```
31ø Rthl. Capital.   12⅖ Rthl. Interess.
                     ———
  ø pro Cent.         ø2
  8 Mon.               2
  5                19. 38ø Rthl. Capital.
  * Interesse.          4 Rthl. p. Ct.
                      318 Mon.
 ———————————        ———————————
                   114
                5)————————
                   22⅘ Rthl.
```

Man verwandelt hier zuerst 12⅖ Rthl. in Fünftel (nämlich in 62) der Nenner 5 ist der Vorschrift gemäß *), mit in die erste Columne gesetzt; hernach streicht man

*) S. Seite 343.

man in jeder Columne die 0 aus. Ferner streicht man 31 aus, und schreibt für 62 2 hin; 6 aus, und für 18 3 hin; 4 aus und 8 aus, wofür man 2 hinschreiben sollte; man schreibt aber die 2 nicht hin, sondern streicht 38 aus und setzt dafür 19 hin; nun bleiben auf der Einen Seite die drei Zahlen 2, 3 und 19; 2mal 3 ist 6, 6mal 19 ist 114. Auf der Sternseite bleibt bloß 5, womit man also dividiren muß. 5 in 114 habe ich $22\frac{4}{5}$ mal, dies sind die herauskommenden $22\frac{4}{5}$ Rthl.

Nun ein noch zusammengesetzteres Beyspiel. 26 Arbeiter graben in 3 Wochen, indem sie jede Woche 4 Tage und jeden Tag 8 Stunden arbeiten, einen Graben aus, der 65 Ruthen lang, 5 Fuß breit und 6 Fuß tief ist; wenn nun 56 Arbeiter einen Graben, der 80 Ruthen lang, 7 Fuß breit und 8 Fuß tief ist, ausgraben sollen, wöchentlich aber 6 Tage und jeden Tag 6 Stunden graben; wie viele Wochen werden sie darauf zubringen? Dies setzt man nach der Reesischen Regel so:

18.26 Arbeiter.	5.65 Ruthen lang.
3 Wochen	5 Fuß breit
2.4 Tage	3.6 Fuß tief
8 Stunden	
	56 Arbeiter.
80 Ruth. lang	* Wochen
7 Fuß breit	6 Tage
8 Fuß tief	3.6 Stunden
16 (8	5 (9
128.	45

128 | $2\frac{38}{45}$ Wochen,
38 | d. i. ungefähr 2 Wochen und 5 Tage.

Hier streicht man zuerst auf der einen Seite 7 und 8, auf der andern 56 weg; hernach auf der zweiten 5 und

und 6, d. i. 30, auf der ersten aber die 3, und hinten an 80 die Null. Dann schreibt man auf der ersten Seite für 4 2, auf der andern für 6 3 hin. Endlich streicht man 13 aus und schreibt für 65 5 hin. So bleiben auf der Seite, die den Stern nicht hat, die Zahlen 2, 8 und 8; auf der andern 5, 3 und 3; also kömmt auf der einen 45, auf der andern 128 heraus, und nach geschehener Division erhält man $2\frac{38}{45}$ Wochen, das ist beynahe 3 volle Wochen.

Nach der gewöhnlichen Art würde hier darum viel Weitläuftigkeit seyn, weil schon der ganze vierte Satz gegeben ist, und am dritten etwas fehlt.

Arbeit		Ruth.		Arbeit.		Ruth.
26	—	65	—	56	—	80
3 W.		5 F.		* Woch.		7 F.
4 T.		6 F.		6 T.		8 F.
8 St.				6 St.		

Man müßte also hier den ersten Satz mit dem vierten multipliciren (s. S. 282), hernach den zweiten und dritten, und endlich das Factum des ersten und vierten mit dem Factum des zweiten dividiren *); nämlich so:

```
      26            65
      --(3          --(5
      78           325
      --(4         ---(6
     312          1950
     ---(8        ----(6
    2496         11700
    ----(80      -----(6
  199680         70200
  ------(7       -----(7
 1397760        491400
 -------(8      ------(8
11182080       3931200

   3931200 | 11182080 | 2 Woch.
           |  331968  |
```

*) Wenn man den ersten Satz an die Stelle des zweiten, und den dritten an die Stelle des vierten setzte, so würde in der Hauptsache nichts geändert. Man dividirt immer mit demjenigen Factum, zu welchem der Stern gehöret.

$$\frac{331968}{393120} \overset{7}{,} \frac{47424}{56160} \overset{8}{\mid} \frac{5928}{7020} \overset{6}{\mid} \frac{988}{1170} \overset{2}{\mid} \frac{494}{585} \overset{13}{\mid} \frac{38}{45}.$$

Wenn der gegebenen Sätze 5 zu seyn scheinen, so nennt man diese vielfache Regel die Regula Quinque; z. E. 6 Scheffel gehäuftes Maß (welches 20 Metzen auf den Scheffel hat) gelten 3 Rthl. 18 Gr., wie viel 5 Scheffel gestrichen Maß? Oder wenn von dem vierten Satze bereits etwas gegeben ist: Für 160 Rthl. erhalte ich 2 Wispel gestrichenes Maß; wie viel werde ich für 125 Rthl. gehäuftes Maß erhalten? Das letztere würde nach der gewöhnlichen Art so aufgesetzt werden: Regula quinque

160 — (2 — 125 — (*
(16 M. (20 M.

Wenn der gegebenen Sätze 4 zu seyn scheinen, so ist allemal der eine ganz überflüssig, und es giebt also keine sogenannte Regula quatuor, ob sie gleich von vielen als wirklich und nöthig angesehen wird. Z. E. wenn man sagt: 32 Rthl. reichen für 6 Personen auf 8 Wochen; wie lange werden für eben so viel Personen 44 Rthl. reichen? so sind die 6 Personen in der Rechnung ganz überflüssig, und man braucht nicht aufzusetzen Regula quatuor ist unnöthig.

Rthl. Pers. Rthl.
32 — (6 — 44
(8 Woch.

sondern nur

Rthl. W. Rthl.
32 — 8 — 44

Wenn der gegebenen Sätze 7 zu seyn scheinen, so heißt man es die Regula septem, und da sind entweder drei vorn und hinten, und Einer in der Mitte; oder vorn und hinten zwei, in der Mitte zwei, und ganz hinten in der vierten Stelle Einer. Ein Beyspiel der ersten Art ist: Steine, welche ¾ Fuß lang, ½ Fuß breit und ⅙ Fuß dick sind, gelten das Hundert 14 Gr., wie viel wird das Hundert von solchen Steinen gelten, die ⅞ Fuß lang, ⅓ Fuß breit und ¼ Fuß dick sind? Von der zweiten Art: Ein Acker, 26 Ruthen lang und 5 Ruthen breit, kostet zu bestellen 8 Rthl. in Gold (anstatt Gold setzt man 17, weil nach Preußischem Regula septem

Courant *) 15 Gr. Gold so gut sind als 17 Gr. Silber); was wird ein Acker von 30 Ruthen Länge und 18 Ruthen Breite in Silbergeld zu bestellen kosten (anstatt Silbergeld setzt man 15 Gr.)? Dies steht nach der ordentlichen Regel so:

Ruth.		Rthl.		Ruth.		Rthl.
(26	—	8	—	(30	—	(
5 Ruth.		16 Gr.		18		15 Gr.

nach der Reesischen aber also:

26 R.	8 Rthl.
5 Rthl.	16 Gr.
Rthl.	30 R.
15 Gr.	18 R.

Regula multiplex.

Wenn die anscheinende Zahl der Sätze über 7 gehet, so nennt man dies gewöhnlich die vielfache Regel, Regula multiplex; allein wenn auch nur 5 Sätze da zu seyn scheinen, so ist dies eben sowohl vielfach, als wenn 9 oder 11 da wären, und daher ist es besser, alle diejenigen Beyspiele, wo mehr als 3 Sätze zu seyn scheinen, unter dem Namen der vielfachen Regel zu begreifen.

Ehe ich Beyspiele zur Uebung gebe, will ich noch zuvor einen Fall anführen, wo recht viel Sätze (15) zusammenkommen, ob es gleich (wie immer) im Grunde nur 3 Sätze sind: 10 Steinmetzen verfertigen in 7 Wochen, da sie jede Woche 3 Tage und den Tag 8 Stunden arbeiten, 90 gehauene viereckte Steine, deren jeder 5 Fuß lang, 4 Fuß breit und 3 Fuß dick ist, wie viel Steinmetzen werden nun erfordert, um 72 Steine, deren jeder 6 Fuß lang, 5 Fuß breit und 2 Fuß dick ist, binnen 6 Wochen, da sie jede Woche 4 Tage und jeden Tag 10 Stunden arbeiten, zu verfertigen. Dies steht nach Reesischer Art so:

10

*) Im Jahr 1789, als das Rechenbuch zuerst erschien, waren 15 Groschen Gold nur so gut, als 16 Groschen Silber. So wie das Verhältniß sich ändert, müssen auch andre Zahlen gebraucht werden.

10 Steinm.	90 Steine.
7 Woch.	5 F. lang.
3 Tage	4 F. breit.
8 Stund.	3 F. dick.
	* Steinm.
72 Steine	6 Woch.
6 F. lang	4 Tage
5 F. breit	10 St.
2 F. dick.	

Beyspiele zur Uebung.

1) 1 Regiment Soldaten kostet 1 Monath über zu erhalten 13000 Rthl.; wie viel 80 Regimenter 12 Monathe lang? 12480000 Rthl. 2) 100 Mann brauchen in 6 Monathen 25 Wispel Korn; wie viel 1200 Mann in 7 Monathen? 350 Wisp. 3) 10 Zimmerleute haben 52 Tage an einem Hause gearbeitet, und 1 Zimmermann hat jeden Tag 6 Gr. Arbeitslohn erhalten; wie viel beträgt der ganze Arbeitslohn? 130 Rthl. 4) 3 Arbeitsleute verdienen in 1 Woche 4 Rthl 12 Gr., wie viel 20 in 10 Wochen? 300 Rthl. 5) Ein Feld, welches 80 Ruthen lang und 25 Ruthen breit ist, giebt jährlich 30 Rthl. Pacht; wie viel ein andres, welches 60 Ruthen lang und $33\frac{1}{3}$ Ruthe breit ist? Eben so viel. 6) 1056 Brote, jedes 3 ℔ schwer, erfordern 1 Wispel Korn; wie viel 95040 Brote, deren jedes 4 ℔ schwer ist? 120 Wispel. 7) 4 Gräber verfertigen in 28 Tagen einen Graben, der $216\frac{2}{3}$ Schuh lang, $13\frac{1}{3}$ Schuh breit und 2 Schuh tief ist; wie lange werden 8 Gräber über einen andern Graben zubringen, der $108\frac{1}{3}$ Schuh lang, $6\frac{7}{15}$ Schuh breit, und 4 Schuh tief ist? 7 Tage. 8) 6 Maurer führen in 30 Tagen, da sie täglich 12 Stunden arbeiten, eine Mauer auf, die $36\frac{1}{3}$ Schuh lang, 15 Schuh hoch und $2\frac{1}{2}$ Schuh dick ist; in wie langer Zeit werden 8 Maurer, welche täglich 6 Stunden arbeiten, eine Mauer aufführen, welche $72\frac{2}{3}$ Schuh lang, 10 Schuh hoch, und 5 Schuh dick ist? In 120 Tagen.

§. 2.

Die vielfache oder zusammengesetzte Regel läßt sich eben sowohl verkehren, als die ordentliche Verkehrung dieser Regel.

liche Regel de tri, z. E. wenn 1000 Mann, deren jeder täglich 1½ ℔ Brot bekömmt, sich mit einer gewissen Quantität Korn 6 Monathe behelfen können; und man fragt nun, wie lange werden sich 2000 Mann damit behelfen, deren jeder täglich 2 ℔ Brot bekömmt? so sieht man wohl, daß nach der ordentlichen Verfahrungsart mehr, als 6 Monath, herauskommen würde. Man multiplicirt also den ersten und zweiten Satz mit einander und dividirt durch den dritten.

1. Nach der gewöhnlichen Art.

M.	Monathe	M.
1000	— 6 —	2000
1½ ℔.		2 ℔.
1500		4ØØØ
9ØØØ (6		
4) 2½ Mon.		

2. nach der Reesischen Art.

1ØØØ Mann	2ØØØ Mann
1½ ℔.	2 ℔.
3	
3.6 Monath	* Monath
9	2.
4) 2¼ Monath.	

§. 3.

§. 3.

So wie man die einfache Regel de tri oft in Fällen aus Unvorsichtigkeit gebraucht, wo sie sich nicht anwenden läßt, so kann es auch mit der vielfachen Regel zuweilen geschehen; daher man zuvor immer wohl überlegen muß, ob das Verhältniß, welches man annimmt, auch in der Natur der Sache genugsam gegründet sey. Vorsichtigkeit im Gebrauch der vielfachen Regel.

§. 4.

Die Kettenregel nennt man, wenn eine Reihe von Sätzen in zwey Columnen *) neben einander gesetzt wird, wo der folgende Satz der ersten Columne immer eben die Benennung führt, als der nächst vorhergehende Satz der zweiten Columne; z. E. Die Kettenregel

3 Ducaten machen 9 Rthl. 16 Rthl. machen 3 Louis d'or; wie viel werden nun 9 Louis d'or Ducaten machen?

Dies setzt man so auf:

3 Ducaten	9 Rthl.
16 Rthl.	3 L. d.
9 L. d.	* Duc.

Die Ausrechnung sieht also aus:

~~3~~ Ducaten	~~9~~ Rthl.
16 Rthl.	~~3~~ L. d.
~~9~~ L. d.	* Duc.
16 Ducaten.	

So

*) Es ist gleichgültig, ob der Stern in der ersten oder in der zweiten Reihe zu stehen kömmt, wenn sonst nur alles seine Richtigkeit hat.

So auch: Es soll ausgerechnet werden, wie viel 1 Leipziger Elle in Conventionsgeld kostet, wenn 65 Brabander Ellen 590 Holländische Gulden kosten, nachdem man ausgemacht hat, daß 84 Brabander Ellen so gut sind, als 100 Leipziger Ellen, und 38 Holländische Stüver (deren 20 auf einen Holländischen Gulden gehen) so gut als 1 Rthl. Conventionsgeld. Dies setzt man so auf:

10̸0̸ Leipziger. Ellen	84 Brabander Ellen
65 Brab. Ellen	59̸0̸ Holländ. Gulden
1 Holländ. Guld.	2̸0̸ Stüver
19. 38 Stüver.	1 Rt. Convent. Geld.
wie viel in Conventionsgeld?	

* kostet	1 Leipziger Elle
65	84
19	59
585	756
65	420
1235	1235 | 4956 | $4\frac{16}{1235}$ Rthl.
	16

Eben so auch: Man verlangt zu wissen, wie viel betragen 4 Ducaten in Louisd'or, wenn 5 Rthl. in Louis d'or so gut sind, als $5\frac{1}{3}$ Rthl. in Courant, und 3 Rthl. so gut, als 1 Ducaten. Die Ausrechnung ist folgende:

5 Rt. in Louisd.	$5\frac{1}{3}$ Rthl. Courant
3	4. 1̸6̸.
3 Rthl. Cour.	1 Ducat.
4̸ Duc.	* Rthl. in Louisd.
45	
4) $11\frac{1}{4}$ Rthl. in Louisd.	

Bey=

Beyspiele zur Uebung.

1) 24 Bogen machen 1 Buch, 20 Buch kosten $3\frac{1}{3}$ Thaler, 1 Thaler hat 24 Groschen, 1 Groschen hat 12 Pfennige; wie viel Pfennige kostet 1 Bogen? 2 Pf. 2) Wenn 18 Gr. Courant an Werth einem harten Gulden gleich sind, für 51 harte Gulden aber ein Ochse von 540 ℔. gekauft wird; was kostet das ℔ in Courant? $1\frac{7}{10}$ Gr. 3) 100 große Brabander Ellen sind gleich 104 Berliner Ellen, $102\frac{5}{8}$ Berliner Ellen sind gleich 100 kleinen Brabander Ellen; wie viel machen 80 der letztern in großen Brabander Ellen? $78\frac{12}{13}$. 4) 1 Elle Sammt kostet $5\frac{5}{8}$ Rthl. Für $\frac{2}{3}$ Rthl. verkauft ein gewisser Kaufmann eine Elle halbseiden Zeug. Wie viel Ellen Sammt wird derselbe für 180 Ellen dieses Zeuges tauschweise erhalten? $21\frac{1}{3}$ Ellen. 5) Wenn ein Kaufmann 165 ℔ einer gewissen Waare für 400 Rthl. in Gold kauft, wie hoch wird er das Loth davon in Silbergeld verkaufen müssen, um 25 Thaler auf 100 zu gewinnen, vorausgesetzt daß 100 Rthl. Gold so gut sind als 110 Rthl. Silbergeld? Antwort $2\frac{1}{2}$ Gr. (die Ordnung des Ansatzes ist a) 32 Loth sind 1 ℔. b) 165 ℔. kosten 400 Rthl. Gold, c) 100 Rthl. Gold sind so gut als 110 Rthl. Silbergeld, d) 100 Rthl sollen bringen 125 Rthl. e) 1 Rthl. hat 24 Gr. f) Eine noch unbekannte Anzahl Groschen sind der Preis von 1 Loth.)

Fünfundzwanzigstes Hauptstück.

Von den Decimalbrüchen und der damit anzustellenden Decimalrechnung.

§. 1.

Numeriren. Weil in den gewöhnlichen Zahlen eine Ziffer immer zehnmahl weniger gilt, so oft man sie eine Stelle weiter nach hinten rückt (z. E. wenn ich schreibe 810000, so bedeutet die 1 in der fünften Stelle von hinten zehntausend, in 801000 nur eintausend, in 800100 nur hundert, in 800010 nur zehn, und in 800001 nur eins), so muß die Ziffer, welche nach den Einern folgt, natürlicherweise den zehnten Theil der Einheit (d. i. Zehntel) bedeuten. Wenn man nun hinter den Einheiten ein Komma macht, so muß die erste Ziffer hinter dem Komma Zehntel, die zweite Hundertel, die dritte Tausendtel, die vierte Zehntausendtel, die fünfte Hunderttausendtel, die sechste Milliontheile u. s. w. bedeuten.

Z. E. 800000,1 heißt achthunderttausend und 1 Zehntel; 36,23 sechs und dreyßig Ganze, zwey Zehntel und 3 Hundertel (oder kürzer 36 Ganze und 23 Hundertel).

dertel); 2,345 zwey und 3 Zehntel 4 Hundertel 5 Tausendtel (kürzer 345 Tausendtel); 9,5432 neun und 5 Zehntel 4 Hundertel 3 Tausendtel 2 Zehntausendtel; 78,30073 78 Ganze 3 Zehntel 7 Zehntausendtel 3 Hunderttausendtel (oder 30 tausend und 73 Hunderttausendtel), 0,03 drey Hunderttel, 1,0101 1 Ganzes 1 Hundertel und 1 Zehntausendtel.

Beyspiele zur Uebung im Anschreiben.

1) 307 Ganze und 5 Hundertel: 307,05. 2) 752 Ganze 9 Zehntel und 8 Tausendtel: 752,908. 3) 89 und 7 Zehntausendtel 89,0007. 4) 59 Ganze ein Zehntheil 1 Tausendtheil und 1 Millionentheil: 59, 100101. 5) 26 und 27 Tausendtel: 26,027. 6) 53 und 347 Tausendtel: 53, 347. 7) 6 Zehntel 0, 6. 8) Zwey Hundertel 0, 02. 9) 27 Tausendtel 0, 027. 10) 1 Millionentheil 0,000001. 11) 36 Ganze 1 Hundertel und ein Millionentheil 36, 010001. 12) 2 und 325 Zehntausendtel: 2, 0325. 13) 3 und 45006 Millionentheil 3,045006.

§. 2.

So wie in ganzen Zahlen die Regel gilt, Einer unter Einer, Zehner unter Zehner (s. S. 21): so stehn auch hier Einer unter Einer, Komma unter Komma, Zehntel unter Zehnteln, Hundertel unter Hunderteln. So wie es aber in ganzen Zahlen unmöglich war, daß hinten eine Zahl sollte hinter der andern hervorragen können, so ist es in Zahlen mit Decimalbrüchen gar wohl möglich; denn eine Reihe, die hinten Hundertel hat, ragt hinten weiter hervor, als eine mit Zehnteln, eine mit Tausendteln weiter, als eine mit Hunderteln u. s. w. Folgendes Beyspiel wird alles am besten aufklären, wobey man nur das Einzige noch vorher zu bemerken hat, daß, wo in den summirenden Zahlen das Komma steht, man dasselbe auch in der Summe setzen müsse. Addiren.

2 Ganze 9 Zehntel 4 Hundertel.	2,94
13 und 724 Tausendtel.	13,724
6 Millionentheile.	0,000006
56 Hunderttausendtel.	0,00056
4 Ganze 3 Zehntel.	4,3
12 und 6 Hundertel.	12,06
54 und 2126 Zehntausendtel	54,2126
3 Ganze, 4 Zehnt. 3 Hunderttausend.	3,40003
6 und 127 Millionentheile	6,000127
5 Zehntel 5 Zehntausendtel.	0,5005
	97,137823

§. 3.

Subtrahiren.

Im Subtrahiren wird das Untersetzen gehalten, wie beym Addiren. Läuft eine Reihe weiter aus, als die andere, so füllt man die andere hinten mit Nullen. Sonst geht alles nach der gewöhnlichen Regel. Wo oben das Komma steht, kömmt es unten wieder zu stehen. Z. E. 136,876543 — 57,6897; 98,7654 — 67,8543609; 0, 876 — 0, 34567: 7,8654 — 0,9867.

```
136,876543      98,7654000
 57,689700      67,8543609
----------      ----------
 79,186843      30,9110391

 0,87600         7,8654
 0,34567         0,9867
 -------         ------
 0,53033         6,8787
```

Multipliciren.

§. 4.

Im Multipliciren gelten folgende Regeln. 1) Wenn eine Zahl, die Decimalbrüche am Ende hat, mit 10 multiplicirt werden soll, so rückt man das Komma bloß einen Schritt weiter nach der rechten Hand zu, z. E. 689, 13 × 10 = 6891, 3; 7,8654 × 10 = 78, 654. 78,6 × 10 =

=786. Multiplicirt man mit 100, so wird das Komma zwei Schritte weiter gerückt, mit 1000 drei Schritte weiter. Z. E. 689,34 × 100 =68934; 68,7004 × 100=6870,03; 0,3786 × 1000 = 378,6; 948,637 × 1000=948637; 8,49637 × 100000849637; 6,708 × 1000 = 67080. So auch umgekehrt 100 × 6,39 =639; 1000 × 6,9=6900.

2) Wenn sowohl der Multiplicator als der Multiplicandus am Ende gültige Ziffern haben, so setzt man beide so unter einander, daß die letzten Ziffern unter einander zu stehen kommen. Hernach multiplicirt man ordentlich; in dem Factum am Ende werden so viel Zahlen hinten durch ein Komma abgesondert, als in beiden Factoren hinten abgesondert waren: z. E. 3,6 × 3,6; 372 × 12,6; 123 × 2,4; 3,6 × 5; 0,74 × 3,6.

3,6	3,72	123	0,74
3,6	12,6	2,4	3,6
216	2232	492	444
108	744	246	222
12,96	372	295,2	2,664
	46,872		

3,6 5 18∅	Hier sollte das Komma vor der Null zu stehen kommen, weil aber ein Komma vor einer bloßen Null zu nichts nütze ist, so streicht man die Null ganz weg.

3) Wenn sonst am Ende Nullen sind, so wird erst das Komma um so viel Schritte weiter gerückt, als Nullen da sind, die also nun eben dadurch wegfallen. Hierauf wird so multipliciret, wie jetzt eben gezeigt worden, z. E. 1300 × 16,932; 1,83 × 280; 16000 × 3,9; 57,684 × 6800

1693,2

1693,2	18,3	1600	5768,4
13	28	39	6,8
50796	1464	14400	461472
16932	366	48	346104
22011,6	512,4	62400	392251,2

§. 5.

Die Regeln des Dividirens sind:

Dividiren. 1) Wenn man eine Zahl, die Decimalbrüche am Ende hat, mit 10 dividiren soll, so setzt man das Komma einen Schritt weiter links; z. E. 10: 23, 7 = 2, 37; 10: 23,54 = 2,345; 10: 0, 232 = 0, 0232. Steht am Ende eine ganze Zahl, so wird sie durch Vorsetzung des Komma in Zehntel verwandelt; z. E. 10: 232 = 23,2; 10: 3287 = 328,7. Ist der Divisor 100, so rückt das Komma 2 Schritte vor; ist er 1000 so rückt es 3 Schritte ꝛc. z. E. 100: 327 = 3, 27; 1000: 726 = 0, 726; 10000: 38756 = 3, 8756; 10000: 19 = 0, 00019.

2) Wenn weder der Divisor noch der Dividendus Decimalbrüche hat, das Beyspiel aber nicht gleich aufgeht, so kann man hinter den Dividendus ein Komma machen, und dahinter so viel Nullen anhängen, als man für nöthig hält. Sobald man bis an die Zahl des Dividendus gelangt ist, welche ein Komma hinter sich hat, so macht man auch in dem Quotienten ein Komma, und so fährt man mit dem Dividiren fort, bis entweder nichts übrig bleibt *), oder

*) In diesem Fall wirft man die noch übrigen Nullen weg.

oder wenn man merkt, daß an kein Aufgehen zu denken sey, so macht man ein Ende, sobald man will, und setzt hinter den Quotienten einige Punkte, welche anzeigen, daß derselbe nicht genau sey, sondern bis ins Unendliche könnte fortgesetzt werden.

Gesetzt man hätte folgende zwei Aufgaben: 12: 371 und 4: 1703, so ist die Ausrechnung folgende:

12 | 371,00000 | 30,91666....
| 1 18888 | d. i. 12 in 371 habe ich 30 und 9 Zehntel, 1 Hunderttel, 6 Tausendtel, 6 Zehntausendtel, 6 Hunderttausendtelmal, und doch ist dieser Quotient nicht ganz vollkommen.

4) 1703,00 / 425,75 Hier kommen 425 Ganze, 7 Zehntel, 5 Hunderttel heraus. Wenn man mehr als 2 Nullen angehängt hätte, so würde man sie wieder wegwerfen müssen. (75 Hundertel sind so gut als $\frac{3}{4}$).

3) Wenn sowohl der Divisor als der Dividendus hinten Decimalbrüche hat, und zwar beide gleich viel Ziffern hinter dem Komma, so läßt man das Komma ganz weg, und verfährt hernach nach der gewöhnlichen Art; z. E. anstatt 31,24: 62,48 setzt man: 3124: 6248, anstatt 62,132: 728,493 62132: 728493. Wenn aber entweder der Divisor oder der Dividendus mehr Ziffern hinter dem Komma hat, so hängt man da, wo zu wenig Ziffern sind, so viel Nullen an, bis beide Sätze gleich sind, hernach wird das Komma weggeworfen, und nach der ordentlichen Art verfahren; z. E. anstatt 1,1:23,456 setzt man 1100: 23456; anstatt 2,345: 6,2 2345: 6200; anstatt 3: 72,58 300: 7258.

§. 6.

§. 6.

Ausziehung der Quadrat- und Cubik-Wurzel.

Wenn man aus einer Zahl, die hinten Decimalbrüche hat, oder auch aus bloßen Decimalbrüchen besteht, die Quadratwurzel ausziehen soll, so müssen hinter dem Komma eine gerade Anzahl von Ziffern stehen; wo nicht, so setzt man eine Null zu. Z. E. aus 219,04 und aus 2,3716 läßt sich die Quadratwurzel sogleich ausziehen; hingegen aus 234,8 muß man erst 234,80, aus 3,567 erst 3,5670 machen, ehe man ausziehen kann. Wenn man bis an das Komma im Ausziehen gelangt ist, so setzt man auch in den Quotienten ein Komma, wenn es hernach nicht aufgeht, so kann man noch so viel Paare von Nullen anhängen, als man will, um in der Wurzel kleinere Decimalbrüche zu bekommen. Auf gleiche Art verhält es sich mit Zahlen, die hinten Decimalbrüche haben, und aus welchen die Cubikwurzel gezogen werden soll. Wenn hinter dem Komma drei, sechs, neun rc. Ziffern stehen, so ist es gut; wo nicht, so setzt man eine oder zwei Nullen hinzu; z. E. anstatt 13,72 13,720; anstatt 13765,2 13765,200.

§. 7.

Verwandlung der Decimalbrüche in ordentliche Brüche und umgekehrt.

Da $\frac{2}{10}$ so gut sind, als $\frac{1}{5}$, so kann man (wenn man will und es nöthig findet) anstatt 1,2 schreiben $1\frac{1}{5}$, anstatt 1,4 $1\frac{2}{5}$, anstatt 1,6 $1\frac{3}{5}$ rc. Ferner anstatt 1,5 $1\frac{1}{2}$. $\frac{1}{4}$ ist so gut als $\frac{25}{100}$; folglich schreibt man anstatt 1,25 $1\frac{1}{4}$, anstatt 1,75 $1\frac{3}{4}$. $\frac{1}{8}$ ist so gut als $\frac{125}{1000}$; folglich schreibt man anstatt 1,125 $1\frac{1}{8}$, anstatt 1,375 $1\frac{3}{8}$ rc. In diesen Fällen kömmt man also mit den gewöhnlichen Brüchen fast kürzer weg, als mit den Decimalbrüchen. Hingegen anstatt

1,3

1,3 kann man nicht anders schreiben, als, $1\frac{3}{10}$; so auch 1,03 $1\frac{3}{100}$, 1,27 $1\frac{27}{100}$ u. s. w. Wenn eine Zahl hinter den Decimalbrüchen Punkte hat, welche anzeigen, daß die Decimalbrüche bis ins Unendliche könnten fortgesetzt werden, so kömmt man zuweilen mit ordentlichen Brüchen ganz kurz weg; z. E. 1,333333 ... ist $1\frac{1}{3}$, 1,666666 .... $1\frac{2}{3}$, 1,111111 .... $1\frac{1}{9}$: denn wenn ich die Zahl 4 mit 3 zu dividiren habe, so kömmt nach der ordentlichen Art $1\frac{1}{3}$ heraus. Hänge ich hingegen Nullen an die 4, so kömmt eine Reihe von Dreyen; z. E.

$$\frac{4,000000}{3} \quad 1,333333 \ldots\ldots$$

Hieraus sieht man nun leicht, wie man es anfangen müsse, um ordentliche Brüche in Decimalbrüche zu verwandeln. Anstatt $1\frac{1}{2}$ setzt man 1,5; anstatt $1\frac{1}{4}$ 1,25; anstatt $1\frac{1}{5}$ 1,2; anstatt $1\frac{1}{8}$ 1,125; anstatt $1\frac{5}{8}$ 1,625 rc. Anstatt $\frac{1}{3}$ kann ich weiter nichts setzen, als eine Anzahl von Dreyen mit einigen Punkten z. E. 1,3333 .... für $1\frac{1}{3}$; so 1,16666 .... für $1\frac{1}{6}$, 1,83333 .... für $1\frac{5}{6}$, 1,11111 ... für $1\frac{1}{9}$, 1,8888 .... für $1\frac{8}{9}$ u. s. w.

Verbesserung einiger Druck und anderweitigen Fehler.

S. 4, Z. 10 lese man: das Numeriren. S. 9, Z. 5 Nullen. S. 11, Z. 19 sind die Worte von hinten auszustreichen. S. 13, fehlt das Zeichen §. 9 über der elften Zeile. S. 15, Z. 5 von unten: Aussprechen (mit einem großen A). S. 16, Z. 8 von unten sind die Worte einen Begriff auszustreichen. S. 20, Z. 11: 5800000600012 und so weiter (statt der 2 steht unrichtig eine 1). S. 23, Z. 4 von unten: der (statt die er). S. 24, Z. 19 elften (statt eilfren). S. 31, Z. 11 heißt die Summe 92308058, und nicht 9783 u. s. w. Z. 15 heißt sie 31655498, und nicht 31677 u. s. w. S. 43, Z. 18 müssen unter der Zahl 8 nicht elf, sondern nur acht Punkte, und so unter 9 nicht zwölf, sondern neun, und unter 10 nicht dreyzehn, sondern nur zehn Punkte stehen. S. 52, Z. 8 v. u. dem Fragen. S. 63, Z. 12 fehlt hinter kommen der Schlußhaken). S. 66, Z. 4 v. u. fehlt hinter man ein Kolon. S. 71, Z. 12 v. u. heißt der Quotient nicht 9843813, sondern 974 u. s. w. S. 74, Z. 17 müssen die letzten Zahlen des Quotienten nicht heißen $564\frac{2}{4}$, sondern 564. 2. S. 76, in der Mitte sind es drey verschiedene Beispiele, die unrichtig beynahe als ein einziges abgesetzt sind. S. 77, Z. 2 zum viertenmal. S. 98, Z. 11 muß hinter 84 kein Haken stehen. S. 100, Z. 15 v. u. muß für die 3 eine 2 gesetzt werden. S. 108, Z. 15 v. u. 347986 (nicht 76). S. 113, Z. 9. v. u. 16022345 [illegible]. S. 115, Z. 9: 984973 rc. rc. (nicht 63). S. 118, zu Ende 572 (nicht 592). S. 124 in der Mitte stehn zwey große durchstrichene Achten, welche nicht größer seyn sollten als die übrigen Zahlen. S. 128, Z. 6 v. u. 92:806787744 (nicht 774). Z. 4 v. u [illegible]. S. 129, Z. 15 v. u. enthalte. S. 135, Z. 3. §. 6. (nicht §. 5). S. 137, Z. 14 v. u. ein (nicht einen) Nößel. S. 165 zu Ende ist £ 3 bloß ein Zeichen des Blatts, und gehört nicht zu dem darüber stehenden Beispiele. S. 172, Z. 13. 2 Sch. 5 Stück. S. 173, Z. 8: 116 R. (nicht 160) R.) S. 177, Z. 8 v. u. 42 mℒ. 3 Kar. (nicht 2 Kar.). S. 180, Z. 11: 2 R. (nicht 2 G.) 19 B. S. 182, Z. 2: 8 Rthl. 17 Gr. (nicht 7 gr.) S. 194, Z. 4. müssen hinter 1714 nicht 2 Striche, sondern nur Einer stehen. Z. 4 v. u. 1737 (nicht 1717). S. 201, letzte Zeile 483 Fl. S. 202, Z. 11 v. u. 479 — 33 (nicht 35). S. 203, Z. 8 muß vor 100 das Multiplicationszeichen ⋊ gesetzt werden. S. 208, Z. 9. v. u. fehlt vor 4⌀8 der Divisor 37. Es muß daher also heißen: 37 : 4⌀8. Hinter dem über 4⌀8 stehenden Striche muß noch (12 stehen, und zwey Zeilen vorher das (12 durchgestrichen werden. S 226, Z. 13: $\frac{5208}{7381}$ (nicht 5008). Z. 14: $\frac{31448}{31084}$ (die Null in 31084 ist undeutlich) S. 228, Z. 12 zu Ende: $\frac{2}{7}$. S. 229, Z. 19. 20. muß 12 nicht über, sondern unter 120 stehen. S. 231, Z. 4. $\frac{11}{550}$ Ct. S. 135, Z. 17: 13166 (nicht 12166). S. 237, Z. 3 v. u. muß es vor 630 heißen $\frac{3}{4}$ (nicht $\frac{3}{8}$). S. 240, Z. 4: $1\frac{11}{105}$. Z. 6 v. u. $\frac{7}{8}$ — $\frac{3}{8}$. S. 243, Z. 7: $1031\frac{2}{8}$ (nicht $\frac{2}{3}$). Z. 15 v. u. $218\frac{7}{10}$ Sch. (nicht $\frac{3}{10}$). S. 255, Z. 2: $\frac{30}{64}$ (statt $\frac{35}{63}$). S. 259, Z. 7 Zahlen (statt Zähler). Z. 8 ihre eignen. S. 260: §. 2 (statt §. 4). S. 270, Z. 7 v. u. 582169 (nicht 539 u. s. w.). Die Seitenzahlen 279 bis 288 befinden sich doppelt. Auf der letzten mit 285 gezeichneten Seite, Z. 16 von unten: 65535 Pf. S. 292, Z. [illegible]: $31\frac{1}{9}$ Rthl. S. 302, Z. 9 nicht genug. S. 305, Z. 16: 169 Rthl. Z. 19 was. Z. 27 fehlt vor 481 Ct. das Wort geben. S. 308, Z. 15 v. u. fehlt vor $12\frac{7}{8}$ ℔ das Zeichen 9). S 311, Z. 2: $2\frac{149}{175}$ pf. S. 312, Z. 6 müssen zwar die Zahlen 712, aber nicht die darauf folgende 6 durchstrichen seyn. S. 313, Z. 3. v. u. fehlt hinter dem Striche unter der 3 eine vorn mit einem Haken versehene 3, als das Zeichen der Multiplication S. 317, Z. 2: $2\frac{3}{7}$ ℔ (nicht $2\frac{6}{7}$ ℔). S. 319, Z. 9: 12 Gr. 3 (nicht 4) Pf. Z. 14 am Ende nach dem Bruche fehlt das Zeichen L. (Loth.) Z. 3 v. u. muß es nicht heißen xxx433, sondern xxxx33. S. 320, Z. 11 v. unten muß der Nenner des Bruchs 44 (nicht 24) heißen. S. 322, Z. 18: $\frac{3}{10}$ pf. (nicht $\frac{7}{40}$). S. 333, Z. 6 v. u. muß $\frac{2}{8}$ als ein Bruch geschrieben seyn. S. 344 in der Mitte muß es statt 400 heißen 4(00. und darunter 544 (nicht 543). S. 346, Z. 13 und 14 von unten müssen die beiden durchstrichenen Zahlen 4 und 3, welchen gegen über 12 Monathe steht, ganz weggestrichen werden. Zwey Zeilen tiefer hinter statt findet, muß nicht Ein Stern, sondern zwey stehen. S. 347, Z. 6 Männern. Z. 17 Wispeln. Z. 29 wenigern. Z 30 Brod. S. 351, Z. 14 v u. anzurathen. S. 353, Z. 2. 220 Ellen. S. 356, Z. 6 v. u. fehlt hinter der undurchgestrichnen 3, welche vor x8 steht, ein Punkt. S. 357, Z. 17 v. u. muß vor 26 Arbeiter nicht x8, sondern x3 stehen. S. 361, Z. 12 v. u. einem. S. 364, Z. 20: $\frac{126}{1235}$ Rthl. S. 367, Z. 12 muß es heißen: 59,101001. S. 369, Z. 4: 6870, 04. S. 371, Z. 8. so. Z. 9 von unten vor 62132 und zu Ende von Z. 2 v. u. ist einzuschieben setzt man. S. 373, Z. 2: $1\frac{3}{100}$.

Wenn bey dem Gebrauche des Buchs noch Druckfehler oder Zweifel vorkommen sollten, so bittet der Verfasser, ihn davon gelegentlich zu benachrichtigen, welches er mit Dank erkennen wird.

In Ansehung der Orthographie bittet er es für Druckfehler anzunehmen, wenn nämlich, eilf, beydes, kommt, worin, gerade, Monat vorkömmt, da in andern Stellen seinen Grundsätzen gemäß nemlich, elf, beides, kömmt, worinn, grade, Monath dafür gedruckt ist. Dahin gehören auch solche Theilungen wie Nu-tzen, grös-ser, wofür er Nut-zen, grö-ßer zu theilen pflegt, so bald, wofür er in gewissen Fällen sobald schreibt, und andere Kleinigkeiten.

FSC
www.fsc.org
MIX
Papier | Fördert gute Waldnutzung
FSC® C083411

Zeitfracht Medien GmbH
Ferdinand-Jühlke-Straße 7
99095 Erfurt, Deutschland
produktsicherheit@kolibri360.de

Walt Disney

Lustiges Taschenbuch

WELT REISE

5

SÜDAMERIKA

IMPRESSUM © Disney Enterprises, Inc. 2026, Walt Disney Lustiges Taschenbuch Weltreise erscheint bei Egmont Ehapa Media GmbH, Rittorstraße 26, 10969 Berlin I **Geschäftsführer** Per Gustav Kjellander I **Publishing Director Magazines** Jörg Risken (V.i.S.d.P.) j.risken@egmont.de I **Marketing & Kooperationen** Nora Gollek (Sales & Marketing Director) n.gollek@egmont.de, Christoph Bergholz (Senior Product Manager) c.bergholz@egmont.de I **Redaktion** Stephanie Bens I **Druck** GGP Media GmbH, Karl-Marx-Straße 24, 07381 Pößneck I **Anzeigenverkauf** Per Gustav Kjellander (verantwortlich) I **Head of Media Sales** Jörg Risken I **Freie Mitarbeiter dieser Ausgabe** Janine Eck, Johanna Martina (Redaktion), Michael Bregel, Manuela Buchholz, Petra Müller, Eckart Sackmann, Susanne Walter (Übersetzungen), Sigi Hepner, Ursula Ries (Grafik), Michael Bregel, Kai Richter (Lektorat) I **Bilder** AdobeStock/cge2010, AdobeStock/REMINDFILMS I **Kontakt Walt Disney Publishing** Susanne Michels I Die Redaktion arbeitet auf Grundlage der neuen amtlichen Rechtschreibregeln und hält sich bei Auswahlfällen an die vom Duden bevorzugte Schreibweise.

www.lustiges-taschenbuch.de,
www.egmont-mediasolutions.de,
www.egmont.de

EGMONT Ehapa Media

FSC www.fsc.org MIX Papier | Fördert gute Waldnutzung FSC® C014496

SERVICE-BOX

LTB im Abo – www.egmont-shop.de/ltb-lesen

Leserservice Lustiges Taschenbuch Weltreise
Leserservice, 20086 Hamburg,
E-Mail: info@egmont-service.de,
Tel. 030-99194680, Fax 030-99194681
(reguläre Gesprächsgebühren für einen Anruf im deutschen Festnetz gemäß Ihrem Anbieter und Tarif)

LTB Weltreise verpasst?
www.egmont-shop.de/comics/ltb

LTB Weltreise als eComic?
Erhältlich z. B. bei Amazon, Apple und Google Play

Viele weitere tolle Comic-Angebote:
www.egmont-shop.de

Produktsicherheit:
safety@egmont.de

Einige der in diesem Titel enthaltenen Geschichten werden in ihrer ursprünglichen Bearbeitung präsentiert und können Stereotypen oder negative Darstellungen enthalten.

INHALT